Robert L. Wolke
Was Einstein seinem Friseur erzählte

Robert L. Wolke

Was Einstein seinem Friseur erzählte

Naturwissenschaft im Alltag

Aus dem Amerikanischen
von Helmut Reuter

Piper
München Zürich

Die Originalausgabe erschien unter dem Titel
»What Einstein Told His Barber« 2000 bei Dell Publishing,
einem Imprint von The Bantam Dell Publishing Group
(Random House, Inc), New York.

ISBN 3-492-04290-2
4. Auflage 2001

Gesetzt aus der Sabon-Antiqua und der leichten Frutiger
Satz: Uhl+Massopust, Aalen
Druck und Bindung: Clausen & Bosse, Leck
Printed in Germany

Dieses Buch ist meinem verstorbenen Vater gewidmet, dem es nicht vergönnt war, seine eigenen wissenschaftlichen und schriftstellerischen Neigungen zu verfolgen, und der nicht einmal erleben durfte, daß sein Sohn Wissenschaftler und Autor geworden ist.

Das ist für Dich, Pa.

Inhaltsverzeichnis

»Ein Pferd kann man zur Tränke bringen, aber nicht zum Trinken – oder heißt es Denken?« WOLKE

Wir Menschen dagegen können über die beachtlichen Eigenschaften des Wassers, der häufigsten chemischen Verbindung auf Erden, nachdenken.

Welche Farbe hat das Wasser? Warum sind die Ozeane blau? Und salzig? Wo genau ist eigentlich Meereshöhe? Warum trocknet verschütteter Kaffee zu einem Ring ein? Warum legt sich ein Duschvorhang an den Körper an? Wo gehen die Socken hin, die aus Ihrer Wäsche verschwinden? Was ist die teuerste Zutat von Waschmitteln? (Werbung.) Ist Glas eine Flüssigkeit? Was macht Eiswürfel trüb? Würden wir ertrinken, wenn die Luftfeuchtigkeit 100 Prozent erreicht? Wie bekommt man eine beschlagene Windschutzscheibe klar? Kann ein Bauer den bevorstehenden Regen riechen? ... Und andere Fragen.

»Sieger ist, wer mit dem meisten Zeug stirbt.«
Yuppie-Philosophie

Wir haben uns mit Hunderten von materiellen Dingen umgeben, die wir zwar benutzen, aber nicht wirklich verstehen.

Wie sicher sind Flugzeuge? Wie radiert ein Radiergummi? Warum ist Gummi dehnbar? Wieso machen Autos Lärm? Warum knittert unsere Kleidung? Wie funktioniert ein Skateboard? Was geschieht, wenn man eine Flasche Limo

Einführung

Ich weiß, was Sie denken. Sie denken: »Hatte Einstein überhaupt einen Friseur?«

Sie haben sicher Fotos von ihm gesehen, nicht wahr? Es ist wohl vollkommen klar, daß dieser große Mann sehr viel mehr Zeit für die Pflege des Inhalts seines Kopfes als für dessen Außenseite verwendete.

Doch dieses Buch handelt nicht von Friseuren, und es befaßt sich nicht einmal besonders mit Einstein (sein Name taucht nur viermal auf). Es ist ein Buch mit wissenschaftlichem Geplauder; es handelt von Dingen, über die Einstein sich mit seinem Friseur unterhalten haben *könnte* – einfache Sachverhalte, die dem großen Wissenschaftler banal erschienen sein mögen, aber uns anderen zu denken geben.

Es gibt viele Bücher für junge Leser, die Wissenschaft über den »Spaßfaktor« vermitteln wollen. Doch es sind nicht nur die Kinder, die sich fragen, »warum« oder »wie« etwas so ist. Die Neugier endet nicht mit der Pubertät, ebensowenig wie die spezielle Freude, wenn man versteht, warum etwas geschieht. Dennoch stoßen wir, sobald wir die Wissenschaft mit der Schule »hinter uns gelassen haben«, nur auf wenige Bücher für Menschen jeden Alters, die einfach wißbegierig sind, was ihre Alltagsumgebung angeht, und für die es ein Vergnügen ist, wenn sie erfahren, was die Dinge in Gang hält. Dieses Buch gehört in diese Kategorie.

Vielleicht vertreten Sie die Überzeugung: »Wissenschaft ist nichts für mich«, weil sie im wesentlichen eine schwierige Materie darstellt und weil die Antwort auf eine von

Ihnen gestellte Frage wahrscheinlich zu technisch und zu kompliziert und damit für Sie unverständlich wäre. Folglich stellen Sie keine Fragen mehr. Möglicherweise sind Sie zu diesem Schluß gekommen, weil Sie in der Schule unglückliche Erfahrungen mit wissenschaftlichen Fächern gemacht haben, oder einfach wegen der wissenschaftlichen Beiträge in Zeitungen, Zeitschriften oder im Fernsehen. Diese Artikel sind schon deswegen garantiert technisch überfrachtet und kompliziert, weil sie in der Regel von den neuesten Entdeckungen führender Wissenschaftler handeln. Wenn das nicht so wäre, würde man nicht darüber schreiben. Über das Thema, weshalb sich der Badezimmerboden für Ihre nackten Füße so kalt anfühlt, werden Sie keine Sondersendung im Fernsehen finden. Doch die Erklärung dieses Phänomens (siehe S. 127) beruht auf Wissenschaft, und zwar um keinen Deut weniger als eine Diskussion über Quarks oder Neutronensterne.

Alles, was Sie sehen, hören und fühlen, hat mit Wissenschaft zu tun, und Sie müssen kein Einstein oder auch nur Wissenschaftler sein, um sich zu fragen, *weshalb* Sie diese Dinge sehen, hören und fühlen. In den meisten Fällen sind die Erklärungen überraschend einfach und machen sogar Spaß.

Dies ist kein Buch, das Fakten aufzählt. Antworten auf Fragen wie: »Wer entdeckte ...?« oder: »Was ist der/die/das größte ...?«, »Wie viele ... gibt es?« oder auch: »Was ist ein/e ...?« werden Sie hier nicht finden. Diese Art von Fragen stellen sich die Menschen in Wirklichkeit nur selten. Mit Antwortsammlungen auf derlei Fragen können Sie vielleicht ein banales Quiz bestreiten, aber sie bleiben unbefriedigend, weil sie nichts zum Vergnügen des Verstehens beitragen. Vergnügen und Spaß leiten sich nicht aus bloßer Faktenhuberei ab, sondern aus *Erklärungen* – Erklärungen in ganz normaler Umgangssprache, die Sie ausrufen lassen: »Donnerwetter! Und das ist *wirklich* schon alles?«

In diesem Buch werden gut hundert Fragen abgehandelt, doch die Zahl der Themen, die hier tatsächlich erklärt werden, kommt damit bei weitem nicht zum Ausdruck. Die reale Welt ist ein kompliziertes Gewebe von Abläufen, und nichts geschieht aus einem einzigen, einfachen Grund. In der Wissenschaft wirft jede Antwort neue Fragen auf; keine Erklärung kann jemals vollständig sein.

Dennoch habe ich jede Frage-Antwort-Einheit als abgeschlossenes Ganzes formuliert, das unabhängig von allem anderen zu lesen und zu verstehen ist. Das führt unvermeidlich zu gewissen Überschneidungen – eine entscheidende logische Verknüpfung kann man nicht einfach deswegen weglassen, weil sie an anderer Stelle ausführlicher behandelt wird. Wie jeder Lehrer weiß, kann ein wenig Wiederholung dem Lernprozeß nie schaden.

Wenn eine andere F-A-Einheit eng mit dem jeweils behandelten Thema verknüpft ist, finden Sie stets einen Querverweis auf die entsprechende Seite. Deshalb ist es auch nicht erforderlich, das Buch in der vorgegebenen Reihenfolge zu lesen. Lassen Sie sich treiben. Auf diese Weise folgen Sie Denkpfaden in einer bestimmten Reihenfolge, wie sie auch in einem Lehrbuch (der Himmel möge es verhüten) vorliegen könnte, das keiner von uns will. Wenn eine vollständige Erklärung ein paar Einzelheiten mehr erfordert, als Sie vielleicht gerade aufzunehmen bereit sind, werden diese Details in die Erbsenzähler-Ecke abgeschoben. Dort können Sie dann entweder weiterlesen oder sie einfach überspringen und zu einer anderen Frage übergehen. Das bleibt Ihnen überlassen.

Ich habe mich bemüht, keine wissenschaftlichen Fachbegriffe zu verwenden. Ich bin davon überzeugt, daß jeder dem Verständnis zugängliche Begriff in normaler Umgangssprache erklärbar sein sollte: Dafür wurde die Sprache erfunden. Um sich die Arbeit zu erleichtern, benutzen Wissenschaftler Abkürzungen, die ich als »Wissenschaftsjargon« bezeichne. Wenn ein solches Wort unvermeidlich ist oder wenn Sie es vielleicht schon gehört haben und seine Vermeidung gekünstelt erscheinen würde, erkläre ich den Begriff an Ort und Stelle in allgemeinverständlicher Sprache. Die Definitionen einiger nützlicher Fachausdrücke finden Sie am Ende des Buches.

Bei meinen Lesern setze ich keinerlei wissenschaftliche Vorkenntnisse voraus. Es gibt jedoch drei allgegenwärtige Fachbegriffe, die ich verwende, ohne sie jedesmal zu definieren: Atom, Molekül und Elektron. Wenn Sie nicht ganz sicher sind, wie gut Sie mit diesen vertraut sind, sollten Sie in dem Glossar am Ende des Buches nachlesen, ehe Sie anfangen.

Über das Buch verteilt finden Sie eine Anzahl von »Selbstversuchen« – kleine Späße, die Sie zu Hause ausführen können, um sich die im Buch erklärten Grundsätze zu veranschaulichen. Hinzu kommt eine Reihe von Kneipenwetten, mit denen Sie möglicherweise eine Runde gewinnen können, in jedem Fall aber eine »durchgeistigte« Diskussion in Gang bringen werden.

Als Albert Einstein am Institute for Advanced Study an der Universität von Princeton residierte, näherte sich ihm eines Tages ein eifriger Zeitungsreporter mit dem Notizblock in der Hand und fragte: »Nun, Professor Einstein, was gibt's Neues in der Wissenschaft?«

Einstein sah ihn mit seinem tiefen, weichen Blick an und erwiderte: »Oh? Haben Sie denn schon über die ganze *alte* Wissenschaft geschrieben?«

Er meinte damit, daß Wissenschaft nicht nur durch die allerneuesten, schlagzeilenträchtigen Entdeckungen bestimmt werden darf. Wissenschaftliche Beobachtungen haben sich über viele Jahrhunderte erstreckt, und in dieser Zeit haben wir eine ungeheure Menge über die Welt gelernt, die uns umgibt. Wir verfügen über ein umfangreiches Erbe von Wissen, das gewöhnliche, vertraute Geschehnisse erklärt.

Das ist die »alte Wissenschaft« – Alltagswissenschaft. Und davon handelt das vorliegende Buch.

Kapitel 1

Rüttel dich, schüttel dich ...

Alles ist in Bewegung.

Vielleicht sitzen Sie ja ganz ruhig in Ihrem Sessel, aber von Bewegungslosigkeit sind Sie trotzdem weit entfernt. Ich meine damit nicht nur, daß Ihr Herz schlägt, Ihr Blut durch die Adern kreist und Sie schon ganz aufgeregt hecheln, weil Sie kurz davor sind, so viele faszinierende Dinge aus diesem Buch zu lernen. Kurz, ich meine damit nicht einfach, daß Sie körperlich und geistig am Leben sind.

Ich will damit sagen, daß die Erde unter Ihren Füßen, während Sie friedlich dasitzen, Sie mit etwa 1600 km/h herumwirbelt (die genaue Geschwindigkeit hängt davon ab, wo Sie leben; siehe S. 173). Gleichzeitig schleudert Mutter Erde uns alle mit 107 000 km/h um die Sonne. Ganz zu schweigen von der Tatsache, daß das Sonnensystem und all die Sterne und Galaxien im Universum wie verrückt mit unglaublichem Tempo in alle Richtungen auseinanderstreben.

Nun gut, das wußten Sie alles schon, außer vielleicht die genauen Geschwindigkeiten. Aber wir sind noch lange nicht fertig.

Sie bestehen aus Molekülen. (Ja, auch Sie!) Und alle Ihre Moleküle vibrieren und tanzen äußerst lebhaft umher, wenn wir davon ausgehen, daß Ihre Körpertemperatur irgendwo oberhalb des Absoluten Nullpunkts (siehe S. 125) liegt. Zudem sind viele der Atome in Bewegung, aus denen Ihre Moleküle bestehen, und außerdem die Elektronen, Atome und Moleküle von allem, was es im Universum gibt. All das wurde vor etwa 12 Milliarden Jahren in Gang gesetzt (siehe S. 241) und vibriert seitdem ununterbrochen weiter.

Was also ist das eigentlich, Bewegung? In diesem Kapitel sehen wir, wie alles – angefangen bei Pferden bis hin zu Autos, Schallwellen, Geschossen, Flugzeugen und kreisenden Satelliten – sich von hier nach dort bewegt.

Spielchen auf der Autobahn

Warum wird in manchen Ländern links gefahren und in anderen rechts?

Das geht auf die Tatsache zurück, daß die meisten Menschen Rechtshänder sind.

Lange bevor wir moderne Waffen wie Gewehre und Autos besaßen, mußten die Leute ihre Schlachten mit Schwertern und auf Pferden schlagen. Als Rechtshänder trägt man das Schwert links, damit man es schnell mit der rechten Hand ziehen kann. Aber mit dieser langen, baumelnden Scheide, die einen auf der linken Seite behindert, kann man sein Pferd nur besteigen, wenn man das freie rechte Bein über den Sattel schwingt. Und solange Sie nicht in einem Film von Mel Brooks mitspielen und sich falsch herum aufs Roß schwingen wollen, läuft das darauf hinaus, daß der Kopf des Pferdes von Ihnen aus nach links zeigt. Bis auf den heutigen Tag richtet man Pferde darauf ab, daß sie von links gesattelt und bestiegen werden.

Wenn Sie nun aufgestiegen sind, werden Sie auf der linken Straßenseite bleiben wollen, weil dann jeder, der Ihnen entgegenkommt, auf Ihrer rechten Seite erscheint. Und falls sich dieser eine als Ihr Feind entpuppt, können Sie Ihr Schwert mit der Rechten herausreißen und sind schon in der richtigen Position, um den Schurken damit zu durchbohren. Deshalb also sind vorsichtige Reiter stets auf der linken Straßenseite geritten.

Diese linksgerichtete Angewohnheit wurde auch von Pferdegespannen respektiert, weil sie so unangenehme Zusammenstöße mit Reitern vermeiden konnten. Als dann Wagen ohne Pferde auftauchten, blieben einige Länder bei dieser Praxis, besonders während der Übergangszeit, in der beide Arten von Fahrzeugen sich den Platz auf den Straßen streitig machten.

Warum aber fahren die Leute in den USA und den meisten anderen Ländern heute rechts?

Als die Schwerter aus der Mode kamen wie vorher Pfeil und Bogen, schwand die Notwendigkeit, die rechte Flanke zu verteidigen, womit die Verkehrsregeln plötzlich zur Disposition standen. Jüngere oder weniger traditionsgebundene Länder wechselten auf die rechte Seite, offenbar weil sich die rechtshändige Mehrheit wohler fühlt, wenn sie sich an die rechte Straßenseite anlehnen kann. Für Linkshänder stellte sich rasch heraus, daß es ungesund war, sich dem zu widersetzen.

Ich war allerdings in einigen Ländern, wo es einen großen Bevölkerungsanteil beidhändiger Individuen geben muß: Sie bevorzugen die Straßenmitte.

Vierfach betrübliche Kleeblätter

Warum müssen Autobahnkreuze so kompliziert sein, mit all diesen Schleifen und Rampen?

Das hält alles flüssig – angefangen bei den Baufirmen bis hin zur Wahlkampfkasse der Politiker – wohl nicht nur in den USA. (Entschuldigung.)

Sie ermöglichen uns das Linksabbiegen, ohne vom Gegenverkehr umgebracht zu werden. Das ist einfach eine Frage der Geometrie.

Als man die ersten Autobahnen baute, mußten sich die Planer etwas einfallen lassen, wie man es dem Verkehr ermöglichen konnte, von einer Schnellstraße auf eine Autobahn zu wechseln, ohne die Autos an roten Ampeln aufzuhalten. Da wir in den USA rechts fahren, ist es kein Problem, nach rechts abzubiegen: Man wechselt einfach auf eine Ausfahrtsrampe. Ein Abbiegen nach links erfordert jedoch, die Fahrspuren des Gegenverkehrs zu kreuzen, und das kann zu Konflikten führen, die man sich besser nur vorstellt und nicht näher ausmalt.

Hier kommt das Kleeblatt ins Spiel. Es erlaubt uns, 90° nach links abzubiegen, indem wir eine Wende von 270° nach rechts vollführen.

Sie brauchen es sich nur bildlich vorzustellen: Ein voller Kreis beschreibt 360°; eine Wende von 360° würde also in die ursprüngliche Richtung zurückführen. Bei zwei Autobahnen, die sich im rechten Winkel kreuzen, läuft Linksabbiegen auf eine Richtungsänderung von 90° nach links hinaus. Dasselbe Ergebnis erhalten Sie aber auch, wenn Sie dreimal um 90° nach rechts abbiegen. Wenn in der Stadt das Linksabbiegen verboten ist, machen Sie es doch genauso: Sie biegen dreimal rechts um den nächsten Block ab. Und genau das tut die Schleife eines Verkehrskleeblatts: Sie leitet uns um 270°, also drei Viertel eines Vollkreises, in die entsprechende Richtung, wobei wir entweder ober- oder unterhalb der Fahrspuren des Gegenverkehrs geführt werden.

Das Autobahnkreuz gleicht einem *vier*blättrigen Kleeblatt, keinem zwei- oder dreiblättrigen, weil der Verkehr in vier verschiedenen Richtungen verläuft – zum Beispiel nach Osten, Westen, Norden und Süden –, und für jede ist eine eigene Möglichkeit zum Linksabbiegen erforderlich.

Was Autofahrer in England, Japan und anderen Ländern mit Linksverkehr angeht, so brauchen sie in den vorhergehenden Abschnitten nur die Worte »links« und »rechts« zu vertauschen, dann ist es schon recht(s). Das heißt, schon link(s). Na ja, Sie wissen sicher, was ich meine.

Auf die Plätze, fertig… Sprung!

Würde die Erde auf eine andere Umlaufbahn befördert, wenn alle Chinesen eine zwei Meter hohe Leiter bestiegen und dann alle gleichzeitig herunterspringen würden?

Nein, aber die Orthopäden Chinas hätten Hochkonjunktur.

Ich nehme an, daß alle, die diese Frage stellen, China wählen, weil es das bevölkerungsreichste Land der Erde ist, das 2,5 Milliarden potentiell schmerzender Füße besitzt.

Eigentlich geht es hier um zwei Fragen (wenn man einmal davon absieht, ob Leute, die diese Frage stellen, nichts Besseres zu tun haben). Die erste Frage bezieht sich darauf, wie stark der Aufprall dieses Sprunges wäre. Die zweite ist, ob die Umlaufbahn der Erde überhaupt durch einen beliebig starken Aufprall dieser Art verändert werden könnte.

Die Energie eines durch die Schwerkraft hervorgerufenen Falles ist leicht zu berechnen. (Und kommen Sie mir nicht mit dem Einwand, in China würde keiner abwärts fallen, weil das Land auf dem Kopf steht.) Wenn wir von einer Bevölkerung von 1,2 Milliarden Chinesen mit einem Gewicht von durchschnittlich 68 Kilogramm ausgehen, würde deren kollektiver Aufschlag den Boden mit einer Energie von 1,6 Billionen Joule erschüttern. (Ein *Joule* ist eine Maßeinheit für Energie; deswegen müssen Sie nicht ins Schwitzen geraten.) Das entspricht gerade mal der Energie, die bei einem mittleren Erdbeben von der Stärke 5 auf der Richter-Skala freigesetzt wird. Erdbeben dieser Art ereignen sich schon seit Millionen Jahren, und es gibt keinen Hinweis darauf, daß sie die Erde in unterschiedliche Umlaufbahnen gestoßen hätten.

Ohnehin könnte kein noch so großes Erd- oder Fußbeben die Umlaufbahn ändern – insofern sind sowohl Erdbeben als auch chinesische Leitern bedeutungslos. Unser Planet Erde kreist unablässig um die Sonne, weil er einen bestimmten Impuls besitzt; das heißt, er verfügt über eine bestimmte Masse und eine bestimmte Geschwindigkeit, denn ein Impuls ist eine Kombination aus Masse und Geschwindigkeit. Auf seiner Reise trägt unser Planet alles mit sich, was durch die Schwerkraft mit ihm verbunden ist, einschließlich springender Chinesen und Akrobaten auf Trampolinen. Wir sind alle zusammen ein großes Massepaket, und diese Gesamtmasse der Erde läßt sich durch kein noch so heftiges Auf- und Abhüpfen verändern. Ebensowenig kann man damit die Geschwindigkeit des Planeten verändern, denn alle Chinesen werden mit derselben Geschwindigkeit durch das Weltall befördert wie der übrige Planet: Wir befinden uns alle in einem großen Raumschiff, in dem alles mit allem in Verbindung steht. Die Geschwindigkeit Ihres Autos können Sie schließlich auch nicht ändern, indem Sie gegen die Windschutzscheibe drücken, oder? Und Sie können es ebensowenig dadurch hochheben, daß Sie sich gegen das Dach stemmen.

Wir können es auch in den Begriffen von Newtons Drittem Bewegungsgesetz ausdrücken, das Sie schon millionenmal gehört haben müssen (und wenn ich mich irgendwie damit befasse, hören Sie es wieder): »Für jede Wirkung einer Kraft gibt es eine gleichgroße, ihr entgegengesetzte Reaktion.« Wenn Sie gegen eine Ziegelwand drücken, drückt die Wand zurück. Wenn nicht, würde Ihre Hand einfach hindurchgehen. Wenn die Chinesen landen, treffen ihre Füße mit einer bestimmten Kraft auf dem Boden auf, aber gleichzeitig trifft der Boden ihre Füße mit einer entgegengesetzt gerichteten Kraft gleicher Stärke. Somit gibt es a) keine Kraft (ohne Gegenwirkung), die die Bewegung unseres Planeten beeinflussen könnte, und b) den Chinesen tun die Füße weh.

Und nochmal… Sprung!

Wenn ich mich in einem Aufzug befinde, der plötzlich abstürzt, kann ich dann im letzten Moment hochspringen und so dem Aufprall entgehen?

Ich weiß nicht, wie oft den Angsthasen in Aufzügen diese Frage durch den Kopf geschossen sein mag oder wie oft sie von all den freundlichen Hobbyphysikern in der Nachbarschaft gestellt worden ist. Sie ist leicht und mit einem Wort zu beantworten: Nein. Aber wenn man über sie nachdenkt, wirft das doch eine ganze Menge lustiger Fragen auf.

Fangen wir mit der schnellen Antwort an. Ihr Ziel ist es, wie eine Feder am Boden des Aufzugsschachtes anzukommen, also ohne nennenswerte Abwärtsgeschwindigkeit, nicht wahr? Das heißt, Sie müssen die Fallgeschwindigkeit der Kabine dadurch ausgleichen, daß Sie mit derselben Geschwindigkeit nach oben springen. Die Kabine (und Sie) könnten mit ungefähr 80 km/h fallen. Sind Sie imstande, mit annähernd dieser Geschwindigkeit in die Höhe zu springen? Die besten Basketballspieler schaffen im Sprung vielleicht 8 km/h. Ende der schnellen Antwort.

Wenden wir uns mal dem Augenblick zu, kurz bevor das Kabel reißt. Im siebzehnten Jahrhundert, lange vor allen Aufzügen, erkannte Isaac Newton (1642–1727), daß ein Körper, der eine Kraft auf einen anderen Körper ausübt, von dem zweiten eine gleichgroße, ihr entgegengesetzte Kraft erfährt. Heute bezeichnet man das als das Dritte Bewegungsgesetz Newtons. Wenn Sie auf dem Boden der Aufzugskabine stehen und von der Schwerkraft (Kraft Nummer eins) gegen diesen Boden gezogen werden, drückt der mit derselben Kraft dagegen (Kraft Nummer zwei). Das ist ja der Grund, weshalb die Schwerkraft nicht überwiegt und Sie den Schacht hinunterfallen läßt. Das gleiche gilt auch für die Kabine: In ihrem Fall ist es das Drahtseil, das nach oben zieht und so die Wirkung der abwärts gerichteten Schwerkraft auf die Kabine ausgleicht. So fallen weder Sie noch die Aufzugskabine den Schacht hinunter. Sie bewegen sich gemeinsam auf- oder abwärts, und die Geschwindigkeit wird von einem Motor geregelt, der das Kabel auf eine große Trommel am oberen Ende des Schachtes aufwickelt oder von ihr abwickelt.

Wenn das Seil reißt, sind sowohl die aufwärts gerichtete Zugkraft des Kabels als auch der entsprechende Druck des Kabinenbodens verschwunden, weshalb Sie und auch der Aufzug die Freiheit erhalten, sich dem Willen der Schwerkraft zu beugen: Sie beginnen zu fallen. Für einen Augenblick schweben Sie: Sie fühlen sich »schwerelos«, weil der gewohnte Druck des Bodens gegen Ihre Füße fehlt. Doch unmittelbar nach diesem Moment eines paradiesischen Schwebezustandes kommt die Schwerkraft zu ihrem Recht, und Sie fallen gemeinsam mit dem Aufzug in die Tiefe.

Erbsenzähler-Ecke

Was den Moment der »Schwerelosigkeit« angeht, wenn der Aufzug zu fallen beginnt: Selbstverständlich haben Sie Ihr Gewicht nicht wirklich verloren. Die Schwerkraft der Erde zieht Sie nach wie vor an, und die Stärke dieser Anziehung nennen wir Gewicht (siehe S. 48). Was Sie verloren haben, ist das scheinbare Gewicht. Es tritt nur gerade nicht in Erscheinung, weil Sie nicht auf einer Waage oder einem Fußboden stehen, der Ihren Druck spürt und seinerseits Druck auf Ihre Füße ausübt.

Natürlich ist die ganze Frage mit den fallenden Aufzügen hypothetisch, weil Aufzugskabel einfach nicht reißen. Und selbst wenn sie es täten, würden die federgetriebenen Sicherheitsvorrichtungen dafür sorgen, daß die Kabine allenfalls ein paar Meter fällt. Doch Achterbahnen beweisen, daß manche Menschen das Gefühl einer unmittelbar bevorstehenden Katastrophe zu genießen scheinen.

Sollten Sie zufällig eine solcher Fan von Achterbahnen sein: Das »schwebende« Gefühl, das Sie empfinden, wenn der Wagen von einem hohen Streckenpunkt »abstürzt«, würden Sie genauso auch in einem fallenden Aufzug spüren. Man nennt es »freien Fall« (siehe S. 51). Auch die Astronauten in Raumstationen auf einer Umlaufbahn spüren ihn (siehe S. 48).

Abgefahren

Wo bleibt eigentlich all der Gummi, wenn meine Autoreifen sich abnutzen?

Er ist abradiert worden (Radiergummis behandeln wir aber erst auf S. 295) und auf der Straße gelandet, von wo aus er in Form von feinem Staub in der Umwelt verteilt wird. Ein Teil wurde vom Regen in die Kanalisation geschwemmt; ein weiterer Teil wurde vom Wind in die Gegend geblasen und ist am Ende aus der Luft ausgewaschen worden oder herabgefallen und hat sich auf allen möglichen Oberflächen abgelagert. Zum Schluß landet all der Gummi als Teil der Erde, aus der er hervorgegangen ist, wieder in den Böden und den Meeren. Wie alles andere auch wird ein abgefahrener Reifen zu Staub.

Normalerweise stellen wir uns vor, daß Autoreifen glatt abrollen, ohne irgendwie an der Straße zu wetzen und dadurch abgerieben zu werden. Das wäre aber nur dann der Fall, wenn zwischen der Reifenoberfläche und der Straße keinerlei Widerstand aufträte. Dann würden Ihre Reifen aber keinen Halt finden, und Sie würden nirgendwohin fahren. Auf einen Satz Reifen bekämen Sie eine bemerkenswerte Garantie, denn sie würden sich nie abnutzen.

Zwischen zwei beliebigen Oberflächen, die sich aneinander entlangbewegen – selbst zwischen einem Reifen und der Straße –, bestehen immer Widerstandskräfte, die man Reibung nennt. Auch rollende Reifen erfahren gegenüber der Straße eine Reibung, obwohl Rollreibung sehr viel kleiner ist als Gleitreibung. Falls nötig, können Sie Ihr Auto auch durch Schieben rollen lassen – aber versuchen Sie einmal, es seitwärts zu verschieben!

Reibung schluckt einiges von der Bewegungsenergie und gibt sie als Wärme wieder ab. Wenn Bewegung nicht durch die teilweise Umwandlung in Reibungswärme abgebaut würde, könnte ein Fahrzeug ewig weiterfahren, ohne langsamer zu werden: immerwährende Fortbewegung. Doch da es stets einen gewissen Verlust an Reibungswärme geben muß, ist jedes Gerät, das angeblich ein *Perpetuum mobile* darstellt, notwendigerweise Schwindel, ungeachtet der möglicherweise besten Absichten seines Erfinders.

Probieren Sie es selbst

Wenn Sie nicht glauben, daß die Reibung zwischen Reifen und Straße Wärme erzeugt, brauchen Sie nur Ihre Reifen vor und nach einer etwa einstündigen Fahrt auf der Autobahn zu berühren. Ein großer Teil der fühlbaren Wärme stammt von der Reibung gegenüber der Straße, doch ein Teil rührt auch von der ständigen Walkarbeit des Reifengummis (siehe S. 297).

Was das schwindende Profil der Reifen angeht: Wo immer zwischen zwei Materialien Reibungswiderstand stattfindet, muß eines von beiden »abgeben« – das heißt, einige seiner Moleküle werden vom anderen abgeschürft. Zwischen dem weichen Reifen und dem harten Straßenbelag ist der Fall eindeutig: Der Gummi gibt ab und wird allmählich in Form kleinster Teilchen abgerieben.

Wenn alle unsere Straßen aus einem Material bestünden, das weicher ist als Gummi, würden sich anstelle der Reifenprofile die Straßen abnutzen. Doch unsere Gesellschaft hat entschieden, daß es den Autobesitzern leichter fällt, die Reifen zu wechseln, als den Behörden, ständig die Straßenbeläge zu erneuern. Wieso aber, so könnte nun jemand fragen, müssen wir dann andauernd den Slalom um die roten

Hütchen fahren, um durch die endlosen Straßenbaustellen zu kommen? Aber leider kann ich nur wissenschaftliche Fragen beantworten, keine politischen.

Die quietschenden Reifen bei den Verfolgungsjagden im Kino kommen durch Gleitreibung zustande: Gummi, der nicht über den Belag rollt, sondern rutscht. Unter dem Mikroskop und in Zeitlupe könnten wir sehen, wie der Reifen einige tausendmal pro Sekunde abwechselnd greift und rutscht. Das führt zu einer Reihe von raschen Vibrationen, die im Frequenzbereich des Quietschens liegen. Es ist unschwer zu erkennen, daß mit all diesem Reiben von Gummi auf dem Asphalt eine Menge von dem Zeug abradiert wird. Die Reibung erzeugt dabei sogar so viel Wärme, daß ein Teil des Reifenprofils schmilzt. Das ergibt die schwarzen Abriebspuren auf der Straße.

Es hat mich zwar keiner gefragt, aber …

Warum sind die Reifen von Rennwagen so glatt? Man sollte doch annehmen, daß sie alles an Traktion brauchen, was sie kriegen können.

Genau deswegen sind sie glatt. Normale Reifen verschwenden eine Menge ihrer möglichen zupackenden Aufstandsfläche durch die Profilrillen, die wie Abflußrinnen für Regenwasser und Schmutz wirken. Rennwagen treten dagegen meist bei gutem Wetter an, so daß die Rillen gegen Wasser und Schmutz nicht notwendig sind. Sie wären in diesem Fall nichts weiter als verschwendeter Platz, den man besser für zusätzlichen Reifengummi verwendet, der sich in die Straße krallt und so die Haftung in den Kurven und beim Bremsen verbessert. Um noch mehr Haftungsfläche zu erhalten, verwendet man außerdem sehr viel breitere Reifen als auf Ihrer Familienkutsche. Zudem sind die Rennreifen aus weicherem Gummi hergestellt, der sich wie verrückt abnutzt. Was glauben Sie wohl, warum die bei der Formel 1 ständig anhalten, um Reifen zu wechseln?

Fertig laden! Legt an! Feuer!

In Westernfilmen – und in manchen Gegenden der Welt sogar heute noch – schießen die Leute ihre diversen Feuerwaffen als Warnung senkrecht in die Luft ab oder ballern einfach nur rum, um bei einer Feier Lärm zu machen. Doch die Kugeln müssen ja irgendwo wieder herunterkommen. Wie gefährlich ist es, wenn jemand getroffen wird?

Ziemlich gefährlich. Wie wir noch sehen werden, sagt uns die Physik, daß das Geschoß beim Auftreffen auf den Boden die gleiche Geschwindigkeit haben sollte, mit der es die Mündung der Waffe verlassen hat, was 1100 bis 1300 km/h ausmachen kann. Doch diese Aussage vernachlässigt den Luftwiderstand. Realistischerweise dürfte die Aufschlagsgeschwindigkeit eines solchen Geschosses bei 160 bis 240 km/h liegen. Das reicht allemal aus, menschliche Haut zu durchdringen, und selbst wenn es das nicht schaffen sollte, kann es dennoch ziemlich viel Schaden anrichten. Aber versuchen Sie mal, das diesen Schwachköpfen beizubringen, die ihre Knarren so gern »harmlos« in die Luft abfeuern.

Es gibt zwei Arten von Kräften, die sich auf die Geschwindigkeit der Kugel auf ihrem Weg nach oben und wieder nach unten auswirken: Schwerkraft und Luftwiderstand. Sehen wir uns zunächst die Wirkungen der Schwerkraft an, wobei wir den Luftwiderstand vollständig beiseite lassen.

Der Flug des Geschosses ist leichter zu verstehen, wenn wir ihn in umgekehrter Reihenfolge betrachten. Das heißt, wir fangen in dem Augenblick an, in dem die Kugel den höchsten Punkt erreicht hat und gerade wieder zu fallen beginnt. Anschließend sehen wir uns ihren Aufwärtsflug an und vergleichen die beiden.

Die Schwerkraft oder Gravitation ist eine Kraft, die sich auf ein fallendes Objekt auswirkt – tatsächlich ist sie die Ursache dieses Fallens –, indem sie es anzieht, also zum Mittelpunkt der Erde (siehe S. 154) zieht. Diese Richtung nennen wir »unten«. Solange das Objekt sich in der Luft befindet, wird es durch die Schwerkraft fortwährend angezogen, wodurch es immer schneller fällt. Je länger es fällt, desto länger kann die Schwerkraft darauf einwirken: Es fällt also immer schneller (in der Sprache der Wissenschaft: Es wird *beschleunigt*).

Das Schwerefeld der Erde sorgt dafür, daß das Objekt während jeder Sekunde der Anziehung – das heißt, während jeder Sekunde seines Fallens – um zusätzliche 9,8 m/sec (35 km/h) schneller wird. Wenn es also zehn Sekunden fällt, hat es eine Geschwindigkeit von 350 km/h erreicht, und so weiter.

Doch auch schon auf dem Weg der Kugel nach oben hat sich die Gravitation mit der gleichen Kraft auf sie ausgewirkt. Das hat sie allmählich so abgebremst, daß sie auf dem Scheitelpunkt ihrer Flugbahn – ehe sie wieder zu fallen begann – die Geschwindigkeit Null erreichte. Während jeder Sekunde des Aufstiegs wurde ihre Anfangsgeschwindigkeit um 35 km/h *vermindert*. Natürlich ist die Wirkung der Schwerkraft die ganze Zeit über gleich geblieben. Deshalb muß der Gesamtbetrag der beim Aufstieg verlorenen

Geschwindigkeit mit der beim Fallen zurückgewonnenen Geschwindigkeit genau übereinstimmen. Wenn das nicht der Fall wäre, hätte das Geschoß unterwegs aufgrund einer äußeren Kraft Geschwindigkeit gewinnen oder verlieren müssen. Und abgesehen vom Luftwiderstand, zu dem wir gleich kommen werden, gab es keine äußere Kraft.

Wir sehen also: Die Schwerkraft nimmt weg (auf dem Weg nach oben), die Schwerkraft gibt hinzu (auf dem Weg nach unten). Allein auf der Grundlage der Gravitation sollte die Kugel folglich bei ihrer Rückkehr auf den Boden nicht schneller oder langsamer sein als beim Austritt aus der Waffe: Sie schlägt mit der Mündungsgeschwindigkeit in den Boden ein ... oder in einen unbeteiligten Passanten.

Bis jetzt haben wir die Bremswirkung der Luft vernachlässigt. Wie wir uns leicht verdeutlichen können, wenn wir eine Hand aus dem Fenster unseres fahrenden Autos halten, versucht die Luft desto stärker abzubremsen, je schneller wir fahren. Wenn also die Kugel unter dem Einfluß der Schwerkraft immer schneller wird, arbeitet der Luftwiderstand daran, sie entsprechend stärker abzubremsen. Ziemlich schnell stellt sich dann ein Gleichgewicht zwischen diesen beiden widerstreitenden Kräften ein. Danach spielt es keine Rolle mehr, wie lange das Objekt noch fällt: Es wird nicht mehr schneller werden. Es hat einen Zustand erreicht, den die Physiker als seine »Endgeschwindigkeit« bezeichnen.

(Weil »Endgeschwindigkeit« recht eindrucksvoll klingt, gewinnt so mancher unschuldige Physikstudent – ich war so einer – den Eindruck, es handle sich dabei um eine Art natürlichen Grenzwert, wie ihn die Lichtgeschwindigkeit darstellt. Doch er hat nichts Heiliges oder Endgültiges. Die Endgeschwindigkeit eines fallenden Objekts hängt ganz einfach von seiner Größe und seiner Form ab und davon, wie es die Luft einfängt. Sollten Sie aus einem Flugzeug fallen, wird Ihre Endgeschwindigkeit sicherlich erheblich kleiner sein, wenn Sie an einem Fallschirm hängen. Mannschaften von Formationsspringern variieren ihren Luftwiderstand, indem sie den Körper entweder kompakter machen oder sich ausbreiten; auf diese Weise können sie ihre Endgeschwindigkeiten aufeinander abstimmen und eine Weile gemeinsam in der Luft herumturnen, ehe sie die Reißleinen ziehen.)

Wenn ein Schütze nicht weit von seinem Ziel entfernt ist, kann der Luftwiderstand das Geschoß während seines kurzen Fluges nicht sehr stark verlangsamen. Selbst wenn es senkrecht nach oben abgefeuert wird, erfährt ein stromlinienförmiges Geschoß auf dem Weg nach oben nicht allzuviel Luftwiderstand, weil es unterwegs mit der Spitze immer in Flugrichtung zeigt. Wenn es dann fällt, beginnt es aber möglicherweise zu taumeln, oder es bewegt sich (was noch wahrscheinlicher ist) mit dem Boden voraus, weil das für ein Objekt von der Form einer Gewehrkugel die stabilste Ausrichtung ist. Der Luftwiderstand bei einem taumelnden oder mit dem Boden voraus fallenden Geschoß ist ein ganzes Stück größer, so daß es auf dem Weg nach unten beträchtlich abgebremst werden kann und erheblich langsamer als mit seiner Mündungsgeschwindigkeit den Erdboden erreicht. Ein Fachmann schätzt, daß ein Geschoß vom Kaliber .22LR mit einer Mündungsgeschwindigkeit von 1380 km/h schließlich mit etwa 154–216 km/h (je nachdem, wie es taumelt) auf der Erde aufschlägt. Das ist mehr als ausreichend, um am Landeplatz auf einem Schädeldach ernstliche oder gar tödliche Schäden anzurichten.

Ganz nebenbei: Der Dummkopf, der die Kugel abfeuert, läuft kaum Gefahr, selbst getroffen zu werden, gleichgültig, wie sorgfältig er genau senkrecht nach oben zielt. Bei einem Versuch hat man einmal fünfhundert Geschosse vom Kaliber .30 mit einem Maschinengewehr senkrecht nach oben geschossen. Davon kamen nur vier auf einer Fläche von 3 Quadratmetern um das MG herunter. Der Wind spielt eine große Rolle, vor allem, weil Geschosse der Kaliber .22 bis .30 Höhen von 1200 bis 2400 Metern erreichen können, ehe sie wieder herunterfallen.

Krieg ist ... Drill? ... Drall!

Warum wird den Kugeln bei Feuerwaffen ein Drall mitgegeben?

Ein Geschoß mit Drall fliegt weiter und genauer als ohne Drall (= Rotation). Und falls Ihr Lieblingssport eher Football ist: Alles, was ich über den Drall von Geschossen sage, gilt auch für Pässe mit rotierendem Ei.

Es mag sich seltsam anhören, daß ein Geschoß oder ein Football mit Drall weiter fliegen sollen, weil Sie vielleicht denken, daß die Reichweite nur von der Energie abhängt, die das Geschoß von der Pulverladung oder der Ball vom Arm des *Quarterback* mitbekommen. Aber Geschosse und Bälle müssen durch die Luft fliegen, und der Luftwiderstand spielt bei der Flugbahn aller Projektile eine wichtige Rolle, ob sie nun aus einer Faustfeuerwaffe, einem Gewehr, einem Maschinengewehr, einer Haubitze oder von einem Arm abgefeuert werden.

Sehen wir uns zunächst an, wie ein Gewehr für den Drall der Kugel sorgt. Auf der gesamten Innenfläche des Laufes befinden sich spiralförmige Rillen, die man Züge nennt.

Wenn das Geschoß den Lauf passiert, schneiden die Züge hinein und zwingen es zu einer Rotation, die der Spirale folgt. Bei manchen Feuerwaffen verläuft der Drall im Uhrzeigersinn, bei anderen umgekehrt, das spielt keine Rolle. (Nein, das hängt nicht davon ab, ob sie auf der nördlichen oder der südlichen Erdhalbkugel abgefeuert werden. Doch dazu siehe S. 181.)

Früher waren die Geschosse runde Bleikugeln, wie Miniatur-Kanonenkugeln. Die heutigen zylindrisch-konischen Geschosse wurden um 1825 entwickelt, als man herausfand, daß sie im Flug ihre Geschwindigkeit besser beibehalten können. Das liegt daran, daß ein gegebenes Gewicht an Blei, das in die Länge gezogen ist und vorne in einer Spitze ausläuft (also stromlinienförmig ist), auf weniger Luftwiderstand trifft als eine runde Kugel.

Doch bei länglichen Geschossen gibt es ein Problem, das die kugelförmigen nicht haben. Bei einem abgefeuerten zylindrischen Geschoß kann die Luft an jeder winzigen Unregelmäßigkeit seiner Oberfläche angreifen und es ein wenig zur Seite drücken, so daß die Spitze nicht mehr genau in Flugrichtung zeigt. Diese geringfügige Ablenkung verstärkt den Luftwiderstand an seiner Vorderseite, was das Geschoß weiter verdreht. Es beginnt dann recht schnell, sich in Flugrichtung zu überschlagen, was den Luftwiderstand weiter vergrößert und so die Reichweite ernstlich verringert und es vom Kurs abbringt. Das beeinträchtigt die mögliche Schußentfernung und die Treffsicherheit.

Hier kommen die Züge im Gewehrlauf ins Spiel. Wenn das Geschoß im Flug sauber um seine Längsachse rotiert, widersetzt es sich allen Veränderungen seiner Ausrichtung und seiner Flugbahn. Ein schweres, rotierendes Objekt besitzt nämlich einen erheblichen Gesamtimpuls (das Produkt aus Masse und Geschwindigkeit). Dieser ist nicht allein auf die Richtung seiner Bewegung (den Linearimpuls) beschränkt, sondern weist aufgrund seiner Rotation auch einen Drehimpuls auf. Und diese Bewegungsgröße ist nur schwer zu verändern, ob es sich nun um einen Linear- oder einen Drehimpuls handelt. Tatsächlich bleibt der Impuls eines Objekts bestehen, solange er nicht durch eine äußere Kraft gestört wird (in der Sprache der Wissenschaft heißt das *Impulserhaltung*). Deshalb wird das Geschoß seinen Drehimpuls (die Rotation um seine Längsachse in Flugrichtung) beibehalten, solange es in der Luft ist, weil es von keiner äußeren Kraft gestört wird. Jene winzigen Unregelmäßigkeiten seiner Oberfläche sind nun *peanuts* im Vergleich zu dem erheblichen Betrag an Drehimpuls, über den das Geschoß verfügt.

Da die Spitze genau nach vorn zeigt, wirkt weniger Luftwiderstand auf das Projektil, und es fliegt weiter und mit größerer Treffsicherheit. Wenn es schließlich auf ein Objekt trifft, ist sein Impuls – sowohl der lineare als auch der Drehimpuls – noch immer nicht verschwunden, sondern überträgt sich auf das unglückliche Ziel oder, im Fall des rotierenden Footballs, auf den glücklichen Empfänger.

Nach internationalem Recht *müssen* Geschosse einen Drall haben. Ansonsten könnte ein taumelndes Projektil quer auf seinem Opfer auftreffen und größere Verletzungen anrichten, als wenn es ein sauberes, rundes Loch geschlagen hätte. Das ist so eine jener Nettigkeiten von Kriegen: Wenn du einen umbringen willst, dann mach es bitte ordentlich.

Die Genfer Konvention führt noch gewisse weitere Nettigkeiten auf, wie man Menschen zu töten hat. Weil zum Beispiel Blei weich und verformbar ist, kann es sich beim Auftreffen auf ein Ziel abplatten und ebenfalls ein unansehnliches Loch reißen. Deshalb müssen Geschosse mit einem härteren Metall wie beispielsweise Kupfer ummantelt werden. Die führenden Militärs in aller Welt unterwerfen sich dieser Forderung bereitwillig, aber nicht aus humanitären Motiven. Moderne militärische Feuerwaffen verschießen ihre Kugeln nämlich mit so hohen Mündungsgeschwindigkeiten, daß das Blei, wenn es nicht mit dem schwerer schmelzbaren Kupfer ummantelt wäre, allein wegen der Luftreibung schmelzen würde. Das würde dazu führen, daß die Geschosse unberechenbaren Flugbahnen folgen und ihr Ziel verfehlen würden. Und letztlich ist ein sauberer runder Treffer im Feind auf alle Fälle sehr viel besser als gar kein Treffer.

Es hat mich zwar keiner gefragt, aber…

Warum verwendet der Lone Ranger Silberkugeln?

Sie dienen in erster Linie als »Visitenkarte«, aber sie haben auch einen leichten Vorteil gegenüber Blei.

Normale Geschosse sind aus Blei, weil dieses Metall so schwer ist. Und es ist billig. Eine Kugel soll möglichst schwer sein, weil sie möglichst viel Schaden verursachende Energie auf ihr Ziel übertragen soll, und Energie ist eine Verbindung von Masse und Geschwindigkeit (in der Sprache der Wissenschaftler: *Kinetische Energie ist der Masse und dem Quadrat der Geschwindigkeit direkt proportional*). Nun läßt sich die Energie leichter durch eine Erhöhung der Geschoßmasse steigern als durch eine höhere Geschwindigkeit. Letzteres würde nämlich eine Verlängerung des Laufes erfordern, damit die Explosionsgase mehr Zeit haben, das Projektil zu beschleunigen.

Eine Silberkugel ist um 7,5 Prozent leichter als ein Bleigeschoß gleicher Länge und gleichen Kalibers. Da eine gegebene Menge Schießpulver jedem Geschoß den gleichen Betrag an Energie mitgibt, muß die silberne Kugel zwangsläufig schneller fliegen. Es zeigt sich, daß sie 4 Prozent schneller fliegt als eine Bleikugel.

Damit erreichen die Kugeln des Lone Ranger ihr Ziel geringfügig früher als ein Bleigeschoß. Nehmen wir an, die Kugel sei mit 300 m/sec unterwegs und der Bandit in fünfzehn Meter Entfernung ziehe seine Kanone, dann hat unser Held einen Vorteil von zwei Millisekunden – das reicht nicht einmal, daß der Bandit »Hugh!« sagen könnte.

Außerdem ist Silber erheblich härter als Blei. Wenn der Lone Ranger dem Bösen die Kanone aus der Hand schießt (er schießt nie auf den Schurken selbst), muß das richtig wehtun. Und wenn eine Silberkugel trifft, hört sich das nicht wie der dumpfe Aufschlag von Blei an, sondern sie erzeugt ein kräftiges »Ping« für die Mikrophone, die anscheinend immer irgendwo in der Nähe sind.

Kneipenwette

Die Silberkugeln des Lone Ranger fliegen schneller als Bleikugeln.

Wie man ein Flugzeug anhält

Wenn ein Flugzeug über mich hinwegfliegt und ich in die entgegengesetzte Richtung gehe, wie kommt es dann, daß es so aussieht, als würde der Flieger fast am gleichen Fleck bleiben? Sicherlich ist meine Geschwindigkeit im Vergleich zu der des Flugzeugs nur ein Klacks. Wieso kann sie sich dann überhaupt auswirken?

Wir beurteilen die Bewegung eines Flugzeugs, ob wir uns dessen bewußt sind oder nicht, in bezug auf vertraute Gegenstände am Boden, zum Beispiel Bäume, Telephonmasten oder Häuser. Nur so kann man Bewegung feststellen: in bezug auf etwas anderes. So etwas wie absolute Bewegung gibt es nicht; Bewegung existiert nur in Relation auf einen Bezugspunkt (siehe S. 173). Je schneller also das Flugzeug in Relation zu Bäumen und Häusern vorüberzuziehen scheint, desto höher schätzen wir seine Geschwindigkeit.

Wenn Sie sich jedoch in bezug auf Bäume und Häuser selbst bewegen, stören Sie dieses einfache Verhältnis, weil nun auch diese Objekte sich zu bewegen scheinen. Während Sie vorwärtsgehen, scheinen diese sich rückwärtszubewegen, nicht wahr? Natürlich wissen Sie, daß sie sich nicht *wirklich* in die Gegenrichtung bewegen, weil es Ihnen Ihr Papa so erklärt hat, als Sie zwei Jahre alt waren.

Während Sie also vorwärtsgehen (was, davon bin ich überzeugt, Ihre gewohnte Bewegungsrichtung ist), wenn auch in der *entgegengesetzten* Richtung wie das Flugzeug, scheinen auch die Bäume und Häuser sich in bezug auf Ihre eigene Richtung rückwärtszubewegen; das heißt, sie scheinen sich *in derselben Richtung zu bewegen wie das Flugzeug*. Folglich scheint es so, als würden sich das Flugzeug und die Häuser miteinander bewegen, weil das Flugzeug in bezug auf diese nicht vorwärtszukommen scheint. Und jedes Flugzeug, das nicht einmal ein Haus passieren kann, erscheint uns wie ein äußerst langsames Flugzeug.

Wollen Sie den Passagieren des Flugzeugs einen Gefallen tun und dafür sorgen, daß sie früher ans Ziel kommen? Gehen Sie einfach in derselben Richtung wie der Flieger. Wenn dann die Bäume und Häuser sich »rückwärts« bewegen, sieht es sogar so aus, als würde das Flugzeug sie schneller passieren.

In Wahrheit war es nicht Bernoulli

Ich kann einfach nicht daran glauben, daß diese riesigen Flugzeuge fliegen können, wo sie doch nur von dünner Luft getragen werden.

Willkommen im Klub. Obwohl ich einiges davon verstehe, warum Flugzeuge fliegen (bald geht es Ihnen ebenso), staune ich immer wieder darüber. Ich erinnere mich, wie ich nach einem Transatlantikflug mit der Boeing 747 vom Flugpersonal aufgefordert wurde, das Flugzeug nach der Landung nicht über eine dieser Fluggastbrücken zu verlassen, sondern aufs Rollfeld hinabzusteigen und mit dem Bus zum Abfertigungsgebäude zu fahren. Mit ungläubigem Staunen schaute ich von unten zu dem Vierhundert-Tonnen-Monster auf, das mich gerade in der luftigen Höhe von mehr als 10 Kilometern über den Atlantik getragen hatte.

Daß man mich damals, als man mir »beigebracht« hatte, was Flugzeuge zum Fliegen bringt, in die Irre geführt hatte, steigerte meine Ehrfurcht noch. Ungeachtet der Tatsache, daß die meisten Flughandbücher den Auftrieb des Flugzeugs dem sogenannten Bernoulli-Prinzip zuschreiben, ist dies *nicht* der Hauptgrund, weshalb Flugzeuge oben bleiben. Zufällig liefert dieses Prinzip eine schnelle, einfache Erklärung, aber wie alle einfachen Antworten ist sie irreführend und fast völlig falsch.*

* Die folgende Darstellung der Grundlagen des Fliegens basiert auf dem Artikel von David Anderson und Scott Eberhard »How Airplanes Fly: A Physical Description of Lift« (Wie Flugzeuge fliegen: Eine physikalische Beschreibung des Auftriebs), erschienen in *Spot Aviation* vom Februar 1999, auf den mich Richard E. Eckels aufmerksam machte.

Bitten wir zunächst den schweizerischen Mathematiker Daniel Bernoulli (1700–1782) in den Zeugenstand und hören, was er in eigener Sache zu sagen hat.

1738 entdeckte Bernoulli, daß der Druck einer Strömung (eines Gases oder einer Flüssigkeit) auf angrenzende Flächen mit zunehmender Geschwindigkeit abnimmt. Beispielsweise hat Luft, die als horizontaler Wind vorbeistreicht, sozusagen nicht genug Zeit oder Energie, sehr stark auf den Boden zu drücken.

Wie wirkt sich das auf Flugzeuge aus?

Die Oberseite einer herkömmlichen Tragfläche ist nach oben gewölbt, während die Unterseite relativ flach ist. Im Flug streicht die Luft über beide Oberflächen. Auf ihrem Weg zur hinteren Kante der Tragfläche muß die Luft auf der Oberseite wegen der Wölbung einen längeren Weg zurücklegen. Die Fürsprecher der These »Bernoulli läßt das Flugzeug fliegen« behaupten nun, daß die Luft ober- und unterhalb der Tragfläche gleichzeitig an deren Hinterkante ankommen müsse – man nennt das die Annahme *gleicher Überströmzeiten* –, weshalb wiederum die obere Luft wegen des weiteren Weges auch schneller sein müsse. Bernoulli zufolge übe die schnellere Luft an der Oberseite einen geringeren Druck auf die Tragfläche aus als die langsamere Luft auf der Unterseite, wodurch die Tragfläche durch die resultierende Kraft, die man *Auftrieb* nennt, nach oben gedrückt würde.

Das ist alles sehr schön, bis auf eines: Die Luft auf der Ober- bzw. Unterseite der Tragfläche *muß* nicht gleichzeitig an deren Hinterkante ankommen. Die Annahme gleicher Überströmzeiten ist schlichtweg falsch, daran ändert auch das ganze Armgefuchtel von Physiklehrern und Fluglehrern nichts, die sie rechtfertigen wollen. Ebenso wie ich können Sie die Verlegenheit darüber, daß Sie diesen Punkt in der Schule nie verstanden haben, vergessen. Es gibt einfach keinen triftigen Grund, weshalb die obere Luft zur gleichen Zeit an der Hinterkante eintreffen sollte wie die untere Luft.

Der Bernoulli-Effekt trägt tatsächlich etwas zum Auftrieb an der Tragfläche bei, doch wenn er allein dafür verantwortlich sein sollte, wäre eine Tragfläche erforderlich, die entweder wie ein Buckelwal geformt oder mit extrem hoher Geschwindigkeit unterwegs sein müßte.

Danke, Herr Bernoulli, Sie dürfen den Zeugenstand wieder verlassen.

Wir rufen jetzt Isaac Newton auf.

Newtons drei Bewegungsgesetze sind die ehernen Fundamente unseres Verständnisses von den Bewegungen der Objekte. Die Newtonsche Mechanik (im Unterschied zur Quantenmechanik und zur Relativitätstheorie) kann die Bewegungen aller Objekte erklären, solange sie nicht zu klein (kleiner als ein Atom) und nicht zu schnell (nahe der Lichtgeschwindigkeit) unterwegs sind. Newton formulierte seine Gesetze zwar für die Bewegungen von Festkörpern, doch sie lassen sich ebensogut auf die Wechselwirkungen zwischen Tragflächen und Luft anwenden. Sehen wir uns an, wie das geht.

Newtons Drittes Bewegungsgesetz (schon wieder) besagt, daß es zu jeder Kraft eine gleichgroße, entgegengesetzt gerichtete Kraft geben muß (*actio = reactio*). Wenn also die Tragfläche nach oben gedrückt wird, dann muß etwas anderes nach unten gedrückt werden. Das stimmt. Es ist die Luft. Die Tragfläche muß einen Luftstrom mit einer Kraft nach unten rauschen lassen, die der Auftriebskraft an der Fläche genau entspricht. Diesen nennen wir *Abwind*.

Wie?

Wenn eine Flüssigkeit wie Wasser (oder auch ein Gas

wie Luft) an einer gekrümmten Oberfläche entlangströmt, klammert sie sich enger an diese Oberfläche, als Sie vielleicht glauben. Diese Erscheinung ist unter der Bezeichnung Coanda-Effekt bekannt (siehe die Erklärung auf S. 260, wobei Sie sich anstelle des über eine gekrümmte Oberfläche fließenden Wassers lediglich Luft vorstellen müssen, die über eine gekrümmte Tragfläche fließt). Wegen dieser Anziehung ist die über die Tragflächen strömende Luft gezwungen, sich eng an die Form der Fläche zu schmiegen. Dabei liegt der obere Luftstrom an der oberen, der untere an der unteren Oberfläche an. Diese Strömungen folgen nicht nur unterschiedlichen Wegen, sondern fließen an der Hinterkante infolge der Flächenform in unterschiedlichen Richtungen ab. Die Tragfläche schneidet also nicht einfach wie eine flache Messerklinge durch die Luft, bei der sich der Luftstrom nur teilt, um sie durchzulassen, und sich nach dem Durchgang der Tragfläche wieder in der ursprünglichen Richtung zusammenschließt.

Wenn der obere Luftstrom auf die Vorderkante der Tragfläche trifft, fließt er zunächst über deren Oberfläche aufwärts und dann wieder abwärts, wenn er die Hinterkante der Fläche passiert. *Doch die Form der Tragfläche leitet den Luftstrom weiter abwärts als zu Beginn; dieser verläßt die hintere Flügelkante insgesamt mit einer nach unten gerichteten Bewegung.* Anders gesagt, der obere Luftstrom wird durch die Form der Tragfläche letztlich nach unten geschleudert. Und gemäß Newtons Drittem Bewegungsgesetz wird die Tragfläche deshalb mit einer gleichen Kraft nach oben befördert: Auftrieb!

Sie meinen wohl, das könne nur eine kleine Kraft sein, da sie doch lediglich von dieser »dünnen Luft« hervorgerufen wird? Ha! Überlegen Sie sich das noch einmal. Selbst ein kleines Flugzeug wie die Cessna 172 pumpt bei einer

Fluggeschwindigkeit von 110 Knoten (204 km/h) in jeder Sekunde drei bis fünf Tonnen Luft abwärts. Und denken Sie dann an die Hunderttausende von Tonnen Luft, die eine Boeing 747 mit ihren 400 Tonnen Gewicht in jeder Sekunde nach unten pumpt, um vom Boden abzuheben und oben zu bleiben.

Wir können Isaac Newton sogar noch mehr Kredit für den Auftrieb von Flugzeugen einräumen, da diese Kraft nicht allein vom Abwind (mit geringer Unterstützung von Herrn Bernoulli) stammt. Ein Teil des Auftriebs leitet sich aus einer weiteren Anwendung des Dritten Bewegungsgesetzes ab. Die Tragflächen eines Flugzeugs sind nicht parallel zum Boden ausgerichtet: Sie sind so konstruiert, daß ihre Vorderkante leicht nach oben gekippt ist – in der Regel etwa um vier Grad, wenn das Flugzeug horizontal fliegt. Dadurch ist der Druck auf der Unterseite der Fläche höher als auf der Oberseite, was den Flügel nach oben drückt und zusätzlichen Auftrieb erzeugt (siehe S. 46). Der Pilot kann das Flugzeug sogar noch steiler anstellen (in der Fliegersprache: den *Angriffswinkel* vergrößern), was ihm weiteren Auftrieb verschafft. Newtons Drittes Gesetz kommt hier insofern ins Spiel, als das Flugzeug in seiner Vorwärtsbewegung mit der Fläche die Luft vor sich nach unten drückt, weswegen die Luft wiederum die Fläche aufwärts preßt.

Wir sehen also, daß zwei unterschiedliche Funktionen der Tragfläche Auftrieb erzeugen: einmal ihre Form – der »Tragflügel« – und dazu ihr Anstell- oder Angriffswinkel. Wenn ein schweres Flugzeug während des Starts vom Boden hochgewuchtet wird, müssen beide gemeinsam maximal zur Wirkung gebracht werden. Deshalb steigen startende Flugzeuge so steil auf; der Pilot muß den Angriffswinkel erhöhen, denn er benötigt zusätzlichen Auftrieb, weil das Flugzeug mit soviel Treibstoff beladen ist, ganz zu schweigen von der fetten Dame im Sitz neben Ihnen.

Und Sie hatten geglaubt, der Pilot richte nur die Nase des Flugzeugs in die Richtung, in die er fliegen will, als hätte er ein Pferd unter sich…

Extraprämie

Haben Sie je darüber nachgedacht, weshalb Skispringer sich in der Luft so weit nach vorn legen, daß sie mit der Nase praktisch die Skispitzen berühren? Zwei Gründe: Einmal wäre der Luftwiderstand größer, wenn sie aufrecht stünden, was sie abbremsen würde. Zweitens simulieren sie mit ihrem gebogenen Rücken einen Tragflügel. Ihre obere Oberfläche ist wie eine Tragfläche gekrümmt, und damit gewinnen sie einen bestimmten Auftrieb, der sie länger in der Luft hält.

Rückenflug

Wie ist es möglich, daß ein Flugzeug in der Rückenlage fliegt, wo doch sein Auftrieb durch die Form der Tragflächen erzeugt wird?

Das kann man vielleicht machen, um das Publikum bei einer Flugschau zu begeistern, aber bei einem Zubringerflug nach Paderborn-Lippstadt würde das nicht funktionieren. Es wäre zwar theoretisch möglich, doch Passagierflugzeuge sind nicht so ausgelegt, daß sie die Belastung aushalten würden (und die Passagiere ebensowenig).

Die Tragflächen eines herkömmlichen Flugzeugs sind nach oben gewölbt, was aus Gründen, die alles andere als einfach sind, den Auftrieb liefert (siehe S. 41). Wenn also die Tragfläche mit der Oberseite nach unten geflogen wird, sollte das doch eigentlich die umgekehrte Wirkung haben, den »Auftrieb« also in einen »Abtrieb« verwandeln? Ja, wenn die Piloten diesen Effekt nicht teilweise aufheben würden, indem sie den Anstellwinkel des Flugzeugs ändern, also den Winkel, in dem die Flächen auf die Luft treffen.

Probieren Sie es selbst

Halten Sie Ihre Hand aus dem Fenster eines schnell – natürlich nicht schneller als erlaubt – fahrenden Autos. Wenn Sie Ihre Handfläche parallel zum Boden halten, fühlen Sie, wie die Luft auf das drückt, was die Piloten als Anströmkante bezeichnen würden: die Handkante auf der Daumenseite. Wenn Sie Ihre Hand dann aber ein wenig nach oben kippen, so daß Ihre Handfläche die angreifende Luft voll einfängt, wird Ihre Tragfläche, äh, Hand nach oben gedrückt. Auf der Unterseite ist der Druck höher als auf der Oberseite, und das erzeugt Auftrieb, völlig unabhängig davon, wie Ihre Hand (oder eine Tragfläche) zufällig geformt sein mag, solange sie ausreichend flach ist.

Im Rückenflug richtet der Pilot die Nase (ich meine die seines Flugzeugs) nach oben, so daß die Unterseite der Tragflächen – sonst eigentlich die Oberseite – die angreifende Luft abbekommt und nach oben gedrückt wird. Tatsächlich besitzen kunstflugtaugliche Maschinen nicht einmal nach oben gekrümmte Tragflächen. Ober- und Unterseite sind gleich geformt, also spielt es keine Rolle, welche Seite gerade oben ist – alles wird durch den Anstellwinkel erledigt.

Wie Sie anhand des Experiments mit der aus dem Autofenster gehaltenen Hand gesehen haben, erzeugt ein stärkerer Anstellwinkel nicht nur Auftrieb, sondern *Strömungswiderstand* – höheren Luftwiderstand, der Ihre Hand aufzuhalten versucht. Ähnlich ist es, wenn der Kunstflugpilot den Anstellwinkel erhöht: Das Flugzeug erfährt einen höheren Strömungswiderstand, den die Maschine zu überwinden hat. Deshalb müssen kunstflugtaugliche Maschinen auch über starke Motoren verfügen, ganz abgesehen von den verrückten Piloten. Nun ja, vielleicht sind sie eher besonders gewitzte Flieger: Man benötigt große Kraft und Geistesgegenwart, wenn man dreidimensional denken muß, während man Kräften ausgesetzt ist, die acht- bis zehnmal stärker sind als die Schwerkraft. Und Kunstflieger werden nicht durch Druckanzüge unterstützt, wie sie Kampfjetpiloten tragen, damit das Blut bei Flugmanövern mit starker Beschleunigung nicht aus dem Kopf abfließt und sie ohnmächtig werden.

Aber wie dem auch sei, ich schau mir das alles lieber von unten an.

Wie Astronauten Gewicht verlieren

Hört die Schwerkraft in einer bestimmten Entfernung von der Erde auf? Wenn nicht, wieso können dann Astronauten in der Umlaufbahn schwerelos sein?

Antwort auf die erste Frage: Nein.

Antwort auf die zweite Frage: Sie sind nicht schwerelos. Daß Astronauten all die einfältigen Scherze (freischwebende Purzelbäume oder kopfunter auf gar nichts sitzen, wobei sie eher ratlos als schwerelos wirken) für die Bordkameras vorführen können, hat völlig andere Gründe.

Die auf der Gravitation beruhende Anziehung der Erde hat wie jede Gravitationskraft eine unendliche Reichweite. Sie wird mit wachsender Entfernung immer schwächer, aber sie erreicht nie den Wert Null. Jedes Atom im Universum übt auf jedes andere Atom eine Gravitationskraft aus, egal wo es sich befindet. Aber natürlich ist die kumulierte Anziehungskraft desto stärker, je größer die vorliegende Ansammlung von Atomen in Form eines Planeten oder Sterns ist.

Doch all das geht an der Frage vorbei, weil die läppischen 400 Kilometer Höhe, in denen der *Space Shuttle* seine Runden dreht, im Hinblick auf die Abschwächung der Schwerkraft bedeutungslos sind. Den Mond hält die Erde doch auch ganz gut fest, oder?, und der ist immerhin 385 000 Kilometer entfernt. (Gut, der Mond ist erheblich größer als ein künstlicher Satellit, und die Stärke der Anziehung ist der Masse proportional, aber Sie wissen, was gemeint ist.)

Wenn diese schwebenden Astronauten also nicht schwerelos sind, was bedeutet dann Schwere oder Gewicht überhaupt?

Gewicht ist die *Stärke* der Anziehungskraft, die die Erde auf ein Objekt ausübt. Da die Stärke dieser Kraft auf das Objekt mit zunehmender Entfernung von der Erde abnimmt (siehe S. 154 und S. 178), wird auch dessen »Gewicht« geringer. Aber nie bis auf den Wert Null.

Also gut. Wenn Astronauten in der Umlaufbahn nicht wirklich schwerelos sind, wie kommt es dann, daß sie in dieser Weise in der Fähre umherschweben können? Nun, ihr immer noch beträchtliches Gewicht wird von etwas anderem *ausgeglichen*: durch eine Kraft, die von ihrer Umlaufgeschwindigkeit herrührt (die Wissenschaftler nennen sie *Zentripetalkraft*).

Probieren Sie es selbst

Befestigen Sie einen Stein an einer Schnur und schwingen Sie ihn im Kreis herum (draußen!), wobei Sie Ihre Hand möglichst wenig bewegen sollten. Der Stein ist die Raumfähre und Ihre Hand die Erde. Weshalb fliegt der Stein nicht davon? Weil Sie mittels der Schnur mit genau der Kraft – einer Imitation der Erdanziehung – an dem Stein ziehen, die seiner Tendenz zum Davonfliegen entgegenwirkt. Wenn Sie ein wenig schwächer ziehen (also ein Stück Schnur freigeben), fliegt er ein wenig nach außen, weg von Ihrer Hand. Ziehen Sie dagegen stärker, indem Sie die Schnur aufwickeln – und so eine höhere Anziehungskraft simulieren –, »fällt« der Stein einwärts in Richtung auf den Ort, an dem sich Ihre Hand befindet.

Bei der Raumfähre verhält es sich ebenso. Die Tatsache, daß das Raumfahrzeug nicht in den Raum davonfliegt, sondern eine stabile Kreisbahn beibehält, weist darauf hin, daß seine Tendenz, von der Erde fortzufliegen, von der Erdanziehung genau ausgeglichen wird: Damit wird es festgehalten. Anders gesagt, die Gravitation sorgt dafür, daß die Raumfähre ständig zur Erde »fällt«, und zwar genau in dem Maß, daß sie nicht weiter über die Erdoberfläche »aufsteigt« (siehe auch S. 51).

Dasselbe geschieht mit den Astronauten im Inneren der Fähre. Deren Tendenz, von der Erde wegzufliegen, wird von der Erdanziehung aufgehoben. Sie entfernen sich nicht von ihr, fallen aber auch nicht auf sie zurück, sondern bleiben dazwischen hängen und wissen nicht, wo oben ist. Das geht ganz in Ordnung, weil es kein »oben« gibt. »Oben« hatte immer die Bedeutung »entgegengesetzt zur Richtung der Erdanziehung«, und diese, die Schwerkraft, ist nun nicht mehr feststellbar. Deshalb posieren sie so vergnügt vor den Kameras, während einer von ihnen mit dem Kopf nach unten schwebt. Oder sind die Füße oben?

Daß die Schwerkraft der Erde von der Zentripetalkraft der Astronauten in der Umlaufbahn genau ausgeglichen wird, heißt übrigens nicht, daß sie von keinerlei Gravitationskräften mehr beeinflußt würden. Nur die *Erdanziehung* ist aufgehoben. Der Mond, die Planeten, die Raumfähre und die Astronauten selbst ziehen einander weiterhin an, weil sie alle Masse besitzen. Doch da der Mond und die Planeten so weit entfernt sind und die Astronauten mitsamt ihrer Ausrüstung so wenig Masse haben, bleibt die Summe dieser Gravitationswirkungen gering. Dennoch sind sie gegenwärtig, und aus diesem Grund reden Weltraumwissenschaftler auch nie von einer Gravitation der Größe Null; sie sagen, die Astronauten arbeiten in einer Umgebung mit *Mikrogravitation*.

Hoch, höher … und im Kreis!

Wie hoch muß eine Rakete aufsteigen, bis sie eine stabile Kreisbahn um die Erde erreicht?

Die Frage ist nicht, wie hoch, sondern wie schnell. Ein Objekt, das in einer stabilen Umlaufbahn um die Erde kreisen und nicht herunterfallen soll, muß eine bestimmte Geschwindigkeit, die *Fluchtgeschwindigkeit* (auch Entweichgeschwindigkeit genannt), erreichen.

Wir wollen uns das anhand eines Ballspiels näher ansehen.

Nehmen wir an, ein Baseballspieler versucht, einen rennenden Gegner auszuspielen, indem er den Ball mit einem einzigen mächtigen Wurf zurückpaßt, anstatt ihn über den zweiten Mitspieler weiterzuleiten. Dazu wirft er den Ball waagrecht oder ein wenig höher direkt zum Fänger. Wenn es keine Schwerkraft (und keinen Luftwiderstand) gäbe, würde der Ball für alle Ewigkeit in gerader Linie weiterfliegen. Isaac Newton drückte das in seinem Ersten Bewegungsgesetz so aus: »Ein Objekt in Bewegung behält seine Richtung mit konstanter Geschwindigkeit bei, solange es nicht durch eine hinzukommende weitere Kraft beeinflußt wird.« (Möglicherweise hat er es nicht genau so gesagt.)

Doch in diesem Fall *gibt* es eine weitere Kraft: die Schwerkraft, die den Ball ständig nach unten zieht, unabhängig davon, ob er sich bewegt oder nicht. Die Kombination der waagrechten Wurfbewegung mit der senkrechten Bewegung, die durch die Schwerkraft verursacht wird, führt dazu, daß der Ball eine gekrümmte Flugbahn beschreibt. Leider können nur wenige Baseballspieler den Ball so schnell und so weit werfen, daß er dem gegnerischen Spieler zuvorkommt; also wird der Ball ein ganzes Stück vor dem Fänger in den Staub plumpsen.

Nun bitten wir Superman, einen Baseball waagrecht über den Pazifik zu werfen (wobei wir erneut den Luftwiderstand außer Acht lassen). Wenn er den Ball mit, sagen wir, 1600 km/h abwirft, wird dessen gekrümmte Flugbahn erheblich länger und flacher verlaufen als bei dem Baseballspieler, aber schließlich gelingt es der Schwerkraft auch in diesem Fall, den Ball nach einigen Kilometern wieder herunterzuholen.

Diese klägliche Leistung ist unserem Helden peinlich, und so holt er gewaltig aus und schleudert den Ball jetzt mit 40 000 km/h über den Ozean. Dieses Mal verläuft die Flugbahn des Balles so flach und wenig gekrümmt, daß sie mit der Erdkrümmung übereinstimmt. Deshalb fliegt der

Ball in gleichbleibender Entfernung von der Oberfläche weiter und fällt nie mehr herunter. Er ist in eine Umlaufbahn eingeschwenkt.

Wie man sieht, kommt es lediglich darauf an, das Objekt so schnell zu werfen oder abzuschießen, daß seine Flugbahn mit der Erdkrümmung übereinstimmt. Diese Geschwindigkeit, die Fluchtgeschwindigkeit, beträgt 11,2 m/sec oder 40 000 km/h. Jeder Gegenstand, der langsamer ist, wird von der Schwerkraft wieder zur Erde herabgezogen, ehe er einen vollen Kreis um die Erde beschrieben hat. Wenn er dagegen schneller ist, erreicht er ebenfalls eine Umlaufbahn, doch er erreicht eine größere Höhe, ehe die Schwerkraft die Oberhand gewinnt und seine Flugbahn an die Krümmung der Erdoberfläche anpaßt.

In einem sehr realen Sinn hört der Baseball oder Satellit nie auf, zur Erdoberfläche zu fallen; er ist dabei allerdings so schnell nach »draußen« unterwegs, daß die einwärts gerichtete Zugkraft der Gravitation gerade ausgeglichen wird. Aus diesem Grund sprechen Physiker und Weltraumwissenschaftler davon, daß ein Satellit oder eine Raumfähre in der Umlaufbahn sich in einem fortwährenden *freien Fall* befinden. Das heißt, sie fallen frei auf den Erdmittelpunkt (siehe S. 154) zu, als hätte man sie an einem erhöhten Ort fallengelassen. Deshalb schweben die Astronauten in ihrer Raumfähre frei in der Luft (siehe S. 48), wie sie das auch täten, wenn sie sich in einer fallenden Aufzugskabine befänden, deren Kabel gerissen ist (siehe S. 25).

Es hat mich zwar keiner gefragt, aber …

Wenn man davon ausgeht, daß sich die Erde dreht, warum fliegt dann ihre Atmosphäre nicht in den Weltraum davon?

Um diesen Planeten verlassen zu können, müßte die Luft – wie alles andere auch – mindestens mit der Fluchtgeschwindigkeit unterwegs sein. Das würde auf einen unfaßbar gewaltigen Sturm hinauslaufen. Zwar wirkt sich die Erdbewegung auf die Luftbewegungen aus (siehe S. 181), doch dieser Effekt ist nirgends so groß, daß der Wind die Entweichgeschwindigkeit erreichen könnte.

Einzelne Luftmoleküle können jedoch durchaus die Fluchtgeschwindigkeit erreichen, und einige der leichtesten Atome wie die von Wasserstoff und Helium gehen tatsächlich in eine Umlaufbahn am oberen Rand der Atmosphäre über.

Heimliches Lauschen am See

In meiner Sommerhütte am See kann ich nachts manchmal die Unterhaltungen von Leuten am gegenüberliegenden Ufer hören, obwohl es schätzungsweise einen Kilometer entfernt ist. Wie kommt das?

Es scheint, als würde der See den Schall irgendwie verstärken, nicht wahr? Doch hier wird der Schall nicht verstärkt, wie es bei einem Mikrophon und einem Verstärkersystem der Fall wäre: Es wird lediglich mehr Schall zu Ihren Ohren weitergeleitet.

Schall besteht aus Luftschwingungen. Der Typ auf der anderen Seite des Sees erzeugt Schall, indem er Luft aus den Lungen über die Stimmbänder preßt, worauf diese zu schwingen beginnen. Diese Schwingungen formt er mit den Lippen und der Zunge zu Wörtern, und die modifizierten Vibrationen werden dann von der Luft in Form von Luftdruckwellen ähnlich den Wellen auf einer Wasseroberfläche zu Ihnen übertragen.

Wie Sie mit Hilfe eines in ruhiges Wasser geworfenen Steins feststellen können, breiten sich die Wellen im Wasser gleichmäßig nach allen Seiten aus. Das gilt auch für Schallwellen, allerdings in drei Dimensionen. In Luft breiten Wellen sich in alle Richtungen aus: nach oben, unten, Norden, Osten, Süden und Westen. In einer bestimmten Entfernung vom Sprecher können Sie natürlich nur einen kleinen Bruchteil der sich ausbreitenden Wellen hören, nämlich den, den Ihre Ohren einfangen. Je weiter Sie nun entfernt sind, desto kleiner wird der Anteil der gesamten Schallenergie, die Ihre Ohren aufnehmen können, weil der größte Teil ja in andere Richtungen gegangen ist – mit wachsender Entfernung von der Schallquelle gibt es schließlich entsprechend mehr »andere Richtungen«. Bei einer Entfernung von etwa einem Kilometer ist der Anteil, der Ihre Ohren erreicht, in der Regel so klein, daß Sie den anderen überhaupt nicht mehr hören können, wenn er mit der Lautstärke einer normalen Unterhaltung spricht.

Der von Ihnen beschriebene ungewöhnliche Effekt hat damit zu tun, daß sich Schall in warmer Luft ein wenig schneller ausbreitet als in kalter. Luftmoleküle können Schwingungen nämlich nur übertragen, wenn sie miteinander zusammenstoßen, und wärmere Moleküle kollidieren häufiger mit anderen, weil sie sich schneller bewegen. Wir müssen also die Temperatur der Luft über dem See genauer untersuchen und herausfinden, welche Temperatureffekte vorliegen und wie sie den Schall beeinflussen könnten.

Im Laufe des Tages hat die Sonne auf Luft und Wasser geschienen. Im Vergleich zu Luft ist Wasser aber sehr schwer zu erwärmen, weshalb es kälter als die Luft geblieben ist. (Vielleicht sind Sie sogar in den See gesprungen, um sich abzukühlen?) Das kältere Wasser kühlt die unmittelbar darüber liegende Luftschicht ab, so daß nun eine kalte Luftschicht zwischen dem Wasser und den oberen Schichten wärmerer Luft liegt. Und wenn kein Wind dafür sorgt, daß die Luftschichten verwirbelt werden, bleiben sie bis in den Abend hinein so erhalten.

Sie am Rand des Sees befinden sich ziemlich zuverlässig in der kalten Schicht. Der Schall, der von der großen Klappe am anderen Ufer kommt, wird größtenteils von der oberen, wärmeren Schicht übertragen, doch wenn er bei Ihnen ankommt, tritt er in die kühlere Luft ein und wird langsamer. Dieses plötzliche Abbremsen der Schallwellen lenkt sie nach unten ab; sie werden *gebrochen*, so wie Lichtwellen nach unten abgelenkt werden, wenn sie beim Übergang von Luft in Wasser (siehe S. 98) langsamer werden. Sie können es sich so vorstellen, daß die schnelleren Schallwellen weiter oben die unteren, langsameren Wellen überholen und über diesen zusammenschlagen, wodurch der Schall nach unten fällt. Damit erreicht eine ungewöhnlich große Zahl von Schallwellen Ihre Ohren: Sie hören mehr, als Ihnen eigentlich »zusteht«, wenn es allein von der Entfernung abhinge.

Natürlich funktioniert das in beide Richtungen. Wenn Sie also an einem ruhigen Sommerabend auf der Veranda Ihrer Hütte sitzen, sollten Sie darauf achten, was Sie sagen – vor allem über den Trottel auf der anderen Seite des Sees.

Schnell zuhören!

Wenn ich mein Auto mit Überschallgeschwindigkeit fahren könnte, würde ich dann immer noch Radio hören können?

Aus Ihrer Frage ergibt sich zwangsläufig, daß es sich hier ausschließlich um eine Übung der Kategorie »Was wäre wenn?« handelt. Autos sind selbstverständlich nicht windschnittig oder stark genug ausgelegt, die Schallgeschwindigkeit zu überschreiten oder den physikalischen Belastungen der Schallmauer standzuhalten (siehe S. 208). Aber es macht Spaß, sich damit auseinanderzusetzen.

Die Antwort ist ganz einfach: Ja.

Oder ich hätte eine andere Frage stellen können, die das Problem erledigt: Können sich die Passagiere in der *Concorde*, die mit Überschallgeschwindigkeit fliegt, unterhalten? Bei diesen Flugpreisen *sollten* sie es wirklich können. Doch wie, wenn sie schneller fliegen als der Schall?

Selbst wenn Sie mit mehr als Schallgeschwindigkeit fahren würden, wären Sie, das Auto samt Radio und Ihre verängstigten Passagiere in Relation zur Landschaft alle mit derselben Geschwindigkeit unterwegs. Sie befänden sich sozusagen alle im selben Boot. Und was den Schall angeht, so ist es wichtig, sich klarzumachen, daß Sie und das Radio und die Luft dazwischen sich *im Verhältnis zueinander* nicht bewegen. Das Radio steht in derselben räumlichen Beziehung zu Ihnen, als wenn das Auto stillstehen würde. Es sendet seine Schallwellen durch die Luft mit Schallgeschwindigkeit zu Ihren Ohren, als wäre alles wie immer, weil das im Inneren des Wagens ja auch der Fall ist. Falls der Tacho und die Scheiben des Wagens geschwärzt wären (was Gott verhüten möge!), würden Sie nicht einmal merken, daß Sie sich bewegen, wenn wir vom Lärm des Fahrtwinds und der Reifen (siehe S. 301) absehen.

Und was wäre, wenn Sie ein überschallschnelles Cabrio ohne Windschutzscheibe fahren würden, bei dem die Lautsprecher hinter Ihnen angebracht sind? Könnten Sie das Radio dann immer noch hören? Nein. Selbst wenn wir die Wirkungen des Windes auf Ihre armen, mißhandelten Ohren und Ihr Gehirn ganz außer Acht lassen, könnten Sie es nicht hören. Die Schallwellen der Lautsprecher werden mit Schallgeschwindigkeit durch die Luft zu Ihnen übertragen, doch die Luft – das Überträgermedium des Schalls – bewegt sich schneller von Ihnen weg nach hinten. Folglich wird der Schall Sie nie erreichen. Der Schall ist hier wie ein Ruderboot, das mit geringerer Geschwindigkeit als die Strömung gegen den Strom gerudert wird.

Übrigens empfängt das Radio seine Signale nicht durch Schallwellen, sondern durch Radiowellen, und diese sind mit Lichtgeschwindigkeit unterwegs – eine Million mal schneller als die Schallgeschwindigkeit. Also hat keine Bewegung Ihres Autos irgendeine Auswirkung auf die Fähigkeit Ihres Radios, zu spielen.

Was aber geschieht mit den Geräuschen, die Ihr Auto abgibt? Was würde eine Kuh am Straßenrand hören? (Ich hoffe doch sehr, daß Sie solche Sachen nicht innerhalb geschlossener Ortschaften ausprobieren.)

Die Geräusche Ihres Wagens, ob sie nun vom Radio, den Reifen, dem Motor oder den schreienden Passagieren stammen, werden mit Schallgeschwindigkeit nach allen Seiten abgestrahlt. Doch Sie fahren mit höherer Geschwindigkeit auf die Kuh zu, das heißt, sie fahren Ihrem Schall davon. Während sich Ihr Auto der Kuh nähert, kann sie also nichts von dem hinter Ihnen nachfolgenden Lärm des Wagens hören. Erst kurz nachdem Sie die Kuh passiert haben, hört sie einen Überschallknall (siehe S. 208) und anschließend alle Geräusche des Autos.

Beachten Sie, daß Sie, wenn Sie schneller als der Schall sind, keine Geräusche hören, die von Schallquellen hinter Ihnen stammen, da diese Sie nicht einholen können. Deshalb können Sie zwar das Blaulicht auf dem Polizeiwagen *sehen*, der Sie verfolgt, aber die Sirene können Sie nicht hören. Allerdings habe ich so meine Zweifel, ob die Beamten das als Entschuldigung gelten lassen.

KAPITEL 2

Schau doch mal!

... Und Gott sprach: »Es werde Licht – ultraviolette, sichtbare und infrarote Strahlung!«

Schön, das Zitat ist nicht ganz korrekt, aber es war sicherlich ein weiser Beschluß. Gottes Glühbirne, die Sonne, ist nicht nur die Quelle des Lichts, sondern auch aller Energie, die wir auf Erden verwenden (siehe S. 191), abgesehen von der Energie aus Atomreaktoren, die der Mensch 1942 erfand, und der eigenen Wärmeenergie aus den Tiefen der Erde, die wir aus praktischen Gründen erst jetzt anzuzapfen beginnen.

Doch die auffälligste Rolle der guten alten Sonne – und tatsächlich die einzige, an die der größte Teil der Menschheit überhaupt denkt – besteht darin, daß sie das Licht liefert, das uns das Sehen ermöglicht, das läuternde Licht, das die ganze Erde erhellt und beleuchtet.

Wenn Licht – ob von der Sonne oder künstlich erzeugt – auf einen Gegenstand trifft, wird ein Teil davon zurückgeworfen (reflektiert), einiges davon wird absorbiert und in Wärme verwandelt, und ein gewisser Anteil geht möglicherweise geradewegs durch das Objekt hindurch, wie das (glücklicherweise) bei Luft, Wasser und Glas der Fall ist.

Dieses Kapitel ist eine Biographie des Lichts: woraus es gemacht ist, wo es herkommt und wo es mit seiner unglaublichen Geschwindigkeit von etwa 300 000 km/sec hingeht und wie es uns unterhalten, täuschen und verbrennen kann. Während wir diesem Pfad der Erleuchtung folgen, erhalten wir Gelegenheit, im Schnee zu spielen, ins

Kino zu gehen, mit einer Lupe fernzusehen, uns mit einem elektrischen Ventilator Kühlung zu verschaffen, mit Spiegeln herumzublödeln und sogar ein paar Süßigkeiten zu naschen, die im Dunkeln Funken schlagen.

Heller als hell

Diese strahlenden Fluoreszenzfarben – sind unwirklich! Wie können sie so viel heller sein als alles andere? Sie sehen aus, als würden sie ihr eigenes Licht erzeugen.

Das tun sie auch.

Objekte mit Leuchtfarben enthalten einen chemischen Stoff, der das unsichtbare ultraviolette Licht der Sonne aufnimmt und es in sichtbares Licht mit der gleichen Farbe wie der Gegenstand umwandelt. Dadurch reflektiert das Objekt nicht nur die normale Menge farbigen Lichts, sondern strahlt zusätzliches Licht dieser Farbe ab, wodurch es »extra-farbig« und bis zu viermal heller wirkt.

Die in Cleveland (Ohio) ansässige Leuchtfarbenfabrik namens *Day-Glo Color* ist nur einer der Hersteller von sogenannten Tageslicht-Fluoreszenzpigmenten. Als selbsternannter Weltmarktführer produziert sie ein Dutzend verschiedene Farben, von Nordlichtrosa bis zu Saturngelb. Sie verkauft die Pigmente an Firmen, die sie und ähnliche Farbtöne in so ziemlich alles einarbeiten, angefangen bei orangefarbenen Sicherheitswesten und Plastikhütchen zur Verkehrslenkung bis hin zu gelben Tennis- oder Golfbällen und Filzstiften zur Textmarkierung.

Der entsprechende Vorgang heißt *Fluoreszenz*, eine natürliche Erscheinung, bei der bestimmte Arten von Molekülen Strahlung einer gegebenen Energie absorbieren und sie als Strahlung mit niedrigerer Energie wieder abgeben. Die Moleküle in den Pigmenten absorbieren kurzwellige ultraviolette Strahlung, die das menschliche Auge nicht wahrnehmen kann, und geben sie als Licht größerer, für das Auge sichtbarer Wellenlänge wieder ab. Letztlich wird also Strahlung aus dem unsichtbaren in den sichtbaren Bereich verschoben.

Auf welche Weise absorbieren Moleküle Strahlung und senden sie wieder aus?

Moleküle enthalten eine große Anzahl von Elektronen mit einer für jedes Molekül charakteristischen Energie. Doch diese Elektronen sind immer bereit, bestimmte zusätzliche Energiemengen von außerhalb aufzunehmen. (Für mehr Informationen zu diesem Punkt treffen wir uns in der Erbsenzähler-Ecke.)

Ein Molekül eines typischen Pigments kann Hunderte von herumwirbelnden Elektronen verschiedener Energiezustände enthalten. Wenn ein Teilchen der ultravioletten Strahlung (in der Sprache der Wissenschaft: ein *Photon*; siehe S. 237) auf ein solches Molekül trifft, kann es einige dieser Elektronen in einen höheren Energiezustand befördern (in der Sprache der Wissenschaft: Die Elektronen geraten in einen *angeregten* Zustand; so nennen es die Wissenschaftler tatsächlich). Diesen Überschuß an Energie können sie jedoch nur für ein paar Milliardstelsekunden (Nanosekunden) aufrechterhalten, ehe sie ihn als Strahlung wieder ausspucken – gewöhnlich in Form von Photonen mit einer niedrigeren Energie oder mit größeren Wellenlängen. Das ist etwa so, als würde man Bleischrot ausspucken, nachdem man eine Kugel abgefangen hat.

Nun besitzt diese »Bleischrot«-Strahlung eine etwas niedrigere Energie als das ultraviolette Licht und fällt damit in den Strahlungsbereich, der für menschliche Augen sichtbar ist: farbiges Licht. Als Endergebnis hat also das Pigment-Molekül unsichtbare Strahlung absorbiert und sie als sichtbare Strahlung wieder abgegeben.

Solange die Moleküle des Farbpigments ultravioletter Strahlung ausgesetzt sind – und Tageslicht enthält eine Menge davon –, absorbieren sie es unablässig und emittieren dafür Licht mit einer sichtbaren Farbe. Wenn das Pigment nun zufällig von Anfang an orangefarben ist und das emittierte Licht dieselbe Farbe aufweist, erscheint das gefärbte Objekt in einem unnatürlichen Super-Orange – orangefarbener, als es nach unserem Ermessen je sein dürfte.

Probieren Sie es selbst

Richten Sie eine Ultraviolett-Lampe – eine sogenannte Schwarzlichtlampe – auf ein mit Leuchtfarben eingefärbtes Objekt, zum Beispiel auf ein Stück Papier mit ein paar Strichen eines Filzstifts oder, wenn Sie der Typ sind, der so etwas trägt, auf ein mit Leuchtfarben bedrucktes T-Shirt. Der fluoreszierende Farbstoff wird sehr viel stärker leuchten als im normalen Tageslicht, da die Lampe sehr viel mehr ultraviolette Strahlung abgibt. Wenn Sie keine UV-Glühbirne kaufen wollen, können Sie vielleicht Ihr markiertes Papier oder Ihr T-Shirt auch in eines dieser Geschäfte mitnehmen, wo man geschmacklose Geschenke und fluoreszierende Poster verkauft, und das dortige Schwarzlicht gratis benutzen.

Übrigens sollten Sie, wenn Sie einen fluoreszierenden gelben Filzstift für Ihre Bücher oder Notizen verwenden, daran denken, daß er im Tageslicht mit dessen großem Anteil an UV-Strahlen am hellsten leuchtet. Normale Haushaltsglühbirnen geben nur sehr wenig ultraviolettes Licht ab, das außerdem leicht gelblich ist, was die gelbe Farbe des Filzstiftes blasser erscheinen läßt. Sonst stellen Sie vielleicht, wenn Sie Ihre gelb hervorgehobenen Textpassagen oder Notizen in der Nacht vor dem Examen bei Lampenlicht noch einmal durchgehen, zu Ihrem Leidwesen fest, daß Ihre Hervorhebungen ziemlich unsichtbar sind. Sicherer ist es, die stärkeren Filzstiftfarben wie Orange, Grün oder Blau zu verwenden, ob es nun Fluoreszenzfarben sind oder nicht.

Die Behauptung, das schlechte Abschneiden eines Studenten bei seinem Examen sei auf die verschwundenen Hervorhebungen zurückzuführen, ist so ziemlich die einzige Entschuldigung, die mir während meiner Tätigkeit als Hochschullehrer *nicht* untergekommen ist.

Es hat mich zwar keiner gefragt, aber ...

Warum leuchtet ein weißes Hemd unter »Schwarzlicht« so hell auf?

Hier liegt das gleiche Phänomen vor wie bei den Tageslicht-Leuchtfarben. Die meisten Waschmittel enthalten »optische Aufheller« oder »Weißmacher« (siehe S. 265), die die UV-Strahlung des Tageslichts absorbieren und deren Energie als bläuliches Licht abgeben, welches das Hemd »strahlend weiß« erscheinen läßt. Außerdem hebt das Blau jeden vielleicht vorhandenen gelblichen Schimmer auf. Wenn es gar durch eine UV-Lampe angeregt wird, die weit mehr UV-Strahlung abgibt als das Tageslicht, wird die Fluoreszenz so hell, daß man sie als richtiges Leuchten in der Dunkelheit wahrnimmt.

Auch das hat mich niemand gefragt, aber…

Wie funktionieren eigentlich diese selbstleuchtenden Lichtstäbe?

Meinen Sie vielleicht diese mit flüssigen Chemikalien gefüllten Plastikstäbe, die von *Omniglow* und anderen Firmen hergestellt und bei Straßenfesten, Jahrmärkten und Konzerten verkauft werden? Wenn man sie verbiegt, fangen sie an, grün, gelb oder blau zu leuchten, und nach einer Stunde oder so verliert sich das Licht allmählich. Nie davon gehört.

Na schön, dann also ernsthaft.

Inzwischen wissen Sie ja, daß ein fluoreszierender Farbstoff angeregt werden muß. Dabei nimmt er Energie auf, die er anschließend als Licht abstrahlt. Diese Anregungsenergie muß aber nicht aus sichtbarem Licht oder UV-Strahlung bestehen; es kann auch Wärme, elektrische oder chemische Energie sein. Wenn Sie den Stab verbiegen, zerbricht eine kleine gläserne Kapsel mit einer Chemikalie, meist Wasserstoffperoxid, die mit einem anderen Stoff in dem Rohr reagiert. Diese Reaktion setzt Energie frei, die von einem Fluoreszenzfarbstoff aufgenommen und als Licht wieder abgestrahlt wird. Da die beteiligten Chemikalien sich dabei aufzehren, verschwindet das Leuchten allmählich.

Erbsenzähler-Ecke

An verschiedenen Stellen dieses Buches spreche ich davon, daß eine Substanz bestimmte Farben oder Wellenlängen des Lichts absorbiert. Möglicherweise fragen Sie sich, wie Moleküle es eigentlich anstellen, Licht zu absorbieren, und was festlegt, welche Wellenlängen sie absorbieren. Sollte Ihnen dieses Problem allerdings nicht gerade den Schlaf rauben: Die Erbsenzähler-Ecken sind so gehalten, daß man sie auch überspringen kann.

Ein Molekül hat die Oberaufsicht über alle Elektronen, die zu den Atomen gehören, aus denen es sich zusammensetzt. (Moleküle sind nichts weiter als Atome, die in gewisser Weise zusammenkleben.) Doch Elektronen haben eine Eigenheit (was in dieser Hinsicht für alle subatomaren Teilchen gilt): Sie können nur bestimmte Energiezustände annehmen und keine anderen (in der Sprache der Wissenschaft: Sie sind quantisiert). Beispielsweise können die Elektronen in einer bestimmten Art von Molekül die Energien A, B, C oder D usw. annehmen, niemals aber A-einhalb oder C-zweidrittel. Sie können ihre Energie zwischen den Werten A bis D aufwärts oder abwärts jeweils um eine ganze Stufe ändern, aber nie einen Wert dazwischen annehmen. Dafür kann Ihnen niemand einen Grund angeben; es ist einfach so. Wenn wir in den Bereich der Dinge vorstoßen, die kleiner sind als ein Atom, befinden wir uns in einer Welt, die sich von unserem alltäglichen Makro-Land erheblich unterscheidet.

Da aber jede Substanz aus den für sie einzigartigen Molekülen besteht, besitzt sie auch ihre jeweils einzigartige Kollektion von Elektronen mit ihren charakteristischen Kombinationen zulässiger Energien. Wenn nun Lichtenergie auf die Substanz fällt, absorbieren deren Elektronen nur jene Energien, die mit ihren zulässigen Energiesprüngen von A nach B oder B nach C korrespondieren; alle übrigen werfen sie zurück oder reflektieren sie. Das heißt, *die Substanz greift sich nur ihre bevorzugten Lichtenergien (Wellenlängen) heraus,* während sie die anderen als reflektiertes Licht zurückwirft.

Und das ist der Grund, weshalb jede farbige Substanz ihre eigene Farbe besitzt: Es ist die Farbe der Wellenlängen, die sie nicht absorbieren kann und zurückwirft, so daß unser Auge sie sehen kann.

Schneeweißchen und die sieben Farben

Warum ist der Schnee weiß? Er besteht doch aus Wasser, und das ist farblos. Wie kommt es also, daß es einfach durch Einfrieren weiß wird?

Zunächst müssen wir uns ansehen, was »weiß« eigentlich ist.

Sie haben dutzendfach gehört, weißes Licht sei die gleichzeitige Anwesenheit aller Farben. Andere erzählen Ihnen dagegen, daß Weiß überhaupt keine Farbe sei, sondern die Abwesenheit jeglicher Farbe. Sie verwenden Bleichmittel, um alle Farben aus Ihrer Wäsche zu entfernen und sie weiß zu machen, oder? Aber wieso kann Weiß sowohl durch alle Farben als auch durch deren Abwesenheit definiert werden?

Nun, diese beiden Gruppen wohlmeinender Menschen reden von zwei verschiedenen Dingen: von weißem Licht und von weißen Gegenständen.

Weißes Licht, wie es uns von der Sonne erreicht, ist in der Tat eine Mischung aller überhaupt möglichen Farben – aller sichtbaren Wellenlängen. Da wir als Spezies mit dem Sonnenlicht als unserem natürlichen, neutralen Alltagslicht »aufgewachsen« sind, haben wir es »weiß« genannt. Dieses Wort stammt ursprünglich von einem indo-europäischen Wort, das »hell« oder »schimmernd« bedeutet und keinerlei farbliche Anklänge enthält. Weißes Licht ist folglich farbloses Licht – für das menschliche Auge.

Doch 1666 entdeckte Isaac Newton, daß man dieses neutrale Licht in einen Regenbogen von Bestandteilen zerlegen kann, indem man es einfach durch einen dreieckigen Brocken Glas – ein Dreiecksprisma – leitet. Anschließend wies er nach, daß all die so erzeugten Farben tatsächlich im ursprünglichen weißen Licht enthalten waren: Er projizierte einander überschneidende Regenbogen auf eine Wand, und die daraus resultierende Rekombination der Farben ergab wieder weißes Licht.

Newton hielt es für eine gute Idee, den ganzen Regenbogen, das Spektrum der Farben (und zu diesem Zweck erfand er auch das Wort »Spektrum«), in sieben Teilabschnitte zu zerlegen, die den sieben Tonschritten der musikalischen Oktave analog sein sollten. Für diese Farbkategorien wählte er Rot, Orange, Gelb, Grün, Blau, Indigo und Violett. Leider bringt man uns drei Jahrhunderte später in der Schule noch immer bei, daß es sich um die »sieben Farben des Regenbogens« handle, obwohl kein Mensch zu wissen scheint, was »Indigo« ist. Newton mußte ein wenig schummeln, um auf genau sieben Farbbezeichnungen zu kommen.

In Wahrheit gibt es im Sonnenlicht eine unendliche Zahl von Farben – sowohl für den Menschen sichtbare als auch unsichtbare –, wie es auch eine unendliche Zahl von Tönen gibt. Wenn man die Wellenlänge des Lichts oder des Schalls um einen unendlich kleinen Betrag ändert, erhält man eine ganz neue Farbe oder einen neuen Ton, unabhängig davon, ob Menschen den Unterschied wahrnehmen können. Zum Beispiel gibt es Dutzende verschiedener Farbtöne, die wir unter der Bezeichnung »Rot« zusammenwerfen und die nur durch die Fähigkeit unserer Augen, sie zu unterscheiden, voneinander abgegrenzt sind. Man sagt, das menschliche Auge könne sage und schreibe 350 000 verschiedene Farbtöne wahrnehmen. (Ich frage mich nur, wessen Auge?)

Im Unterschied zu weißem *Licht* ist ein weißes *Objekt* weiß, weil es, wenn Licht darauf fällt, all jene Millionen Farben gleichmäßig zu unseren Augen zurückwirft – ihre

Zusammensetzung wird in keiner Weise verändert. Die Moleküle eines solchen Gegenstands absorbieren zufällig keinerlei Anteile des sichtbaren Lichts, weshalb er die gleiche »Farbe« zu haben scheint wie das Licht, das auf ihn fällt: Wir haben beschlossen, sie »weiß« zu nennen. Der Gegenstand selbst liefert dazu keinen eigenen Beitrag.

Farbige Gegenstände tragen jedoch sehr wohl eigene Farben bei. Ihre Moleküle absorbieren selektiv bestimmte Farben des Sonnenlichts und halten sie zurück (siehe S. 61), während sie die übrigen in einer veränderten Mischung reflektieren.

Stellen Sie sich einen Schauspieler auf der Bühne vor, der über einem weißen Hemd ein rotes Cape trägt. Wenn man nun einen roten Scheinwerfer auf ihn richtet, wird alles ganz in Rot erscheinen, sowohl das Hemd als auch das Cape. Das liegt daran, daß alle Teile seines Kostüms nur eine Farbe reflektieren können, nämlich Rot. Kein Teil von ihm kann grünes oder blaues Licht zurückwerfen, einfach deswegen, weil er auch keines empfängt.

Nun richten wir einen weißen Scheinwerfer auf ihn. Das Cape ist immer noch rot, weil das der Natur des darin enthaltenen Farbstoffs entspricht: Diese spezielle chemische Verbindung wurde ausgewählt, weil sie alle anderen Farben des weißen Scheinwerferstrahls absorbiert und nur den roten Anteil reflektiert. Das weiße Hemd dagegen absorbiert *keine* der Farben des Scheinwerfers; es enthält keinen roten Farbstoff (solange der Schauspieler in der Szene mit der Messerstecherei nicht heimlich welchen aufträgt). Das Hemd strahlt einfach die ursprüngliche Mischung der Farben des Scheinwerfers zurück, die genauso weiß wirken wie beim Verlassen des Scheinwerfergehäuses.

Aber jetzt sollten wir uns wieder dem Schnee zuwenden, ehe er ganz geschmolzen ist.

Wie Sie wissen, ist der Schnee weiß, weil seine Moleküle alle Farben des Sonnenlichts reflektieren. Er absorbiert nicht selektiv irgendwelche Farben.

»Moment mal«, denken Sie nun sicher, »*flüssiges* Wasser tut das doch auch nicht, denn es besteht aus den gleichen H_2O-Molekülen. Warum ist dann flüssiges Wasser nicht genauso weiß wie Schnee?«

Weil flüssiges Wasser ein schlechter Reflektor ist. Wenn Licht senkrecht darauf fällt, dringt es eher ein und wird nicht zurückgeworfen. Anders gesagt, flüssiges Wasser ist transparent, durchsichtig. Und wenn praktisch kein Licht reflektiert wird, kann es auch keine Farbe zeigen, nicht einmal Weiß.

Andererseits ist Schnee ein ausgezeichneter Lichtreflektor – das gilt für jede Art von Licht, die auf ihn trifft. Sie möchten grünen Schnee? Hey, Sammy, dreh die grünen Scheinwerfer auf! Im Unterschied zu flüssigem Wasser, das dem Licht passiv erlaubt, einzudringen, ist Schnee ein hervorragender Reflektor, weil er aus vielen Milliarden Eiskristallen besteht. Jedes einzelne davon ist ein winziger Edelstein mit Dutzenden von glitzernden Facetten, die das Licht wie ein Spiegel reflektieren. Und weil all dieses weiße Licht mit der vollständigen Palette seiner ursprünglichen Farben zu unseren Augen reflektiert wird, erscheint uns der Schnee sogar noch weißer als das verschwitzte Hemd des Schauspielers.

Es hat mich zwar keiner gefragt, aber …

Was ist Schwarz? Ist es eine Farbe?

Eine schwarze Oberfläche ist schwarz, weil ihre Moleküle alle sichtbaren Wellenlängen des auf sie einfallenden Lichts absorbieren und praktisch nichts davon wieder abstrahlen. Folglich ist Schwarz im strengen Sinn keine Farbe, da wir Farben ja gerade dadurch definieren, daß sie eine spezielle Kombination von Wellenlängen des Lichts zu unseren Augen zurückwerfen.

Doch wir können einen schwarzen Gegenstand natürlich *sehen*, also muß er auch *etwas* Licht zu unseren Augen reflektieren. Aber wer ist schon vollkommen? Ein schwarzes Objekt reflektiert Licht, weil seine Oberfläche unvermeidlich, wenn auch in geringem Umfang, glänzt. Deshalb reflektiert sie Licht, das in einem sehr flachen Winkel auftrifft. Aus diesem Grund gibt es auch »hellschwarze« und »dunkelschwarze« Gegenstände, das hängt von den mikroskopischen Glanzeigenschaften ihrer Oberfläche ab. Wenn Sie sich in einem Baumarkt die schwarzen Farben ansehen, werden Sie feststellen, daß alle gleich schwarz wirken, während ihre Oberflächenreflexe von völlig stumpf bis hochglänzend reichen.

Erbsenzähler-Ecke

Ich habe gesagt, daß Licht, wenn es senkrecht auf flüssiges Wasser trifft, zum größten Teil hindurchgeht, ohne reflektiert zu werden. Dabei lag die Betonung auf »senkrecht«. Ich bin sicher, Sie haben bemerkt, daß eine Wasserfläche ein ausgezeichneter Reflektor für schräg – in flachem Winkel – auftreffendes Licht sein kann. Wenn die Sonne zum Beispiel tief über einem See steht, kann ihr Reflex auf dem Wasser fast blendend hell sein.

Das gleiche gilt auch für Schneeflocken. Ja, die bestehen aus transparenten Eiskristallen. Aber weil es Abermillionen von ihnen gibt, die alle sehr kompliziert geformt sind und wahllos durcheinander liegen, zeigen ihre glatten reflektierenden Oberflächen in alle Richtungen. Deshalb trifft das Licht praktisch fast immer schräg auf die Facetten und wird reflektiert. Aus diesem Grund ist Schnee ein so guter Reflektor – er wirft das Licht tatsächlich so gut zurück, daß Skiläufer und andere Masochisten, die gern in der Kälte herumtollen, sehr dunkle Sonnenbrillen tragen müssen, damit sie nicht »schneeblind« werden.

Noch ein letzter Punkt. Ich lasse Sie mit der Vorstellung ziehen, daß flüssiges Wasser farblos ist. Es ist *fast* farblos, aber nicht ganz (siehe S. 247).

Schulfarben

Im Physikunterricht hat man uns erzählt, die Grundfarben seien Blau, Grün und Rot. Im Kunstunterricht dagegen sagt man uns, daß die Grundfarben Blau, *Gelb* und Rot seien. Warum können sich Künstler und Wissenschaftler hier nicht einigen?

Weil sie Farben verschieden betrachten.

Wissenschaftler beschreiben objektiv, was die Natur uns liefert. Deshalb sehen sie Farbe als eine grundlegende Eigenschaft des Lichts an sich an. Für einen Wissenschaftler ist Licht verschiedener Farben einfach nur Strahlung verschiedener Wellenlängen. Künstler dagegen schaffen ihre eigene Interpretation der Natur. Deshalb neigen sie dazu, die Farbe subjektiv zu verstehen. Anstatt Licht in seinem Naturzustand hinzunehmen, sehen sie es als etwas an, was man mit Malerfarben oder Farbpigmenten manipulieren kann.

Warum aber müssen diese beiden Lager dann verschiedene Grundfarben verwenden – Farbtriaden, aus denen sich, in verschiedenen Abstufungen miteinander kombiniert, alle anderen Farben herstellen lassen? Kurz gesagt geht es dabei um den Unterschied der Grundfarben des *Lichts* gegenüber den Primärfarben der *Pigmente*. Wie wir noch sehen werden, kann man sie als *additive* beziehungsweise *subtraktive* Grundfarben bezeichnen.

L(e)ichtsinnige Wissenschaftler behaupten, sie könnten Licht jeder wahrnehmbaren Farbe durch die Zusammenstellung verschiedener Intensitäten von blauem, grünem und rotem Licht erzeugen. Andererseits behaupten pigmentsinnige Künstler, einen Gegenstand durch die Mischung blauer, gelber und roter Pigmente unterschiedlicher Menge in jeder beliebigen Tönung einfärben zu können. Und sie haben beide recht, denn zwischen der Farbe des Lichts und der eines Gegenstands besteht ein grundlegender Unterschied.

Farbiges *Licht* hat seine bestimmte Färbung, weil es aus einer Mischung von Lichtwellen unterschiedlicher Wellenlängen aufgebaut ist. Die verschiedenfarbigen Bestandteile *addieren* sich zu der sichtbaren Farbe. Wegen der Arbeitsweise unserer Augen ergibt es sich nun, daß blaues, grünes und rotes Licht alle erforderlichen Wellenlängen enthalten, die man mischen muß, um jede beliebige wahrnehmbare Farbe zu erhalten. Deshalb bezeichnet man Blau, Grün und Rot als die Grundfarben des Lichts (gemeint ist: für das menschliche Auge).

Demgegenüber zeigt ein *farbiger* Gegenstand seine spezielle Farbe, weil er bestimmte Wellenlängen des auf ihn fallenden Lichts *absorbiert* (siehe S. 65 f.). Anders ausgedrückt, er *subtrahiert* bestimmte Wellenlängen des Lichts und wirft die übrigen als die von uns wahrgenommene Farbe zurück. Verschiedene Mischungen von blauen, gelben und roten Pigmenten können fast jede Kombination von Wellenlängen absorbieren. Deshalb werden Blau, Gelb und Rot als Grundfarben für die Mischung von Malerfarben und Farbstoffen betrachtet. (Ein paar Einschränkungen zu diesen drei Farben finden Sie weiter unten.)

Das auf dem Licht beruhende System der Primärfarben nennt man *additiv*, weil unterschiedliche Kombinationen von Wellenlängen aufaddiert werden, was Licht verschiedener Farben erzeugt. Das auf Pigmenten beruhende System der Grundfarben heißt *subtraktiv*, weil verschiedene Wellenlängen des Lichts absorbiert oder aus ihm entfernt werden, wodurch man unterschiedliche Farbtöne von Malerfarben und Farbstoffen erhält.

Betrachten wir zunächst die Grundfarben des *Lichts* und anschließend die Primärfarben für *Gegenstände*, die Pigmente, etwas näher.

Licht: Das menschliche Auge – selbst das eines Künstlers – arbeitet nach dem additiven Prinzip. Auf seiner Netzhaut sitzen drei Arten farbempfindlicher Zellen (die sogenannten Zapfen): Eine davon ist am empfindlichsten für Blau, eine für Grün und eine für Rot. Unsere Wahrnehmung verschiedener Farben hängt vom unterschiedlichen Grad der Anregung dieser drei Zelltypen durch das einfallende Licht ab; das Gehirn addiert sie dann zu den Empfindungen der verschiedenen Farben. Aus diesem Grund haben die Wissenschaftler – als die auf den Menschen fixierten Chauvis, die sie nun mal sind – Blau, Grün und Rot als Grundfarben des Lichts gewählt. (Wissenschaftler aus der Gattung der Bisamratten verwenden zweifellos einen anderen Satz von Primärfarben.) Unsere Augen reagieren nur auf eine Stimulation jener drei Farbrezeptoren, folglich benötigen wir nur sie, um alle für den Menschen unterscheidbaren Farbtöne hervorzubringen. Und genau das ist auch der Grund, weshalb es drei (und nur drei) »Primär«- oder Grundfarben des Lichts gibt.

Beachten Sie aber, daß die Zäpfchenzellen nicht jeweils *ausschließlich* für Blau, Grün oder Rot empfindlich sind; in geringerem Umfang sind sie auch für die anderen Farben empfänglich. Aus diesem Grund können wir auch reines Gelb sehen, obwohl wir keine gelb-empfindlichen Sehzapfen besitzen. Gelbes Licht regt sowohl die grün- als auch die rot-empfindlichen Zellen an, und das Gehirn nimmt diese Kombination als Gelb wahr.

Ihr Farbfernseher und der Bildschirm Ihres PC machen sich die eigentümliche Dreifarbigkeit des menschlichen Sehvermögens zunutze. Sie enthalten blaue, grüne und rote Phosphorverbindungen (diese geben Licht ab, wenn sie durch Elektronen angeregt werden), die mit jeweils unterschiedlicher Helligkeit leuchten. Die Summe all dieser Leuchtpunkte ergibt dann die Farben, die wir wahrnehmen.

Probieren Sie es selbst

Betrachten Sie das Bild auf Ihrem Farbfernseher mit einer Lupe. Sie werden sehen, daß es sich aus winzigen blauen, grünen und roten Rechtecken zusammensetzt – und keinen anderen Farben –, die so angeregt werden, daß sie mit unterschiedlichen Helligkeiten leuchten. Ihr Auge mischt sie zu einem Gesamtbild, weil die einzelnen Rechtecke im normalen Sehabstand zu klein und damit nicht erkennbar sind. Die aus den Grundfarben bestehenden Rechtecke werden so zu den Hunderten verschiedener Farbtöne aufaddiert, die Sie wahrnehmen.

Pigmente: Die Farben des Farbfilms in Ihrer Kamera werden dagegen mit dem subtraktiven System des Künstlers erzeugt. Der Film ist mit drei Schichten versehen, die Blau, Grün und Rot *absorbieren* oder herausfiltern. Und die Filter, die eben dies am besten können, sind zufällig entsprechend gelb, rot und blau. Folglich sind Gelb, Rot und Blau die drei subtraktiven Farben der Farbfilme.

Entsprechen diese Filterschichten des Farbfilms nun genau dem alten Gelb, Rot und Blau, von denen Ihr Kunsterzieher damals sagte, daß es die drei subtraktiven Primärfarben des Künstlers seien? In gewisser Weise ja, aber nicht ganz genau.

Hier sind nun die Einschränkungen, die ich Ihnen angekündigt habe: Die drei Farben, die *wirklich* am besten in der Lage sind, die blauen, grünen und roten Farbtöne für die Empfindlichkeit unserer Sehzapfen herauszufiltern, sind Gelb, ein lila angehauchtes Rot namens Magenta und ein Grünblau, das man Cyan nennt. Deshalb sind Gelb, Magenta und Cyan die *eigentlichen* subtraktiven Grundfarben, die man verwendet, um das ganze Spektrum von Druckertinte, Farbphotographie und Malerfarben zusammenzurühren.

Alle Künstler, von den Kindern im Kindergarten mit ihren Malkreiden bis zum raffiniertesten Aquarellisten, könnten ihre ganze Palette erzeugen, wenn sie verschiedene Mengen von Gelb, Magenta und Cyan mischen würden. Aber es ist dann doch sehr viel einfacher, bereits fertig gemischte Farben und Malkreiden zu kaufen.

Es werde Fluoreszenz!

Wie können Leuchtstofflampen ohne große Wärmeentwicklung soviel Licht erzeugen? Und kann ich eine ausgebrannte Röhre durch jede beliebige andere ersetzen, die in die Fassung paßt, oder gibt es verschiedene Sorten?

Leuchtstofflampen wurden zu einem einzigen Zweck erfunden: den Benutzer zu verwirren. Es freut mich zu sehen, daß ihnen das gelingt.

Wenn eine gewöhnliche Glühbirne ausgebrannt ist, können Sie einfach eine neue einschrauben, wenn Ihnen eine bestimmte Anzahl von Freunden dabei hilft. Das hängt von Ihrer Begabung oder dem Volksstamm ab, dem Sie angehören. Wenn dagegen eine Leuchtstofflampe den Geist aufgibt, schauen Sie auf die Röhre, um herauszufinden, durch welchen Typ Sie sie ersetzen müssen. Dann sehen Sie Aufschriften, die zum Beispiel aussehen wie »F65W22«. Falls Sie sie nun durch die Röhre »F13W/WW« ersetzen wollen, die Sie im Laden gesehen haben, explodiert sie dann beim Einschalten?

Lassen Sie den Kopf nicht hängen. Es ist besser, eine Kerze anzuzünden und dieses Buch zu lesen, als die Finsternis zu verfluchen.

Zuerst wollen wir mal diese Hieroglyphen auf der Röhre entziffern. Es handelt sich hier um einen Geheimkode, der alles über das Leuchtmittel enthüllt. Natürlich nicht Ihnen, dem armen Verbraucher, sondern den Leuten, die sie herstellen und verkaufen und die es offensichtlich nötig haben, schlauer als Sie zu erscheinen.

Ich werden Ihnen verraten, was es mit dem Geheimkode auf sich hat. (Ich nehme an, daß man mich nun umbringen muß.)

Jede Leuchtstoffröhre ist entweder gerade, wie ein U oder wie ein Ring geformt, besitzt eine bestimmte in Watt ausgedrückte elektrische Leistungsaufnahme, gibt eine bestimmte Lichtfarbe ab und hat einen bestimmten Durchmesser. Die Buchstaben und Zahlen auf der Röhre geben die Informationen in dieser Reihenfolge: Form, Wattzahl, Farbe, Durchmesser. Das einzige Problem dabei ist, daß Sie wissen müssen, wie die Information verschlüsselt ist. Für die Form steht ein U für die entsprechende Form, ein C (*circular*) für den Ring oder kein Buchstabe, wenn sie gerade ist. Dann folgt die Leistungsaufnahme in Watt (W): 4, 5, 8, 13, 15, 20, 30, 40 oder was sonst noch alles. (Diese Zahl ist in der Regel niedriger als bei vergleichbaren Glühlampen, da der Wirkungsgrad von Leuchtstoffröhren zwei- bis viermal höher liegt.) Dann folgt der Farbschlüssel: W für Weiß, WW für warmes Weiß, CW für cooles Weiß, dazu kommen noch die Abkürzungen für andere exotische Farbnuancen, mit denen wir uns hier nicht herumschlagen müssen. Zuletzt folgt der Röhrendurchmesser, der allerdings – hätten Sie das gedacht? – in Achteln eines Inches angegeben wird. T8 steht für eine Röhre, deren Durchmesser acht Achtel eines Inches beträgt, was jeder geistig gesunde Mensch als ein Inch bezeichnen würde. Eine T12-Röhre hat demnach einen Durchmesser von zwölf Achteln oder eineinhalb Inch, und so weiter.

Eine Quizfrage: Beschreiben Sie die Eigenschaften einer F40CWT10-Leuchtstoffröhre (Auflösung am Ende dieses Abschnitts).

Oh, ich hatte vergessen, Ihnen zu sagen, daß die Kodebezeichnungen (in Amerika) immer mit einem F für »Fluoreszenz« beginnen, vermutlich, um Sie davon abzuhalten, sie in einen gewöhnlichen Lampensockel einzuschrauben. (Wie viele Ostfriesen braucht man, um eine Leuchtstoffröhre in eine Glühlampenfassung zu schrauben?)

Als aufgeweckter Verbraucher haben Sie vielleicht schon bemerkt, daß Sie eine Röhre von 30 cm Länge nicht durch eine Röhre von 45 cm ersetzen können. Die Hersteller trauen Ihnen gnädigerweise zu, diese Entscheidung ganz allein zu treffen, weshalb Sie keine verschlüsselte Längenangabe auf den Röhren finden werden.

Also dann: Wie funktioniert das Ganze?

Sie wissen, daß das Licht gewöhnlicher Glühlampen (einschließlich der Halogenlampen; siehe S. 82) dadurch erzeugt wird, daß ein Leuchtfaden in der Glühbirne elektrisch zur Weißglut erhitzt wird. Das Glas der Birne kann dabei Temperaturen von mehreren hundert Grad erreichen. Leuchtstofflampen dagegen beruhen auf einem völlig anderen Prinzip.

Die Leuchtstoffröhre ist mit einer kleinen Menge eines Edelgases (in der Regel Argon) gefüllt, dazu kommt noch ein kleiner Schuß Quecksilber. An jedem Ende befindet sich ein kleiner Glühfaden, der durch den elektrischen Strom aufgeheizt wird, damit er Elektronen emittiert. (Sie wissen nicht, warum ein heißer Glühfaden Elektronen abgibt? Marsch, in die Ecke. Ich meine natürlich die Erbsenzähler-Ecke.)

Die von dem Glühfaden emittierten Elektronen fliegen durch das Gas in der Röhre, um von einem Ende zum andern zu gelangen, und dabei stoßen sie mit Quecksilberatomen zusammen, die wegen der Wärme des Glühfadens verdampft sind. Die Quecksilberatome absorbieren die Aufprallenergie und geben sie in Form von Lichtenergie wieder ab. Dieses Licht können wir jedoch nicht sehen, weil es im ultravioletten Bereich der Wellenlängen abgegeben wird. Es muß also noch in sichtbares Licht umgewandelt werden. Das geschieht in der weißen Innenbeschichtung der Röhre. Sie enthält chemische Verbindungen (Kalzium- und Strontiumphosphate sowie -silikate), die das ultraviolette Licht absorbieren und es als sichtbares Licht wieder abstrahlen. Diese Verschiebung der Wellenlängen nennt man *Fluoreszenz* (siehe S. 61 und 65).

Fluoreszenz- oder Leuchtstofflampen sind kühler als Glühlampen, weil sie nur jene beiden schwach aufgeheizten Glühfäden an den Enden besitzen und der Vorgang der Fluoreszenz keinerlei Wärme erzeugt. Doch sie sind schwer in Gang zu setzen, da sich die Elektronen der Glühfäden erst ihren Weg durch das Gas über die gesamte Röhrenlänge bahnen müssen. Dazu sind mehrere hundert Volt als Anstoß erforderlich (siehe S. 144), während unsere Haushaltsstromversorgung nur 220 Volt hat. Also wird eine Einrichtung benötigt, die den Elektronen am Anfang den entscheidenden Spannungsstoß mitgibt. Das ist die Aufgabe des Starters, einer Zündeinrichtung, die in dieser kleinen Aluminiumdose steckt.

Was ist zu tun, wenn Ihr Leuchtmöbel unbekannter Art nicht hell werden will? Zunächst sollten Sie die Röhre durch eine andere mit einer übereinstimmenden Kodebezeichnung ersetzen. Dabei ist es anders als bei Glühbirnen nicht einmal möglich, eine andere Wattzahl zu verwenden, weil die verschiedenen Leistungsstufen (zumindest in Deutschland) nur in unterschiedlich große Fassungen passen. Sie haben einzig und allein die Wahl, ein kühles Weiß durch ein warmes oder durch das sogenannte Normalweiß zu ersetzen. Die kleine Zünderdose in Ihrer Fassung sollten Sie vielleicht auch gleich auswechseln; sie kostet nicht viel und läßt sich problemlos aus dem Sockel heraus- bzw. wieder hineindrehen.

Wenn Sie immer noch – sowohl buchstäblich als auch im übertragenen Sinn – im Dunkeln sitzen, sollten Sie sich eine neue Lampenfassung kaufen.

Und eh ich's vergesse: Eine F40CWT10 ist eine gerade Leuchtröhre von 40 Watt mit kühlem Weiß und einem Durchmesser von eineinviertel Inch.

Es hat mich zwar keiner gefragt, aber …

Warum sind kleine Leuchtstoffröhren so viel teurer als die großen »Gewerbeleuchten« von 120 cm Länge?

Die normalen Leuchtstoffröhren für gewerbliche Zwecke mit 100 oder 120 cm Länge kriegen Sie im Heimwerkermarkt für ein paar Mark, während die dünnen, kleinen Röhren für den Badezimmerspiegel oder den Küchenschrank oft das Fünffache kosten. Das kommt daher, daß die großen Röhren, die zu Tausenden in Schulen, Fabriken und Bürogebäuden im Einsatz sind, bei weitem häufiger verkauft werden als die kleinen, spezielleren Röhren, weshalb deren Massenfertigung zu weit niedrigeren Stückkosten möglich ist. Dies ist ein klassischer Fall aus dem Lehrbuch zum Thema Angebot und Nachfrage.

Erbsenzähler-Ecke

Weshalb emittieren die Glühfäden einer Leuchtröhre Elektronen, wenn man sie erwärmt?

Fast alles gibt Elektronen ab, wenn man es stark genug erhitzt. Atome enthalten negativ geladene Elektronen, die je nach Art des Atoms, von dem die Rede ist, mit unterschiedlicher Kraft an sie gebunden sind. Metallatome halten ihre Elektronen nur sehr locker fest. Wenn man ein Metall erwärmt, nehmen einige jener Elektronen so viel Energie auf, daß sie sich vollständig von ihren Atomen lösen und davonfliegen.

In einer Leuchtstoffröhre gibt es zwei Glühfäden, jeweils einen an jedem Ende, die wegen ihres Widerstandes gegen den mit einer Frequenz von 50 Hertz (Schwingungen pro Sekunde) die Richtung wechselnden elektrischen Strom beide heiß werden. Zu jeder Zeit ist so einer der beiden Glühdrähte im Verhältnis zum jeweils anderen negativ geladen; eine Hundertstelsekunde später jedoch ist er im Verhältnis zum anderen positiv geladen. Zu jedem gegebenen Zeitpunkt werden die Elektronen des jeweils negativen Glühfadens vom positiven angezogen, und der einzige Weg, der ihnen dafür offensteht, führt mitten durch den Quecksilberdampf in der Röhre, der dabei zur Abgabe ultravioletter Strahlung angeregt wird.

Ach du liebe Lampe mein: Welche Birne soll es sein?

Was ist so besonders an Halogenglühlampen?

Sie enthalten ein Gas, das aus Molekülen eines sogenannten Halogens besteht; dadurch leuchten sie heller, nutzen die Energie effizienter und leben länger. Und natürlich sind sie viel, viel teurer.

Eine Halogenbirne ist im Gegensatz zur *Leuchtstofflampe* eine Variante der normalen *Glühbirne* (siehe S. 77). Eine Glühbirne besteht aus einer gasgefüllten Glashülle, die einen Wolframfaden einschließt. Ein elektrischer Strom heizt diesen Faden auf, bis er mit weißem, heißem Licht glüht. Auch wenn er vielleicht sehr hell wirkt, gibt er nur 11–12 Prozent der abgestrahlten Energie in Form sichtbaren Lichts ab; etwa 70 Prozent werden als unsichtbare infrarote Strahlung (siehe S. 164) frei, die eher heizt als leuchtet.

Das Gas in normalen Glühbirnen ist in der Regel ein (nicht reagierendes) Edelgas wie Argon oder Krypton mit einem kleinen Anteil Stickstoff. Diese Edelgase verhindern, daß der Wolframdraht oxidiert oder »verbrennt«, wie das in Luft der Fall wäre. Bei manchen kleineren Birnen hat man das Problem gelöst, indem man sie völlig luftleer gepumpt hat: Sie enthalten praktisch gar kein Gas mehr.

Halogenlampen dagegen enthalten in der Regel Jod oder gelegentlich auch Brom, zwei äußerst reaktionsfreudige Elemente aus einer Familie, der die Chemiker den Namen Halogene gegeben haben. Sie vollführen einen chemischen Tanz in zwei Schritten, der die Lebensdauer des Glühfadens verdoppelt. Doch vorher müssen wir uns erst klarmachen, wie die normale Glühbirne funktioniert.

Der Glühfaden ist eine Wendel aus Wolframdraht. Dieses Metall verwendet man, weil es den höchsten Schmelzpunkt aller Metalle (3400 °C) hat und selbst bei Weißglut (2500 °C) und darüber mechanisch stabil bleibt. Überdies besitzt es den niedrigsten Dampfdruck (siehe S. 283 ff.) aller Metalle, das heißt, es verdampft in geringerem Maß als alle anderen. Richtig, sogar Metalle entlassen ab und zu ein paar Atome in den dampfförmigen Zustand, wenn auch so langsam, daß wir es – außer bei extrem hohen Temperaturen – niemals bemerken. (Keine Angst, Ihr Goldschmuck entweicht nicht langsam in die Luft.)

Doch sogar vom Wolfram verdampft bei Weißglut so viel, daß der Draht ständig dünner wird, während die Lampe brennt; am Ende bricht er ab und unterbricht den Stromfluß. Das ist der Moment, in dem Ihre Glühbirne ausgebrannt ist. Schon einige Zeit, bevor dieses Unglück zuschlägt, können Sie sehen, wie das verdampfte Wolfram sich an der Innenfläche der Glashülle absetzt; es kondensiert dort, weil das Glas relativ kühl ist. Diese Schwärzung verringert natürlich mit dem Älterwerden der Birne auch die Lichtmenge, die sie abgibt.

Gelegentlich ist ein Glühfaden so dünn geworden, daß er auf einen Schlag durchbrennt, wenn Sie das Licht einschalten. Der blaue Blitz, den Sie sehen, ist ein Lichtbogen, der die wachsende Lücke überbrückt, während der dünne Fadenabschnitt unter der Hitzebelastung des Stromstoßes vollständig verdampft.

Noch ein Tip: Wenn eine Glühbirne ausgebrannt ist, können Sie versuchen, sie bei eingeschaltetem Strom sacht zu schütteln oder auf sie zu klopfen. Manchmal gelingt es, die getrennten Enden so weit aneinander anzunähern, daß ein Lichtbogen überspringt und sie wieder zusammenschweißt. Als Belohnung erhalten Sie eine etwa einstündige Erfahrung eines Lebens nach dem Tode.

Die Halogenbirnen verringern nun die Verdampfungsrate des Wolframdrahtes auf sehr interessante Weise. Zunächst reagiert der Joddampf mit den verdampften Wolframatomen, noch ehe diese sich auf dem Glas niederschlagen können. Dabei werden sie zu Wolframjodid, einer gasförmigen Verbindung, umgesetzt. Die Moleküle des Wolframjodids fliegen dann frei in der Birne umher, bis sie zufällig mit dem weißglühenden Draht zusammenstoßen, wo sie wegen der hohen Temperatur wieder in Joddampf und metallisches Wolfram zerfallen. Letzteres schlägt sich wieder auf dem Glühdraht nieder. Das freigesetzte Jod ist nun erneut in der Lage, Wolframatome aufzugreifen und abzuliefern: Der Kreislauf geht weiter, die Jodatome fangen ständig weitere Wolframatome ein und befördern sie zu der Glühwendel zurück. Dieser Recyclingvorgang schafft es, die Lebensdauer des Glühdrahts und damit der Birne annähernd zu verdoppeln.

Der Halogenkreislauf macht es möglich, die Lampe mit weit höherer Temperatur zu betreiben, ohne dabei den Glühdraht übermäßig zu schädigen, was wiederum ein helleres und weißeres Licht hervorbringt. Die Temperatur im Inneren des Glaskolbens *muß* sogar hoch sein – über 250°C –, damit die Wolframatome nicht kondensieren können, ehe sie von den Jodatomen aufgegriffen werden.

Halogenglühbirnen werden aus Quarz hergestellt, der weit höhere Temperaturen aushält – und teurer ist – als normales Glas. Sie sind in der Regel wie eine Röhre geformt und umschließen die Glühwendel sehr eng, damit diese heiß bleibt. Tatsächlich werden Halogenlampen so heiß, daß sie eine Brandgefahr darstellen, wenn sie zu nahe an brennbaren Materialien wie zum Beispiel Vorhängen eingesetzt werden.

Es hat mich zwar keiner gefragt, aber...

Warum leben Glühbirnen eigentlich nicht länger?

Glühbirnen sind sehr sorgfältig für eine bestimmte Lebensdauer konstruiert. Ein mißtrauischer Mensch könnte versucht sein zu sagen, sie würden sorgfältig konstruiert, nach einer bestimmten Zeit *durchzubrennen*. Es gibt auch keinen Grund, Glühbirnen nicht so auszulegen, daß sie fast unendlich lange leben würden. Aber Sie hätten wahrscheinlich keine rechte Freude damit.

Wie bei den meisten Geräten gibt es auch hier einen Zielkonflikt zwischen unterschiedlichen Betrachtungsweisen. Die Lebensdauer einer Glühbirne hängt in erster Linie von der Betriebstemperatur der Glühwendel ab. Bei gegebener Leistungsaufnahme (in Watt) ist eine Birne desto schneller ausgebrannt, je höher die Temperatur und damit der Lichtausstoß ist.

»Langlebige« Glühbirnen besitzen Glühfäden, die für eine niedrigere Betriebstemperatur ausgelegt sind. Doch diese niedrigere Temperatur erzeugt nicht so viel Licht. Da bei höheren Temperaturen ein blaueres, weißeres Licht entsteht, können diese Birnen außerdem einen vergleichsweise gelblichen Farbton zeigen.

Die niedrigere Temperatur der langlebigen Birnen ist auf einen Glühfaden zurückzuführen, der weniger elektrischen Strom durchleiten kann. Ein schwächerer Stromfluß erzeugt weniger Wärme und Licht, weshalb Sie nicht nur ein gelblicheres, sondern auch weniger Licht erhalten. Wenn Sie langlebige Birnen kaufen, müssen sie solche mit einer höheren Wattzahl wählen, wenn Sie dieselbe Lichtmenge wie bei einer normalen Glühbirne erwarten.

In den USA muß auf der Verpackung genormter Glühbirnen deren voraussichtliche Lebensdauer sowie die Lichtmenge (die Lumenzahl) angegeben sein. Nach einem Vergleich der Stunden- und der Lumenzahlen auf einer Packung normaler Glühbirnen mit den entsprechenden Zahlen einer langlebigen Birne hat man die Wahl: Will man geringere Leuchtkraft und höheren Preis in Kauf nehmen, um dafür die Annehmlichkeit einzutauschen, daß man seine Birne für längere Zeit nicht wechseln muß, sollte man die langlebigere kaufen.

Wenn man dagegen üblicherweise zwanghaft nach den Sonderangeboten für Standard-Glühbirnen greift, sollte man einen Taschenrechner mitnehmen. Gewünscht ist die höchste Lichtmenge bei längster Lebensdauer und niedrigstem Preis in einer bestimmten Leistungsstufe (Wattzahl). Man dividiert den Preis in Cents durch die Lumenzahl, das Ergebnis teilt man dann durch die Stundenzahl der voraussichtlichen Lebenserwartung. Die kleinste Zahl weist auf das beste Angebot hin.

Wenn wir schon vom Geldsparen reden: Ein Dimmer reduziert die Spannung (siehe S. 144), die auf die Birne wirkt, wodurch auch weniger Strom durch den Glühfaden fließt; das wiederum mindert dessen Temperatur und damit das

Verdampfen des Wolframs, und am Ende steigt dadurch die Lebenserwartung der Glühbirne beträchtlich. Ein Dimmer ist allerdings nur die zweitbeste Lösung: Sparsamer ist es, das Licht auszuschalten, wenn Sie den Raum verlassen.

Spieglein, Spieglein, an der Wand: Verwechselst rechte und linke Hand!

Wenn ich mich im Spiegel betrachte und meine rechte Hand hebe, hebt mein Abbild die linke. Warum vertauscht ein Spiegel rechts und links, aber nicht oben und unten?

Das ist eine dieser spannenden Fragen, die einen verrückt machen können, weil die Frage selbst in die Irre führt. Sie beginnt mit einer falschen Behauptung und fordert uns auf, von diesem Punkt aus weiterzudenken. Aber die Straße zur Wahrheit läßt sich nicht begehen, wenn man von jemandem in die falsche Richtung geschickt wird.

Ein Spiegel kehrt links und rechts nicht um. Er kehrt vorn und hinten um, und er kehrt einwärts und auswärts um.

Lesen Sie das Ganze noch einmal durch.

Und denken Sie darüber nach.

Ein Spiegel kann nichts weiter als eine *Richtung* umkehren. Er kann nichts rotieren lassen. *Sie* sind es, der sich in der Vorstellung umgedreht vorkommt. Das hat nicht der Spiegel vollbracht.

Stellen Sie sich vor einen Spiegel, der Sie in voller Länge zeigt. Der Person im Spiegel wollen wir den Namen Ogami geben. Wie hat es nun Ogami Ihrer Meinung nach fertiggebracht, in diese Position zu kommen, also mit seinem linken Arm zu Ihrer Rechten und dem rechten zu Ihrer Linken? Ich wette mit Ihnen um sieben Jahre Pech, daß Sie glauben, Ogami sei durch eine halbe Drehung Ihrer Person in diese Stellung gelangt und habe sich so mit dem Gesicht zu Ihnen aufgebaut. Deshalb sind Sie der Meinung, rechts und links seien vertauscht worden. Das haben *Sie selbst* vollbracht, indem Sie sich halb umgedreht haben – in Ihrer Vorstellung.

Aber das stimmt nicht mit dem überein, was der Spiegel getan hat. Der hat, als er das einfallende Licht wieder zu Ihnen zurückwarf, lediglich die Richtung des Lichts umgekehrt. Ogami, das sind ganz einfach Sie, nur daß die Richtungen »auf Sie zu« und »von Ihnen weg« vertauscht worden sind. Nun sind Sie es natürlich gewohnt, »von Ihnen weg« zu schauen, Ogami dagegen blickt »auf Sie zu«; wenn Ihr Blick nach Norden gerichtet ist, ist Ogami nach Süden gewandt. Und immer, wenn jemand in die entgegengesetzte Richtung blickt wie Sie und Sie anschaut, befindet sich sein rechter Arm zu Ihrer Linken, oder? Was soll daran so besonders sein? Dazu sind keine Rotationen oder das Vertauschen von rechts und links notwendig.

Beachten Sie, daß die Begriffe »aufwärts«, »abwärts«, »oben« und »unten« an keiner Stelle der vorstehenden Erörterung aufgetaucht sind. Für zwei Menschen, die einander ansehen, sind sie in dieser Hinsicht völlig belanglos. »Aufwärts« und »abwärts« haben für beide genau dieselbe Bedeutung, außer natürlich, einer von ihnen stünde auf dem Kopf.

Wie können wir einen von den beiden dazu bringen, auf dem Kopf zu stehen? Das ist ganz einfach: Halten Sie den Spiegel parallel zum Boden hoch über Ihren Kopf. Sie können ihn auch auf den Boden legen und sich dicht davor (nicht darauf!) stellen. Ogami steht nun kopf, nicht wahr?

Das beweist uns, daß ein Spiegel nur die Richtungen auf ihn zu und von ihm weg umkehrt, was wegen Ihrer augenblicklichen Blickrichtung zufällig aufwärts und abwärts ist.

Diese Umkehrung von oben und unten können Sie auch in der spiegelnden Oberfläche eines kleinen, stillen Sees oder Weihers beobachten. Schauen Sie sich das Spiegelbild der Bäume am anderen Ufer an. Sie stehen auf dem Kopf, nicht wahr?

Übrigens habe ich Ogami mit männlichen Pronomina bezeichnet, damit ich nicht ständig mit »er oder sie« operieren mußte, wo Ihnen die Erklärung ohnehin schon kompliziert genug vorgekommen sein dürfte. Als Frau sollten Sie jedenfalls nicht glauben, daß ich behaupte, Spiegel würden das Geschlecht umkehren. (Und tragen Sie keinen Rock, wenn Sie den Spiegel auf den Boden legen.)

Ach so, der Name? Falls Sie es nicht bemerkt haben sollten, Ogami ist »Imago«, nur daß rechts und links vertauscht sind.

Es hat mich zwar keiner gefragt, aber…

Wenn ich mich in der Vertiefung eines glänzenden Löffels betrachte, sind bei meinem Bild sowohl links und rechts als auch oben und unten vertauscht. Wie bringt der Löffel das fertig?

Ich habe gerade erläutert, daß bei einem Spiegelbild links und rechts nicht wirklich vertauscht sind, das können wir also abhaken. Aber was ist mit der Umkehrung von oben und unten?

Die Innenfläche des Löffels ist konkav – sie stellt also eine Vertiefung dar. (Für die Unterscheidung von konkav und konvex gibt es eine Eselsbrücke: Der Podex ist konvex, die Kaffeetasse ist konkav.) Sehen Sie sich den Löffel genau an, werden Sie feststellen, daß das Licht im oberen Bereich wie bei einem Spiegel, den man hochhält, ein wenig nach unten reflektiert wird. Im unteren Teil verhält es sich genau umgekehrt: Hier sorgt die Form dafür, daß das Licht wie bei einem auf den Boden gelegten Spiegel ein wenig nach oben reflektiert wird. Diese »oben« und »unten« gelegenen Reflexionsflächen lassen Ihr Bild in der gleichen Weise auf dem Kopf stehen, wie es in der vorhergehenden Erklärung bei dem Spiegel über Ihrem Kopf und auf dem Fußboden der Fall war.

Spieglein, Spieglein, an der Wand: Was ist die schärfste Brille im Land?

Ich bin kurzsichtig. Wenn ich mich ohne Brille im Badezimmerspiegel betrachte, kann ich mein schönes Gesicht ziemlich scharf sehen, alles andere im Raum ist jedoch verschwommen. Sollte nicht alles gleich scharf erscheinen, da doch die Bilder im Spiegel alle gleich weit von meinen Augen entfernt sind?

Der Abstand Ihrer Augen zum Spiegel spielt keine Rolle. Es kommt immer auf den Abstand Ihrer Augen zu einem bestimmten Objekt an, wie das auch der Fall wäre, wenn Sie ihn ohne Spiegel betrachten würden.

Das von einem Gegenstand reflektierte Licht muß irgendwie zu Ihren Augen gelangen, sonst würden Sie ihn nicht sehen. Licht, das von Objekten hinter Ihnen stammt, würde nie bei Ihren Augen ankommen, wenn da kein Spiegel wäre, der es umlenkt. Das ist alles, was ein Spiegel tut: Er nimmt Licht auf, das ansonsten an Ihnen vorbeigegangen wäre, und wirft es in Ihre Augen zurück (siehe S. 87).

Nehmen wir an, Sie schauen in den Spiegel und betrachten einen Gegenstand, der sich hinter Ihnen befindet. Das Licht von dem Objekt erreicht Ihre Augen nicht auf direktem Weg, sondern muß erst an Ihnen vorbei bis zum Spiegel und von dort zu Ihren Augen gelangen. Dieser Weg ist länger, als wenn Sie das Objekt direkt angesehen hätten. Deshalb erscheint es sogar verschwommener, als wenn Sie sich umgedreht hätten, um es unmittelbar zu betrachten. Das Bild Ihres wunderschönen Gesichts ist ebenfalls verschwommener, als wenn Sie es von der Spiegeloberfläche aus angesehen hätten. Das Licht muß nämlich von Ihrem Gesicht zum Spiegel und von dort wieder zu Ihren Augen eilen – doppelt so weit, wie wenn Sie Ihr wunderschönes Gesicht von der Position des Spiegels aus bewundert hätten.

All das beruht auf der Tatsache, daß ein Objekt für kurzsichtige Augen desto unschärfer erscheint, je weiter es entfernt ist. Das ist eine allgemeingültige Aussage, und hier folgt die Erklärung:

Kurzsichtige Augen sind gut geeignet, Lichtstrahlen zu fokussieren, die auseinanderstreben, also in alle Richtungen abstrahlen, wie sie das bei einem Objekt in der Nähe tun. Andererseits können sie Lichtstrahlen, die mehr oder weniger parallel verlaufen, wie das bei entfernteren Gegenständen der Fall ist, nicht so gut scharfstellen. Damit soll nicht gesagt werden, daß nähere und entferntere Objekte das Licht unterschiedlich abstrahlen würden: Jeder Gegenstand strahlt das Licht in viele Richtungen ab. (Erinnern Sie sich noch, wie wir im Kindergarten eine leuchtende Sonne gemalt haben, bei der die Strahlen in allen möglichen Richtungen herauskamen?) Wenn Sie jedoch weit von einem Objekt entfernt sind, erfassen Ihre Augen nur einen kleinen Bruchteil jener »in alle Richtungen« abgehenden Strahlen. Es ist etwa so, als würden alle Strahlen aus einer einzigen, streng eingegrenzten Richtung kommen und wie ein Bündel paralleler Stäbchen vom Gegenstand aus in gerader Linie auf Sie zeigen. Und das ist genau der Vorgang – nämlich parallel verlaufende Strahlen zu fokussieren –, mit dem kurzsichtige Augen nicht so gut zurechtkommen: Der Gegenstand erscheint verschwommen.

Wie herum?

Wieso drehen sich die Räder der Kutschen in Wildwestfilmen manchmal rückwärts?

Angesichts der bemerkenswerten, vom Computer generierten Kino-Effekte von heute, mit denen man alles realistisch aussehen lassen kann, wie bizarr es auch sein mag, ist ironischerweise ausgerechnet das altmodische Speichenrad der Kutschen die einzige verbliebene »künstliche« Erscheinung. Auch in jenen Werbefilmen, in denen Autos über leere Straßen rasen, ist dieser Effekt an den Autorädern zu beobachten.

Wenn Sie genau hinsehen, werden Sie bemerken, daß die Räder nur für gewisse Zeit rückwärtszulaufen scheinen; manchmal sieht es auch so aus, als würden sie ziemlich langsam vorwärtsrollen, und es kommt auch vor, daß sie scheinbar ganz stillstehen, was die Kutsche wie einen Schlitten aussehen läßt. All das hat mit zeitlicher Abstimmung zu tun – damit, wie groß die Geschwindigkeit der Kamerabilder im Vergleich zum Tempo der rotierenden Räder ist.

Eine Filmkamera nimmt eine Folge von Einzelbildern

auf, normalerweise sind es 24 Bilder pro Sekunde. Zum Glück für Hollywood ist unser langsames menschliches Gehirn nicht in der Lage, bei der Projektion so viele getrennte Bilder wahrzunehmen. Für uns gehen sie ineinander über, als würden die vorkommenden Gegenstände sich fließend von einer Position zur nächsten bewegen. (Genauer gesagt sind es unsere Augen, die die Einzelbilder nicht auseinanderhalten können, wenn sie zu nahe beieinander liegen; unser Gehirn wäre durchaus schnell genug. Trotzdem benötigt mein Gehirn schon mal mehr als eine Stunde, um – wenn überhaupt – zu verstehen, was in manchen Filmen eigentlich passiert.)

Nehmen wir einmal an, eine der Speichen des Wagenrades sei rot gestrichen. Und nehmen wir weiter an, daß die rote Speiche bei der ersten Aufnahme der Filmkamera genau senkrecht nach oben weist, also zwölf Uhr anzeigt. Je nach der Umdrehungsgeschwindigkeit des Rades wird die Speiche beim nächsten Einzelbild, eine Vierundzwanzigstelsekunde später, vielleicht zufällig in der Ein-Uhr-Stellung aufgenommen – auch wenn sie in der Zwischenzeit schon ein paar Runden mehr absolviert hat. Das sieht dann aus, als hätte sie sich nach rechts, also im Uhrzeigersinn, bewegt. Nun kann es natürlich auch vorkommen, daß sie in der Elf-Uhr-Stellung im Bild festgehalten wird, was aussieht, als hätte sie sich nach links, also gegen den Uhrzeigersinn bewegt. Während die Kamera ihre 24 Bilder pro Sekunde aufnimmt, sieht die rote Speiche – und mit ihr das ganze Rad – so aus, als würde sie sich fortwährend im Uhrzeigersinn oder gegen ihn drehen.

Wenn Sie sich noch ein paar Punkte holen wollen, wie wir Lehrer gerne sagen: Können Sie ausrechnen, wie schnell das Rad in diesem Beispiel zu rotieren scheint? (Die Antwort finden Sie am Ende dieser Abhandlung.)

Je nach der Zahl der Radspeichen und der tatsächlichen Umdrehungsgeschwindigkeit des Rades im Vergleich zu den 24 Einzelbildern, mit denen der Film geschossen wurde, kann das Rad sich scheinbar vorwärts- oder rückwärtsbewegen oder – wenn die Speichengeschwindigkeit zufällig genau mit der Aufnahmegeschwindigkeit der Kamera synchron läuft – sogar stillstehen. Letzteres erfordert ein recht spezielles Zusammentreffen von Zufällen und tritt deshalb nur selten auf. Wenn Sie jedoch genau hinsehen, können Sie erkennen, wie das Rad aus der »Vorwärtsbewegung« (wenn die Speiche der Öffnung des Kameraverschlusses ein wenig vorausläuft) in die »Rückwärtsbewegung« übergeht (dann läuft sie ihm geringfügig nach).

In Wirklichkeit haben die Räder natürlich nicht nur *eine* rote Speiche: Alle sehen gleich aus. Insofern ist jede einzelne eine Art Double für alle anderen. Deshalb kann sich jede beliebige Speiche in der Ein-Uhr-Position oder der Elf-Uhr-Position befinden, wenn der Kameraverschluß sich öffnet, und es sieht weiterhin so aus, als würde das Rad sich nach links oder nach rechts drehen.

Sobald das Rad sich schnell genug bewegt, sind die Speichen zu schnell für die Verschlußgeschwindigkeit der Kamera. Sie kann ihre Bewegung nicht mehr einfangen, weshalb sie verwischt erscheinen und der gesamte Ablauf einer Vorwärts- oder Rückwärtsbewegung aufhört.

In Filmen, die eine später hinzugekommene Transportmöglichkeit, nämlich Propellerflugzeuge, zeigen, können Sie genau die gleichen Effekte beobachten. Wenn der Motor des Flugzeugs angeworfen wird, sieht es zunächst aus, als würde der Propeller zwischen den beiden Drehrichtungen wechseln. Mit zunehmender Geschwindigkeit durchlaufen die Rotorblätter nacheinander Positionen, die im

Verhältnis zum Kameraverschluß jeweils »ein wenig voraus« und »ein wenig zurück« liegen. Sobald sie dann schnell genug sind, verwischt sich das Bild der Propeller.

Sie wollen diese Effekte bei sich zu Hause bewundern, haben aber keine Postkutsche oder kein Flugzeug zur Hand? Dann machen Sie doch folgendes:

Probieren Sie es selbst

Falls Sie einen tragbaren elektrischen Ventilator besitzen, bringen Sie ihn in einen Raum, der mit Leuchtstofflampen beleuchtet ist. Wenn Sie den Ventilator eingeschaltet haben und er auf Touren kommt, scheinen seine Arme sich erst in die eine und dann in die andere Richtung zu drehen. Das liegt daran, daß Leuchtstoffröhren mit hundert Schwingungen pro Sekunde flimmern (ja, hundert; schauen Sie in der Erbsenzähler-Ecke nach). Da das Flimmern hier viermal schneller abläuft als bei einem Filmprojektor, bemerken wir es nicht. In den Phasen, in denen das Licht »an« ist, sehen Sie etwas. Damit läuft genau das gleiche ab, als würde Ihnen eine Reihe schneller Einzelbilder im Kino vorgeführt.

Erbsenzähler-Ecke

Leuchtstofflampen (siehe S. 76) werden mit Wechselstrom betrieben. Das heißt, die Hälfte der Zeit fließt der elektrische Strom in die eine, die übrige Zeit in die entgegengesetzte Richtung. In Deutschland beträgt die Wechselstromfrequenz 50 Hertz (Schwingungen pro Sekunde), ein abgeschlossener Zyklus dauert also eine Fünfzigstelsekunde.

Nehmen wir an, während der ersten Hälfte des Zyklus sei der Strom »positiv«, während der zweiten »negativ«. Das bedeutet, daß er für eine Hundertstelsekunde (die Hälfte eines Fünfzigstels) »positiv« und anschließend für die gleiche Zeitspanne

»negativ« gepolt ist, und so weiter. Also erfolgen in jeder Fünfzigstelsekunde zwei Stromstöße (wenn auch in entgegengesetzten Richtungen), was in der Sekunde 100 Stromstöße ergibt. Eine Leuchtstofflampe ist nur während der Stromstöße »an« – man könnte also sagen, sie verhält sich wie eine Filmkamera, die 100 Bilder pro Sekunde belichtet.

Es hat mich zwar keiner gefragt, aber ...

Warum sah es in den frühen Tagen des Kinos zu Beginn des letzten (des zwanzigsten) Jahrhunderts so aus, als würden sich alle so schnell bewegen?

Damals war das Filmmaterial noch nicht so lichtempfindlich wie heute. Deshalb mußten die Einzelbilder länger belichtet werden, was die Zeitabstände zwischen ihnen vergrößerte. Die Kameras nahmen nicht 24, sondern eher 16 Bilder pro Sekunde auf. In der relativ langen Zeit zwischen den einzelnen Aufnahmen bewegten sich die Menschen jeweils ein Stückchen weiter, und so schienen sie in einer Bildfolge, die einer Sekunde entsprach, eine größere Entfernung zurückgelegt zu haben. Eine größere Entfernung pro Sekunde ist gleich höhere Geschwindigkeit.

Antwort auf die Frage für die Extrapunkte: Auf dem Zifferblatt gibt es immer zwölf Positionen, und die rote Radspeiche wird von der Kamera nach einer Vierundzwanzigstelsekunde in der jeweils nächsten Stellung eingefangen. Deshalb vollführt die Speiche in zwölf Vierundzwanzigstelsekunden (also einer halben Sekunde) eine volle Umdrehung. Eine Umdrehung pro halber Sekunde ergibt zwei Umläufe pro Sekunde, das sind dann 120 Umdrehungen pro Minute (U/min oder neudeutsch rpm = *revolutions per minute*).

Verdammter Fleck!

Warum wirkt ein nasser Fleck dunkler als das Gewebe, auf dem er sich ausbreitet?

Ich unterstelle einfach, daß Sie im Eßzimmer sitzen und sich über die Suppe auf Ihrer Serviette ärgern, auch wenn Sie dieses Phänomen vielleicht in einem anderen Raum und unter anderen Umständen bemerkt haben.

Einen Gegenstand sehen wir, weil Licht von ihm ausgeht, das in unsere Augen fällt. Je mehr Licht der Gegenstand abstrahlt, desto heller erscheint er uns. Und natürlich gilt auch die Umkehrung: Ein Objekt, das weniger Licht in unsere Augen schickt, erscheint uns dunkler. Unsere Aufgabe ist es also, zu erklären, weshalb von dem nassen Fleck weniger Licht ausgeht.

Woher kommt das Licht, das von einem Gegenstand aus in unsere Augen fällt? Wenn er nicht selbst leuchtet wie die Sonne, eine Leuchtstoffröhre oder ein Glühwürmchen, muß er einen Teil des Lichts reflektieren, das von irgendwoher auf ihn fällt. Es gibt jedoch nichts, was *alles* einfallende Licht zurückwirft; jede Substanz absorbiert einen bestimmten Anteil davon und reflektiert den Rest (siehe S. 66). Demnach muß der nasse Fleck weniger Licht zurückwerfen, weil er aus einem bestimmten Grund mehr davon absorbiert.

Wir wollen uns das nasse Gewebe einmal unter starker Vergrößerung ansehen, so, wie es für einen einfallenden Lichtstrahl aussehen würde. Textiles Gewebe besteht aus einem Geflecht miteinander verwobener Fasern. Wenn es naß wird und durch Kapillarkräfte Wasser aufsaugt, füllen sich die Räume zwischen den Fasern mit diesem Wasser.

Viele der ankommenden Lichtstrahlen fallen dann auf eine Wasseroberfläche, anstatt eine Faser zu treffen.

Wenn nun aber ein Lichtstrahl unter einem von der Senkrechten abweichenden Winkel auf die Wasseroberfläche trifft – und allein aus statistischen Gründen werden die meisten Strahlen mit anderen Winkeln als mit perfekten 90 Grad auf die Oberfläche treffen –, geschieht etwas Merkwürdiges: Der Strahl ändert seine Richtung (in der Sprache der Wissenschaft: Er wird *gebrochen*). Anstatt seinen Weg durch das Wasser in der ursprünglichen Richtung fortzusetzen, biegt der Lichtstrahl von der Oberfläche ab und taucht mit einem steileren Winkel als seinem Eintrittswinkel in die wäßrigen Tiefen ab. (Wir treffen uns in der Erbsenzähler-Ecke.) Dieser steilere Winkel bringt es mit sich, daß der Lichtstrahl tiefer in das Gewebe eindringt, wo die Chance wächst, daß er absorbiert und niemals wieder gesehen wird. In einem nassen Fleck geht also mehr Licht »verloren« als auf einer trockenen Stelle, deshalb wird weniger Licht reflektiert, und der Fleck erscheint uns dunkler.

Mit ähnlichen Abläufen kann man auch erklären, weshalb nasse Steine, Blätter und Gras intensiver gefärbt erscheinen, wenn sie naß sind – weshalb die Landschaft nach einem Regen »frischer« aussieht. In erster Linie sind diese Gegenstände farbig, weil sie bestimmte Wellenlängen des vielfarbigen Tageslichts absorbieren und den Rest zu unseren Augen reflektieren (siehe S. 61 und 66). Wenn sie nun mit einem Wasserfilm überzogen sind, werden die einfallenden Lichtstrahlen tiefer in ihre mikroskopisch rauhe Oberfläche hineingebrochen. Dieses gebrochene Licht wandert zwischen den Oberflächenstrukturen hin und her, was dazu führt, daß sein Anteil absorbierbarer Wellenlängen stärker verschluckt werden kann. Dem verbleibenden reflektierten Licht fehlt dann ein größerer Teil jener absorbierten Wellenlängen: Seine Farben wirken intensiver als normal.

Erbsenzähler-Ecke

Warum wird Licht »gebeugt«, wenn es in Wasser eintritt?

Immer wenn ein Wissenschaftler etwas erklären soll, was mit Licht zu tun hat, hat er die Wahl, ob er es auf der Grundlage von Lichtwellen oder von Lichtteilchen (Photonen) tun will. Licht verhält sich nämlich so, als wäre es beides zugleich oder entweder ein Teilchen und/oder eine Welle (siehe S. 236). Wenn ich die Lichtbrechung aufgrund der Wellennatur des Lichts erklären wollte, müßte ich ein Diagramm zeichnen und Begriffe wie »Wellenfront« und »Phasengeschwindigkeit« verwenden. Aber dann sähe es zu sehr nach einem wissenschaftlichen Werk aus (was Gott verhüten möge). Also wähle ich den leichteren Weg und spreche von Lichtbrechung, als wäre der Lichtstrahl ein Geschoß in Form eines Photons (oder besser: in Form eines Pfeils).

Wenn Sie am Rand eines Schwimmbeckens stehen (*Machen Sie das nicht in einer öffentlichen Badeanstalt!*) und einen Pfeil in einem schrägen Winkel – also nicht senkrecht nach unten – ins Wasser schießen, wird es Sie vermutlich nicht überraschen, daß das Geschoß beim Eintritt ins Wasser langsamer wird und seine Richtung nach unten hin, weg von der Oberfläche, abweicht. Das liegt daran, daß der Pfeil sich im Wasser langsamer bewegt als in der Luft und der Strömungswiderstand seine Geschwindigkeit weiter verringert. Nun, das gleiche geschieht auch, wenn wir statt des Pfeils einen Strom von Photonen nehmen. Wenn diese in Wasser eintreten, werden sie langsamer und ändern ihre Richtung, wobei der Winkel im Vergleich zum Eintrittswinkel steiler wird. Damit ist der Lichtstrahl gebrochen. (Beachten Sie, daß der Pfeil, wenn Sie senkrecht nach unten geschossen hätten, zwar langsamer geworden wäre, aber seine Richtung beibehalten hätte. Beim Licht verhält es sich genauso: Wenn es senkrecht zur Oberfläche eintritt, ändert es seine Richtung nicht.)

Habe ich gesagt, das Licht würde langsamer, wenn es in Wasser eintritt? Richtig. Aber die Lichtgeschwindigkeit ist doch immer gleich? Keineswegs.

Wenn wir von der Lichtgeschwindigkeit sagen, sie liege bei 300 000 km/sec, sollten wir nicht vergessen, »im Vakuum« hinzuzufügen. Denn wenn Licht in ein transparentes Medium eindringt, wird es langsamer, und unterschiedliche transparente Medien bremsen das Licht in unterschiedlichem Maß ab. In Wasser ist Licht zum Beispiel nur mit drei Vierteln seiner Geschwindigkeit in Luft unterwegs. Und diese Abbremsung sorgt dafür, daß Licht gebeugt wird, wenn es von Luft in Wasser übergeht.

Die Beugung oder Brechung des Lichts ist sogar noch größer, wenn es von Luft in Glas eintritt, weil die Lichtgeschwindigkeit in einigen Glassorten nur 50 oder 60 Prozent seiner Geschwindigkeit in Luft ausmacht. Was wiederum einfach großartig ist, da es uns erlaubt, speziell geformte Glasstücke – Linsen – zu verwenden, mit denen wir Licht wirklich ziemlich stark beugen können. So ist es uns möglich, alle Arten von schlauen Geräten wie Teleskope, Mikroskope und Brillen herzustellen.

Kein Sonnenbrand im ganzen Land

Mein Hautarzt hat gesagt, daß eine Sonnenschutz-Lotion mit dem LSF 30 *nicht* die doppelte Menge schädlicher Strahlung abhält wie eine mit dem LSF 15. Was soll das heißen?

Ihr Doktor hat recht. Die LSF-Zahlen sagen nichts über die *Filterstärke* gegenüber dem Sonnenlicht aus – sie bezeichnen den *Lichtschutzfaktor.* Sie informieren also nicht darüber, wieviel Strahlung sie zurückhalten, sondern teilen Ihnen mit, wieviel Zeit Sie in der Sonne verbringen können, ehe Ihre Haut sich rot verfärbt, ein Zustand, den die Ärzte *Erythema* nennen. Und das ist etwas ganz anderes.

Wenn Sie sich mit LSF 15 einreiben, können Sie fünfzehnmal länger in der Sonne bleiben als mit ungeschützter Haut. Mit LSF 30 können Sie sich demnach dreißigmal länger sonnen als ohne jeden Schutz. Das ist die doppelte Zeit wie mit LSF 15. Dennoch hält ein Mittel mit LSF 30 nur etwa drei Prozent mehr schädlicher Strahlung ab als eines mit LSF 15!

Mir ist sehr wohl bewußt, daß diese Sätze möglicherweise die verwirrendste Aussage darstellen, die Sie, abgesehen von dem Formular für Ihre Steuererklärung, je gelesen haben. Doch ich werde Ihnen beweisen, daß alles ganz logisch ist.

Zunächst aber: Was ist eigentlich diese bedrohliche Strahlung, die von unserem lebensspendenden Zentralgestirn auf uns herabregnet? Die Atome der Sonne, heiß wie sie nun einmal sind (etwa 5400 °C an der *Oberfläche* des Sterns), geben ständig Strahlung fast aller Energieformen... na ja, unter der Sonne, ab. Das geht von Radiowellen bis hin zu Röntgenstrahlen. Diese gefährliche Strahlung wird von der Erdatmosphäre in weitem Umfang herausgefiltert, während die Radiowellen der Sonne erheblich ungefährlicher sind als die, die von einem Hardrock-Sender abgestrahlt werden. Es bleiben nur das sichtbare Licht und zwei Arten unsichtbarer Strahlen: Infrarotstrahlung (siehe S. 167), die uns wärmt, aber nicht verbrennt, und Ultraviolett. Letzteres ist der Bösewicht.

UV-Strahlung wird gewöhnlich noch einmal in drei Energiebereiche unterteilt; Wissenschaftler in ihrer phantasievollen Art haben ihnen die Bezeichnungen A, B und C gegeben. Ultraviolette Strahlung vom Typ C (abgekürzt UVC) können wir aus der Liste unserer Ängste streichen, da es von der Ozonschicht der Erdatmosphäre absorbiert wird. Dieser Schutzschild ist zwar durch menschliche Eingriffe gefährdet, aber immer noch ziemlich reichlich vorhanden. Worüber wir uns am Strand, abgesehen von unserer Wampe oder unserer Zellulitis, einzig und allein Sorgen machen müssen, sind UVA und UVB, die uns nicht nur einen Sonnenbrand, sondern bleibende Hautschäden bis hin zu Krebs einbringen können.

Sonnenschutzmittel bestehen aus einer Mischung aktiver chemischer Verbindungen in einer kosmetisch ansprechenden Trägersubstanz. Die Moleküle jeder dieser Verbindungen absorbieren jeweils Strahlung bestimmter Energie (siehe S. 65). Die aktiven Substanzen der Sonnenschutzmittel sind sehr begierig darauf, UV-Strahlung einzufangen, selbst wenn sie nur in einer sehr dünnen Schicht auf unsere Haut aufgetragen wurden. Auf den Packungsetiketten dieser Mittel findet man UVA-Filter wie Avobenzon und Parsol 1789, UVB-Filter wie Octyl-Methoxycinnamat und andere Cinnamate, Titandioxid, Octylsalycylat und Padimat O; ferner zweifach wirksame UVA-UVB-Filter wie Oxybenzon und andere Benzophenone.

(Der Leistungskurs Chemie ist hiermit entlassen. Ich dachte nur, Sie wollten vielleicht in die Lage versetzt werden, das Verzeichnis der Inhaltsstoffe auf den Etiketten zu kapieren. Wobei Sie sich um die einzelnen Bezeichnungen ohnehin nicht weiter zu kümmern brauchen.)

Die meisten dieser Produkte sind ein sorgfältig austariertes Hexengebräu chemischer Substanzen, die die gesamte Bandbreite schädlicher UV-Energie absorbieren sollen. Sie sollten aber daran denken, daß sie in erster Linie auf ihre Eigenschaften zur Verhütung von Verbrennungen getestet worden sind. Die Forschung stößt immer noch auf bestimmte Bereiche der UV-Energie, die schädlicher sind als andere und verstärkt zur Alterung der Haut beitragen oder Krebs verursachen können. Am besten wählen Sie also einen Breitband-Sonnenschutz, um sowohl Ihren Rücken als auch Ihre Risiken abzudecken.

Nun aber zurück zu jenen verzwickten LSF-Zahlen. Das ist alles nur Mathematik. Schauen Sie mir genau auf die Finger: Keine Tricks, kein doppelter Boden, kein As im Ärmel.

Nehmen wir an, ein Sonnenschutz der Marke X filtere die Hälfte – 50 Prozent – der für Verbrennungen verantwortlichen UV-Strahlen heraus. Offensichtlich könnten Sie damit doppelt so lange wie üblich draußen bleiben, ohne verbrannte Haut zu riskieren. Wenn Sie ohne Sonnenschutz normalerweise nach einer Stunde einen Sonnenbrand bekämen, könnten Sie sich jetzt zwei Stunden der Sonne aussetzen. Anders gesagt, der LSF beträgt 2.

Nehmen wir nun weiter an, Marke Y sei in der Lage, 75 Prozent der UV-Strahlung abzufangen. Das würde bedeuten, daß Sie statt 100 nur 25 Prozent der verbrennenden Strahlung abbekämen. Damit könnten Sie viermal so lange in der Sonne bleiben wie ohne Sonnenschutz (100 dividiert durch 25 = 4). Folglich beträgt der LSF 4. *Marke Y hält nur 25 Prozent mehr Strahlung von Ihrer Haut ab als Marke X, doch ihr LSF ist doppelt so hoch: 4 statt 2!*

Die gesamte mathematische Ableitung werde ich Ihnen nicht vorführen (höre ich da, wie jemand erleichtert aufatmet?), aber wenn Sie sich ausrechnen wollen, wie die Prozentzahl der absorbierten Strahlung mit dem LSF zusammenhängt, gehen Sie folgendermaßen vor: Ziehen Sie vom LSF eine 1 ab, multiplizieren Sie mit 100, und dividieren Sie die erhaltene Zahl durch den LSF. Bei einem LSF von 20 sieht das so aus: 20 – 1 = 19 mal 100 = 1900 dividiert durch 20 = 95 Prozent Absorption.

So können Sie ausrechnen, daß ein LSF von 15 ganze 93,3 Prozent der UV-Strahlung absorbiert, während ein doppelt so hoher LSF von 30 lediglich 3,4 Prozent mehr unschädlich macht.

Sie sehen also, daß Sie mit dem zusätzlichen Geld, das ein Produkt mit höherem LSF kostet, nur einen kleinen Betrag zusätzlicher Strahlung von sich abhalten. Das ist ein klassischer Fall einer sinkenden Profitrate. Selbst wenn Sie ein milchweißer Rotschopf sind, dessen Haut schon nach einer Stunde in der Sonne die Farbe Ihres Haares annimmt, benötigen Sie eigentlich keinen LSF, der, sagen wir, höher als 30 liegt. Wie kommen Sie überhaupt auf die Idee, Sie würden sich mehr als 30 Stunden am Stück im Freien aufhalten? Wie Sie vielleicht wissen, hat die Sonne die Angewohnheit, ab und zu unterzugehen.

Kneipenwette

Ein Sonnenschutzmittel mit dem LSF 30 ermöglicht es einem, doppelt so lange in der Sonne zu bleiben wie eines mit LSF 15, schirmt jedoch nur etwa 3 Prozent mehr von den Strahlen ab, die einen Sonnenbrand verursachen.

Falsch, falsch, dreimal falsch!

Was hält diese »Licht-Windräder«, die man in vielen Geschenkeläden sieht, eigentlich in Gang?

Diese sogenannten *Radiometer* sollen angeblich demonstrieren, daß Licht einen Druck ausübt. Doch das tun sie nicht. Wenn eine Maschine so etwas wie ein betrügerischer Taschenspieler sein könnte, dann würde dieser Schnickschnack den Vogel abschießen.

Eines dieser Dinger ist Ihnen sicher schon mal irgendwo aufgefallen. Sie sehen aus wie eine Glühbirne, die man auf einen Sockel montiert hat. Im Inneren des Glaskolbens, aus dem man den größten Teil der Luft abgepumpt hat, befinden sich vier dünne Metallschaufeln, die wie bei einem Windrad auf einer Achse mit geringer Gleitreibung angeordnet sind. Jeweils eine Seite der Metallplättchen hat eine glänzende (oder manchmal weiße) Oberfläche, während die andere schwarz ist. Die glänzende Oberfläche liegt der weißen Fläche der nächsten Schaufel jeweils gegenüber. Sobald Sonne auf den Apparat fällt, beginnen die Rotorblätter sich fröhlich zu drehen, und zwar in Richtung der glänzenden Oberflächen, weg von den schwarzen.

Seit 1873, als das Gerät von William Crookes (1832 bis 1919) erfunden wurde, hat es immer wieder Leute gegeben, die sich an einer Erklärung versucht haben, was das Radiometer zum Laufen bringt. Der Erfinder selbst glaubte, dafür sei der Lichtdruck verantwortlich, der auf irgendeine Weise stärker auf die dunklen Oberflächen wirke als auf die glänzenden. Sir William, der zwar ein kluger Mann war, aber beim Lichtdruckeffekt einem Irrtum erlegen ist, hat eine wissenschaftliche Suche eingeleitet, die bis heute nicht zum Stillstand gekommen ist. Sogar die Lexika unserer Tage bieten eine beliebte, aber nachweislich falsche Erklärung des Funktionsprinzips von Crookes' Radiometer.

Warnung: Sie werden nun mit einer der lediglich zwei Stellen (das hoffe ich jedenfalls) in diesem Buch konfrontiert, wo die Antwort auf eine Frage nicht ganz zufriedenstellend ausfällt. Die derzeit beste Erklärung für das Radiometer, die ich Ihnen am Ende versprechen kann, ist einigermaßen schwer zu schlucken und wird von manchen Wissenschaftlern (darunter auch ich) immer noch angezweifelt. Die andere nicht ganz zufriedenstellende Antwort bezieht sich darauf, weshalb der Duschvorhang beim Duschen stets nach innen gesaugt wird (siehe dazu S. 257). Doch zunächst wollen wir einige der offensichtlich falschen Erklärungen des Radiometers entlarven, die so hemmungslos umlaufen wie ein Radiometer in der Hölle.

Strahlungsdruck

Licht ist, wie jedermann weiß, elektromagnetische Strahlung. Und diese Strahlung, wie Sie entweder schon wissen oder mit Hilfe dieses Buches schnell herausfinden können (siehe S. 237), besteht aus einem Strom winziger Energiepakete, die wir Photonen nennen. Photonen verhalten sich insofern wie winzige Gewehrkugeln, als sie beim Auftreffen auf einen Gegenstand eine physikalische Wirkung ausüben können. Zum Beispiel sind die Photonen des Lichts imstande, Elektronen aus vielen Feststoffen herauszuschlagen. Das wird photoelektrischer Effekt genannt, und die Erklärung mit dem Photon, die ich Ihnen eben geliefert habe, brachte Albert Einstein den Nobelpreis ein. (Er hat es nur ein wenig ausführlicher erklärt als ich.)

Nun könnte man denken, es sei der Strom der Photonen-

Geschosse, der die Schaufeln des Radiometers antreibt, wenn er auf sie trifft, etwa so, wie wenn man – *Machen Sie das nicht bei sich zu Hause!* – mit einem Maschinengewehr auf eine Wetterfahne schießen würde. Zwar gibt es den Strahlendruck wirklich, doch wir wissen auch, daß er viel zu schwach ist, jene Metallschaufeln anzutreiben. Außerdem müßte der Strahlungsdruck das Radiometer in die andere Richtung bewegen!

Und das ist der Grund: Von schwarzen Oberflächen (siehe S. 70) wird Licht absorbiert, von glänzenden dagegen reflektiert. Die schwarzen Oberflächen der Schaufeln verschlucken die Photonen einfach, während die hellen Flächen sie sofort wieder ausspucken (siehe S. 61), was einen Rückstoßeffekt zur Folge hat, ähnlich wie bei einem Gewehr, aus dem man eine Kugel abfeuert. Das würde aber dazu führen, daß die Schaufeln sich von ihrer glänzenden Seite *weg*- und auf die dunkle Seite *zubewegen* – genau das Gegenteil dessen, was wir tatsächlich sehen.

Gasdruck

Dies scheint die beliebteste aller falschen Erklärungen zu sein. Sie wird von der *Encyclopædia Britannica* und anderen Lexika verbreitet, dazu kommen noch viele Lehrer naturwissenschaftlicher Fächer.

Hier läuft die Geschichte so, daß die schwarzen Oberflächen der Schaufeln mehr Lichtenergie absorbieren als die glänzenden und deshalb ein wenig wärmer sind. (Das ist soweit richtig.) Die an die schwarzen Flächen angrenzende Luft – in dem Kolben befindet sich noch immer eine kleine Menge davon – wird durch diese Energie erwärmt (das ist noch immer richtig), wodurch sich der Luftdruck auf den schwarzen Seiten erhöht (falsch!). Dieser angeblich erhöhte Druck wirkt auf die schwarzen Flächen, was das Schaufelrad in Richtung auf die glänzenden Seiten in Bewegung setzt.

Hier stellt sich folgende Frage: Wenn die Luft erwärmt wird, was tatsächlich dazu führt, daß sich ihre Moleküle schneller bewegen, warum sollten diese schnelleren Moleküle sich dann öfter auf die Schaufeln stürzen, anstatt in alle möglichen anderen Richtungen davonzufliegen? Die Bewegung der Moleküle *kann* keine gerichtete Kraft hervorrufen. Andersherum gesagt, der Druck der Luft in diesem Bereich kann nicht steigen, weil sie dort nicht eingeschlossen ist. Innerhalb des Glaskolbens kann sie sich beliebig verteilen und jeden sich aufbauenden Druck wieder abbauen. Es gibt also keinen Grund, weshalb sie sich stärker in Richtung auf die Schaufeln als in jede andere Richtung ausdehnen sollte. Folglich verursacht die erwärmte Luft insgesamt keine Kraft zum Antrieb der Schaufeln.

Ausgasen

Ein paar Verschwörungstheoretiker würden uns gern glauben machen, der schwarze Überzug der Schaufeln enthalte *adsorbierte* (an die Oberfläche gebundene) Gase. Wenn die schwarzen Flächen sich durch absorbiertes Licht erwärmten, würden jene Gasmoleküle in der Art von Popcorn, das aus einer heißen Pfanne springt, freigesetzt. Die hüpfenden Gasmoleküle würden dabei eine Kraft auf die dunkle Oberfläche ausüben, so wie ein Basketballspieler beim Absprung zum Korbwurf eine Kraft auf den Hallenboden ausübt. Diese Kraft wiederum würde dann die Schaufeln im Kreis herumwirbeln lassen. Doch wenn das zuträfe, würde das Radiometer schließlich, wenn alle adsorbierten Gasmoleküle freigesetzt sind, einfach stehenbleiben.

Photoelektrischer Effekt

Wie wäre es, wenn die Photonen des Lichts aus den schwarzen Seiten der Schaufeln Elektronen herausschlagen würden, worauf diese beim Abflug einen Rückstoß ausübten? Auch damit ist kein Blumentopf zu gewinnen: Man kann Radiometer aus Materialien bauen, bei denen der photoelektrische Effekt nicht auftritt; deren Elektronen sind so fest gebunden, daß das sichtbare Licht nicht ausreicht, sie herauszulösen. Außerdem würde der photoelektrische Effekt auch dann auftreten, wenn der Glaskolben vollkommen luftleer wäre, während das Radiometer ohne eine gewisse Luftmenge nicht funktioniert.

Konvektionsströmungen

Die erwärmte schwarze Oberfläche bringt durch Konvektion (siehe S. 166) Luftströmungen in Gang, und diese bewegte Luft treibt die Schaufeln an. Das einzige Problem bei dieser Lösung: Niemand kann irgendwelche Luftströmungen erfinden, die vorwiegend in eine einzige Richtung blasen – auf die schwarzen Flächen der Schaufeln.

Die beste Lösung

1881 veröffentlichte ein englischer Ingenieur namens Osborne Reynolds (1842–1912) eine Arbeit, in der das Radiometer auf eine Weise erklärt wurde, die heute viele Wissenschaftler, wenn auch grummelnd, akzeptieren. Möglicherweise ist sie nicht weiter verbreitet, weil sie nicht leicht zu beschreiben oder nachzuvollziehen ist. Aber wir wollen es mal versuchen.

Die Erklärung hat mit der Temperaturdifferenz zwischen der an die schwarzen Flächen (mit ihrer Fähigkeit, Energie zu absorbieren) angrenzenden Luft und der kühleren Luft an den glänzenden Flächen zu tun. Wenn diese Luft in Richtung auf die Außenkanten der Schaufeln fließt, streichen die wärmeren, schnelleren Moleküle anscheinend in einem schrägeren Winkel an den Kanten vorbei als die kühleren, was die Schaufeln in die den dunklen Flächen abgewandte Richtung treibt. *Warum* das nun so sein soll, ist in komplizierte mathematische Berechnungen verpackt, die ich Ihnen (und mir) besser nicht auseinanderklamüsern werde. Wie ich gestehen muß, kann ich nur schwer glauben, daß es die schmalen Kanten dieser dünnen Schaufeln und nicht ihre breiten Flächen sein sollen, die für den Antrieb sorgen. Aber Mr. Reynolds sagt es, und die anderen Erklärungen halten einer genaueren Überprüfung ja nicht stand.

Aber ich hatte Sie gewarnt, oder?

Es hat mich zwar keiner gefragt, aber…

Wenn die Wissenschaftler heute sogar die Geheimnisse des Lebens enthüllen können, wieso gelingt es ihnen dann in mehr als hundert Jahren nicht, das schlichte kleine Radiometer zu erklären?

Hauptsächlich deswegen, weil sie es nicht wirklich versucht haben. Es hat einfach kein gewaltiges staatliches Förderprogramm gegeben, das ebenso viele Milliarden Dollar in die Erforschung des Radiometers gepumpt hätte wie in das Manhattan-Projekt (die Entwicklung der Atombombe), das Raumfahrtprogramm, die Genforschung und andere auf die Gesundheit bezogene Unternehmungen. Das soll nicht heißen, daß wissenschaftliche Probleme mit Geld allein zu lösen wären, aber Wissenschaftler sind da nicht besser als alle anderen: Sie neigen dazu, das zu tun, für das sie belohnt werden. Niemand erhält ein Forschungsstipendium, einen Doktortitel oder einen Nobelpreis, weil er herausfindet, wie ein Spielzeug funktioniert.

Du Fenster in des Lichtes Lauf, warum hältst du das Licht nicht auf?

Warum sind Luft, Wasser und Glas durchsichtig, während sonst praktisch kein anderer Stoff durchsichtig ist?

Nun, was heißt »durchsichtig« überhaupt? Es bedeutet, daß alles Licht, das zum Beispiel von einem Gegenstand außerhalb eines Fensters zu uns hin reflektiert wird, ungestört durch das Glas dringt und zu unseren Augen gelangt, die es weiter verarbeiten. Deshalb *sehen* wir den Gegenstand *durch* das Fenster.

Ein Lichtstrahl, der auf eine Substanz trifft, wird normalerweise entweder von deren Oberfläche *zurückgeworfen* (reflektiert), oder er dringt in sie ein und wird dort *absorbiert*. Wenn es ihm gelingt, beiden Möglichkeiten zu entgehen, bewegt er sich weiter durch das betreffende Medium; er wird *durchgeleitet*. Wir müssen also erklären, weshalb Luft, Wasser und Glas keinen großen Anteil des empfangenen Lichts reflektieren und/oder absorbieren. Fast alle anderen Substanzen – abgesehen von einigen wasserähnlichen Flüssigkeiten und glasähnlichen Kunststoffen – absorbieren einiges von dem Licht und reflektieren den größten Teil (siehe S. 61 und 66), so daß praktisch nichts übrigbleibt, was durchgeleitet werden könnte.

Zunächst wollen wir die Luft abhaken. Unter Normalbedingungen sind die Zwischenräume zwischen den Molekülen zehnmal größer als die Moleküle selbst. Luft ist also eigentlich fast vollkommen leerer Raum, der praktisch nichts enthält, was den Durchgang von Licht behindern könnte, wenn man von einem gelegentlich auftauchenden Molekül einmal absieht. Das gilt für alle Gase.

Bei Wasser und Glas dagegen geht es ganz anders zu, da ihre Moleküle sehr dicht gepackt sind – dicht genug, um ziemlich viel zu reflektieren. Erinnern Sie sich an das gleißende Licht auf der Oberfläche jenes Sees oder auf der Windschutzscheibe jenes Autos an einem sonnigen Tag? Selbst von den durchsichtigsten Flüssigkeiten oder Feststoffen wird also einiges an Licht reflektiert. Das hängt von dem Winkel ab, in dem das Licht auf die Oberfläche trifft.

Von den Lichtstrahlen, denen es gelingt, in Luft, Wasser oder Glas einzudringen, werden nur sehr wenige absorbiert; fast die gesamte Lichtmenge kann sie passieren. Moleküle absorbieren Licht, weil ihre Elektronen bestimmte Energiezustände bevorzugen (siehe S. 61), und wenn sie die zusätzliche Energie eines Lichtteilchens (eines Photons, siehe S. 237) aufnehmen, können sie einen höheren dieser bevorzugten Energiezustände erreichen. Zufällig kann keines der Moleküle in Luft, Wasser oder Glas Energien des sichtbaren Lichts absorbieren und »für sich verwenden«. Was sie absorbieren *können*, sind bestimmte Strahlungen, die für den Menschen unsichtbar sind, wie UV- und Infrarotstrahlung. Das gleiche gilt auch für Alkohol, Kerosin und andere vertraute durchsichtige Flüssigkeiten. Wenn also sehr wenig Licht absorbiert wird und der Einfallswinkel keine Reflexion bedingt, kann fast das gesamte Licht ungehindert passieren.

Erbsenzähler-Ecke

Es gibt natürlich *farbige* Gläser, Flüssigkeiten und sogar Gase. Sie absorbieren selektiv *einige* der Wellenlängen oder Energien des weißen (oder farblosen) Lichts (siehe S. 66) und leiten nur jene durch, für die sie keine »Verwendung« haben. Die Zusammensetzung der Wellenlängen des hindurchgeleiteten Lichts unterscheidet sich von der des weißen Lichts, was eine wahrnehmbare Färbung ergibt.

Es hat mich zwar keiner gefragt, aber...

Warum reflektiert ein Spiegel so gut?

Spiegel sind die besten Lichtreflektoren, die der menschliche Erfindergeist herzustellen in der Lage war. Beachten Sie jedoch, daß das Licht nur von der *hinteren Fläche* des Spiegels reflektiert wird, nachdem es die Vorderschicht aus lichtdurchlässigem Glas passiert hat.

Was hat es mit dieser hinteren Fläche auf sich, daß sie ein so guter Reflektor ist? Es ist eine dünne, glatte Schicht metallischen Silbers. Alle Metalle haben eine glänzende oder reflektierende Oberfläche, weil ihre Atome von einem Meer frei herumschwärmender Elektronen zusammengehalten werden, die keinem speziellen Atom zugeordnet sind. (Das ist auch der Grund, weshalb Metalle so gute Stromleiter sind: Der elektrische Strom ist eine Bewegung von Elektronen.) Diese umherschwärmenden, ungebundenen Elektronen, die ja nun nicht an bestimmte einzelne Atome gebunden sind, zeigen auch keine besondere Neigung, irgendwelche Wellenlängen des Lichts zu absorbieren (siehe S. 66). Also weisen sie alle Wellenlängen ab und reflektieren sie.

Natürlich würde eine Folie aus glänzendem metallischem Silber auch ohne Glas einen vorzüglichen Spiegel abgeben, aber sie würde rasch anlaufen und blind werden.

Ein blitzender Biß

Warum erzeugen die *WintOGreen Life Savers* Lichtblitze?

Allen, die von diesem Phänomen noch nie etwas gehört haben, dürfte Ihre Frage ein wenig seltsam vorkommen. Aber wenn man herzhaft auf diese kleinen Bonbons beißt, erzeugen sie tatsächlich Lichtblitze. Es wird Ihnen vermutlich wenig helfen, wenn Sie erfahren, daß diese Erscheinung *Tribolumineszenz* genannt wird, aber jetzt habe ich es zumindest ausgesprochen und mich damit meiner Pflicht als Wissenschaftler entledigt.

Diese Hustenbonbons sind, was Sie kaum überraschen dürfte, im Grunde wenig mehr als Zuckerkristalle in der Form eines kleinen Schmalzkringels. Es ist schon seit langem bekannt, daß bestimmte Kristalle, darunter auch die von Rohrzucker, diese Eigenschaft der Tri... dingsbums haben. Tatsächlich berichtete der englische Philosoph Francis Bacon (1561–1626) schon im Jahre 1605, daß er beim Zerschlagen von Zuckerblöcken im Dunkeln (Zucker wurde damals in großen Blöcken verkauft, und Kerzenlicht war schwach) Blitze von »sehr lebhaftem Glanze, aber äußerst kurzlebig« beobachtet habe. Mineralogen ist ebenfalls schon seit langer Zeit bekannt, daß bestimmte mineralische Kristalle Licht aussenden, wenn man sie einer plötzlichen mechanischen Belastung aussetzt.

Hier erfahren Sie nun, was dabei geschieht. Ein Kristall

ist eine ordentliche, geometrische Anordnung von Atomen, die in einer Art dreidimensionaler Gitterstruktur miteinander verbunden sind. Beispiele wie Zucker (Saccharose), Salz (Natriumchlorid), Quarz (Silizium) und Diamant (eine stark überteuerte Form von Kohlenstoff) dürften Ihnen bekannt sein. Man hat herausgefunden, daß Kristalle, deren Molekülstruktur nicht symmetrisch ist (bei denen die Moleküle also nicht in zwei Richtungen übereinstimmend angeordnet sind), am besten blitzen.

Wenn man einen solchen Kristall zerbricht, werden die Atome auseinandergerissen, und bei diesem Vorgang werden einige ihrer Elektronen abgelöst. Das Kristallfragment A bekommt dabei vielleicht mehr Elektronen ab, als ihm zustehen, während Fragment B zuwenig erhält. Während sie sich auseinanderbewegen, werden die überzähligen Elektronen auf Fragment A von dem Ort, an den sie eigentlich gehören, stark angezogen. Deshalb zischen sie über die sich verbreiternde Lücke zwischen A und B hinweg, genau wie ein Blitz, der zwischen einer Wolke und dem Erdboden durch die Luft fährt. Diese Miniaturblitze erzeugen winzige blaue Leuchterscheinungen, weil die Moleküle der Luft durch die Elektronen, die rasch zwischen ihnen hindurchfliegen, mit Energie aufgeladen werden. Die zusätzliche Energie geben sie anschließend in Form von Licht wieder ab (siehe S. 61). Deshalb kann man mit kräftigen, den Kristall zertrümmernden Schlägen schwache Lichtblitze erzeugen.

Das ist eigentlich schon alles, was in den meisten der Triboluminieszenz-Kristalle geschieht. Im Falle der *WintO-Green Life Savers* allerdings ist das *noch nicht* alles. Hier folgt fast augenblicklich eine zweite Stufe, die das Licht sehr viel heller macht. Warum?

Ein großer Teil der »Blitzenergie«, die die von Elektronen durcheilte Luft abgibt, ist für den Menschen unsichtbar: Es handelt sich um UV-Strahlung, deren Energie weit höher ist als die des sichtbaren Lichts. Doch in diesen Hustenbonbons ist eine chemische Verbindung namens Methylsalicylat enthalten, die auch unter der Bezeichnung Teebeeren-Öl bekannt ist. Sie ist für den Geschmack in den Blättern des Wintergrüns verantwortlich, einer kleinen, immergrünen Kriechpflanze, die gelegentlich auch Teebeere genannt wird. Und diese Substanz wiederum besitzt die Eigenschaft der *Fluoreszenz* (siehe S. 61). Ihre Moleküle absorbieren UV-Licht (siehe S. 62) und strahlen es als sichtbares Licht wieder ab. Das, was Sie sehen, wenn jemand in einem finsteren Wandschrank krachend auf einen *WintO-Green Life Saver* beißt, sind größtenteils diese sichtbaren Lichtfrequenzen.

Sie können es wohl gar nicht erwarten, es selbst zu versuchen?

Probieren Sie es selbst

Nehmen Sie eine Rolle *WintOGreen Life Savers* sowie einen Handspiegel oder einen guten Freund mit in einen dunklen Wandschrank. (Wenn Sie schon drin sind, desto besser.) Sorgen Sie dafür, daß es im Schrank vollkommen dunkel ist; erforderlichenfalls müssen Sie warten, bis es Nacht wird, und den Türspalt mit einem Handtuch abdichten. Achten Sie darauf, zehn Minuten nichts als reine Gedanken zu denken. In dieser Zeit gewöhnen sich Ihre Augen ausreichend an die Dunkelheit. Jetzt stecken Sie eines der Bonbons in den Mund, ignorieren, was Ihnen Ihre Mutter immer gesagt hat, und zerbeißen es mit offenem Mund rasch und geräuschvoll zwischen den Zähnen. Ihr Spiegel oder Ihr Freund/Ihre Freundin wird überraschend helle Blitze in Ihrem Mund sehen. Kleine Drachenkinder werden übrigens mit Hilfe von *WintOGreen Life Savers* ausgebildet.

Vielleicht wollen Sie ja auch ein wenig mit Zuckerwürfeln herumspielen. Sie sollten sie, immer noch im Wandschrank, streifend aneinanderschlagen, so als würden Sie ein Streichholz anzünden. Auch hier sehen Sie die Blitze aufleuchten, doch an die Fluoreszenz des Methylsalicylats aus dem Wintergrün reichen sie nicht heran.

Kapitel 3

Heißes Zeug

Alles ist warm. Genauer gesagt, alles enthält eine gewisse Wärmemenge. Und demzufolge hat es auch eine Temperatur. Selbst ein Eiswürfel enthält Wärme. »Warm« ist ein durch und durch relativer Begriff.

Wärme ist die endgültige Form der Energie, jene Form, in der alle anderen Energieformen schließlich enden. Es gibt Bewegungsenergie (in der Sprache der Wissenschaft: *kinetische Energie*), Gravitationsenergie, chemische Energie und elektrische Energie. Mit der richtigen Ausstattung können sie alle ineinander umgewandelt werden. Gravitationsenergie können wir in kinetische Energie umformen, wenn wir einen Felsbrocken über eine Klippe stoßen. Die kinetische Energie eines Wasserfalls können wir in die elektrische Form umwandeln, indem wir ein Wasserrad an einen Generator anschließen. Mit einer Batterie läßt sich chemische in elektrische Energie umwandeln, und so weiter.

Keine dieser Umformungen kann jedoch vollständig, zu 100 Prozent, erfolgen. Ein Teil der Energie wird zwangsläufig »verschwendet«, nämlich in Wärme verwandelt. Der Felsbrocken, der auf den Boden aufschlägt, erwärmt diesen ein wenig, und der entsprechende Energiebetrag geht uns verloren. Die Lager des Wasserrades erwärmen sich aufgrund der Reibung, und so verlieren wir diesen Energiebetrag. Eine Batterie wird wegen der chemischen Reaktionen in ihrem Inneren wärmer, wenn sie Strom abgibt; auch diese Wärmeenergie ist für uns verloren. Kurz gesagt, Energie können wir nicht beliebig in ihre verschiedenen

Formen umwandeln; wir verlieren jedesmal einen Teil davon als Wärme.

Können wir diese »vergeudete« Wärme sammeln und sie in eine andere Form zurückführen? Schließlich wird heutzutage doch fast alles wiederverwertet, warum nicht auch die Wärmeenergie? Sicher können wir das, aber nicht vollständig. Denn physikalisch gesehen ist Wärme eine chaotische Bewegung von Atomen und Molekülen (siehe S. 125), und wenn man sie wieder in einen geordneten Zustand zurückführen will, muß man Arbeit aufwenden: Energie. Wir müssen Energie einsetzen, um jene Wärmeenergie zurückzugewinnen; unter dem Strich wird also die Netto-Energiebilanz stets ein Defizit ergeben.

Die eben dargestellten Gedanken sind im sogenannten Zweiten Gesetz der Thermodynamik enthalten, einer der tiefgründigsten Ansammlungen von Erkenntnissen, die dem menschlichen Geist je aufgegangen sind.

Auch wenn wir die Wärmeenergie nicht mit einem Nutzungsgrad von 100 Prozent verwenden können, ist sie alles andere als ein Nebendarsteller im großen Energiespiel. Die Welt wird von Wärme angetrieben. Sie ist die gemeinsame Währung, sozusagen der Euro der Energie, die wir Menschen handhaben, um unsere Energieziele zu verfolgen. In unseren Öfen führen wir sie zu, aus unseren Kühlschränken entfernen wir sie. Dabei erfolgen die meisten Anwendungen selbstverständlich erst, nachdem wir die Wärmeenergie in elektrische Energie umgewandelt haben, weil mit dieser soviel leichter umzugehen ist.

Wie andere frei bewegliche physikalische Objekte kann auch Wärme sich von einem Ort zum anderen bewegen, solange es »bergab« geht: von einem Ort mit höherer zu einem mit niedrigerer Temperatur. In diesem Sinn hat Wärme sehr viel Ähnlichkeit mit fließendem Wasser.

Fließt aber die Wärme nun, weil das Objekt mit höherer Temperatur mehr Wärme enthält als das mit niedrigerer Temperatur? Nicht notwendigerweise. Die Menschen verwechseln oft Wärme mit Temperatur – das heißt, nur diejenigen, die dieses Kapitel nicht gelesen haben.

Um einen Begriff davon zu bekommen, können Sie sich an folgendem Rätsel versuchen, wobei Sie das Fließen des Wassers als Analogie zum Fluß der Wärme heranziehen sollten.

Wenn ein Wasserfall spontan von See A zu See B abfließt, heißt das dann, daß in See A mehr Wasser vorhanden ist als in See B? (Beachten Sie: Wärme entspricht der Wassermenge, während die Temperatur der Höhe analog ist.)

Dieses Kapitel handelt also von der Wärme und der Elektrizität, die wir daraus erzeugen. Es handelt von globaler Abkühlung (ja, Abkühlung), kalten Füßen, kaltem Stahl, heißem Feuer, Spatzen, Kühlschränken, Thermometern und Badewannen.

Doppelt gemoppelt

Ich lebe in Miami, meine Zwillingsschwester in Tucson (Arizona). Eines Tages erwähnte ich am Telefon, daß wir hier in Miami 80 Grad Fahrenheit (26 °C) hätten, worauf sie im Spaß erwiderte, in Tucson sei es »doppelt so warm«. Wenn das wirklich der Fall wäre, welche Temperatur würde dann in Tucson herrschen?

Sicherlich würde man dort nicht 160 Grad Fahrenheit (71 °C) messen. Das liegt aber nicht daran, daß diese 160 Grad zu warm wären; vielmehr wäre es damit noch nicht warm genug. Die Temperatur, bei der es »doppelt so warm« wäre wie 80 Grad Fahrenheit, liegt (ob Sie es glauben oder nicht) bei 621 Grad Fahrenheit!

Und das geht so: Zuerst müssen wir uns klarmachen, daß Wärme und Temperatur zwei verschiedene Dinge sind. Bitte sprechen Sie mir nach: *Wärme ist Energie, während Temperatur nur unsere menschliche Art und Weise ist, einander mitzuteilen, wie stark diese Wärmeenergie in einem bestimmten Gegenstand konzentriert ist.*

Fangen wir mit der Wärme an. Der Betrag der in einem Objekt enthaltenen Wärmeenergie kann in Kalorien angegeben werden, als handle es sich dabei um Schmalzkringel. (Eine Kalorie ist nichts als ein Energiebetrag, richtig?) Aber Sie werden zugeben, daß ein großer Schmalzkringel mehr Kalorien enthält als ein kleiner, oder nicht? Nun, beim Energieinhalt einer beliebigen Substanz verhält es sich genauso. Ein Liter kochenden Wassers enthält doppelt soviel Wärmeenergie wie ein halber Liter kochenden Wassers, auch wenn die Temperatur in beiden Fällen 100 °C beträgt.

Ein weiteres Beispiel: Eine mit warmem Wasser gefüllte Badewanne enthält erheblich mehr Wärme als ein Glas Wasser, das sie aus dieser Wanne schöpfen, einfach weil sich in der Wanne mehr heiße Moleküle befinden. Kurz gesagt, je mehr von einer Substanz man hat, desto mehr Wärmeenergie ist darin enthalten.

(Vielleicht wollen Sie genau jetzt eine Auszeit nehmen, um sich noch einmal an dem Rätsel von S. 120 zu versuchen. Die Antwort finden Sie am Ende dieser Abhandlung auf S. 126.)

Das Problem Ihrer Schwester, ob sie sich dessen bewußt

war oder nicht, bestand also darin, herauszufinden, wieviel Energie eigentlich in der Außenluft enthalten war – sagen wir mal, in einem Kubikmeter davon. Wenn die Luft in Tucson dann wirklich zweimal soviel Energie pro Kubikmeter enthielt wie in Miami, durfte sie mit Recht sagen, es sei »doppelt so warm«.

Wie können wir den Wärmeinhalt eines Gegenstandes bestimmen? Es reicht sicherlich nicht, nur seine Temperatur zu messen, da seine Größe dabei unberücksichtigt bleibt. Wie wir am Beispiel der Badewanne herausgefunden haben, kann ein großes Objekt, das eine Menge Wärme enthält, die gleiche Temperatur haben wie ein kleinerer Gegenstand, der weit weniger Wärme enthält. Darüber hinaus sind Temperaturangaben, ob man sie nun in Fahrenheit oder in Celsius ausdrückt, nichts weiter als willkürlich festgelegte Zahlen, die von jenen beiden Herren mit den entsprechenden Namen (siehe S. 131) erfunden worden sind. Es handelt sich dabei nur um bequeme Bezeichnungen, mit denen wir uns verständigen – Zahlen, über die allgemeine Übereinkunft besteht, als wäre vom Berg Sinai herab verkündet worden: »*Wenn dein Eis schmilzt, so soll es geschehen bei 32 Grad Fahrenheit oder Null Grad Celsius. Und wenn dein Wasser siedet, sei es bei 212 Grad Fahrenheit oder 100 Grad Celsius!*« Nur daß diese Verkündigungen nicht von Gott dem Herrn stammen, sondern von den Herren Fahrenheit und Celsius.

Doch die Wärmemenge, die in einem Objekt enthalten ist, kann nicht der Neigung des Menschen unterworfen sein, mit Zahlen herumzuspielen. Wir brauchen eine absolut gültige Skala, um den Wärmeinhalt von Gegenständen angeben zu können.

Das Problem an der ganzen Sache ist allerdings, daß auf keiner der beiden Temperaturskalen die Temperatur Null mit dem Wärmeinhalt Null übereinstimmt. Null Grad Celsius bezeichnet nur die Temperatur schmelzenden Eises. Heißt das nun, daß nichts kälter sein kann als schmelzendes Eis? Natürlich nicht.

Man kann es auch folgendermaßen betrachten: Wie können Sie eine Skala zur Messung irgendeines Wertes verwenden, wenn Null nicht wirklich dem Wert Null entspricht? Stellen Sie sich doch einmal einen Zollstock (oder Meterstab) vor, bei dem »Null Zentimeter« irgendwo in der Mitte markiert wäre und nicht am linken Ende. Bedenken Sie nur, was für kuriose Meßwerte dabei herauskämen.

Wenn wir also je in der Lage sein wollen, den Wärmeinhalt eines Gegenstandes (oder in diesem Zusammenhang der Luft) zu messen, benötigen wir eine Skala, bei der Null tatsächlich die Abwesenheit jeglicher Wärme bezeichnet. Und hier kommt ein adliger Herr aus England namens Lord Kelvin (1824–1907) ins Spiel, ein Wissenschaftler, dessen bürgerlicher Name William Thomson lautete.

Kelvin erstellte eine Temperaturskala, die bei »Abwesenheit jeglicher Wärme« beginnt – dem »Absoluten Nullpunkt« der Temperatur, bei dem alle Dinge so kalt sind, wie sie höchstens sein können. Dann lieh er sich die Größeneinteilung des Grades von Herrn Celsius und zählte von diesem Punkt an aufwärts. Bei diesem Vorgehen zeigt sich, daß die Temperatur gefrierenden Wassers, Null Grad Celsius, 273 Grad über dem Absoluten Nullpunkt liegt; die Siedetemperatur von Wasser – 100 Grad Celsius – beträgt demnach 373 Grad über dem Absoluten Nullpunkt. Die Körpertemperatur des Menschen (37 Grad Celsius) verwandelt sich auf dieser Skala in 310 Grad. (*Das* sollten Sie Ihrem Arzt sagen, wenn er Sie nach Ihrer Temperatur fragt!) Sie sehen also, daß man die absolute Temperatur, die zu Ehren

Lord Kelvins in *Kelvin* (K) gemessen wird, durch die Addition von 273 zur Temperatur in Grad Celsius erhält.

Jetzt sind wir bereit, das Rätsel Ihrer Schwester zu beantworten. Wenn die Luft in Tucson im Vergleich zu Miami die doppelte Wärmemenge pro Kubikmeter enthalten soll, dann müssen wir die *absolute* Temperatur der Luft von Miami verdoppeln. Dazu rechnen wir zunächst die 80 Grad Fahrenheit in Celsius um (wie das geht, erfahren Sie auf S. 135), was 27 Grad ergibt. Die Addition von 273 ergibt 300 Kelvin, ein realistisches Maß für den Wärmeinhalt der Luft. Deren Verdoppelung führt uns zu 600 Kelvin, die sich wiederum in 327 Grad Celsius oder 621 Grad Fahrenheit umrechnen lassen. Soviel zur freihändigen Temperaturschätzung Ihrer Schwester! Aber wir wissen ja, Schwesterherz: Das spürt man gar nicht, weil in Tucson die Luftfeuchtigkeit so niedrig ist, stimmt's?

Wenn der Thermostat in Ihrer Wohnung auf 70 Grad Fahrenheit eingestellt ist und Sie die Wärme verdoppeln wollen, ist es ähnlich: Sie müssen ihn auf 599 Grad Fahrenheit hochfahren. Sie dürfen mir das ruhig glauben, oder Sie rechnen es selbst nach. In den Celsius-Ländern müßten Sie den Thermostaten auf 313 Grad stellen, wenn Sie ein Haus mit 20 Grad doppelt so warm haben wollen.

Kneipenwette

Wenn Ihr Zimmer 20 Grad Celsius warm ist und Sie es doppelt so warm haben wollen, müssen Sie Ihren Thermostaten auf 313 Grad einstellen.

Um diese Wette zu gewinnen, müssen Sie keine Berechnungen auf eine Serviette kritzeln. Sie müssen die Jungs an der Theke nur höflich darauf hinweisen, daß die Celsius-

Skala nicht dann Null anzeigt, wenn keinerlei Wärme mehr vorhanden ist. *Unter Null* gibt es eine gewaltige Menge nicht mitgezählter Wärmeenergie. Folglich steht die Zahl »20« keineswegs für die Gesamtwärme, weshalb eine Verdoppelung dieser Zahl auch nicht annähernd zur zweifachen Wärmemenge führt.

Es hat mich zwar keiner gefragt, aber …

Warum gibt es eine unterste Grenze für die Temperatur, die ein Gegenstand annehmen kann?

Wärme ist Energie. Welche Art von Energie? Jedenfalls keine elektrische oder atomare oder die Art von Energie, die Ihr Auto besitzt, wenn Sie über die Autobahn brettern. Vielmehr handelt es sich um die Energie, die ein Objekt *in sich* enthält, weil seine Bestandteile, seine Atome und Moleküle, innerhalb ihres begrenzten Bewegungsspielraums vibrieren und herumhüpfen wie eine Horde von Teenies in der Disco. Je heftiger diese Teilchen sich bewegen, desto wärmer, sagen wir, ist der Stoff: Seine Temperatur ist entsprechend höher. Ein größerer Brocken desselben Materials wird jedoch bei gleicher Temperatur mehr Wärmeenergie enthalten, weil er mehr dieser sich bewegenden Teilchen enthält.

Wenn wir etwas abkühlen, ihm also Wärmeenergie entziehen, sind es diese Teilchen, die Energie verlieren; sie bewegen sich nun entsprechend langsamer. Wenn wir die Substanz weit genug abkühlen könnten, würden wir am Ende einen Punkt erreichen, wo die Partikel völlig zum Stillstand kommen. Dann wären wir bei der niedrigsten möglichen Temperatur angekommen: dem Absoluten Nullpunkt.

Ganz nebenbei: Wenn Sie Ihrem Arzt mitteilen wollen, daß Sie kein Fieber haben, sollten Sie nicht behaupten, Sie hätten »keine Temperatur«. Das würde nämlich bedeuten, daß Ihr Körper den Absoluten Nullpunkt erreicht hat, und dann könnte Ihnen ohnehin kein Arzt mehr helfen.

Erbsenzähler-Ecke

Auch am Absoluten Nullpunkt kommen atomare und molekulare Bewegung nicht vollkommen zum Stillstand. Der Theorie zufolge würde immer ein winziger Rest von Energie verbleiben. Doch die Definition des Absoluten Nullpunkts beruht ohnehin nicht auf der Molekularbewegung. Er ist vielmehr definiert als diejenige Temperatur, bei der ein Gas aufgrund der Kälte so weit geschrumpft wäre, daß es völlig verschwinden würde. Bis jetzt ist es noch keinem Menschen gelungen, eine Substanz bis auf den Absoluten Nullpunkt abzukühlen – tatsächlich sagt die Theorie sogar aus, daß er niemals ganz erreicht werden kann –, obwohl man ihm bei einigen Versuchen bis auf wenige Milliardstel Grad nahegekommen ist. Das liegt unter anderem daran, daß die Substanz vollkommen gegen Wärme isoliert sein müßte: Nicht einmal die einem einzigen Atom innewohnende Wärme dürfte ihn von außen erreichen. Das ist nicht gerade mit einer handelsüblichen Thermosflasche zu gewährleisten.

Nun die Antwort auf das Rätsel von S. 120: Natürlich ist es dem Wasserfall egal, wie groß die beiden Seen sind. Und ebenso wie Wasser unabhängig von seiner Menge aus größerer zur niedrigeren Höhe abfließt, fließt auch Wärme von einem Körper mit höherer zu einem mit niedrigerer Temperatur, gleichgültig wie groß oder klein die beteiligten Körper sind oder wieviel Wärme sie aus diesem Grund enthalten. Es kommt nur auf die *Temperaturdifferenz* an – die Energiedifferenz zwischen den schnellen, heißen und den langsameren, kühleren

Molekülen, mit denen erstere zusammenstoßen und denen sie dabei ihre Energie übertragen.

Kalte Füße

Warum fühlt sich der geflieste Boden in meinem Badezimmer für meine bloßen Füße so kalt an?

Wenn ich einmal davon ausgehe, daß Sie nicht vergessen haben, Ihre Gasrechnung zu bezahlen, liegt das daran, daß Porzellanfliesen die Wärme besser leiten als jene kuschelige Badematte, auch wenn beide die gleiche Temperatur haben.

Allen ist vertraut, daß sich manche Dinge kälter anfühlen als andere. Menschen sprechen von »kaltem Stahl«, als wäre die Klinge eines Schwerts irgendwie kälter als seine Umgebung. Bäcker rollen ihren Teig gern auf einer Marmorunterlage aus, »weil sie kälter ist«. Sie brauchen nur eine stählerne Messerklinge oder eine Marmorplatte zu berühren, und Sie werden mir zustimmen müssen: Beide fühlen sich *tatsächlich* kälter an.

Doch sie sind es nicht. *Der Stahl, der Marmor und die Bodenfliesen sind um kein bißchen kälter als alles andere im Raum.* Sie fühlen sich nur so an.

Alle Objekte, die ausreichend lang im selben Raum sind, haben schließlich dieselbe Temperatur wie alles übrige, da sich die Temperaturen automatisch aneinander angleichen. Heißer Kaffee kühlt sich ab, kaltes Bier wird wärmer. Wenn Sie eine Tasse heißen Kaffee und ein Glas kaltes Bier lange genug nebeneinander auf dem Tisch stehen lassen, nehmen schließlich beide dieselbe – nämlich die im Raum vorherrschende – Temperatur an. (Dennoch würden Sie den Kaffee nun für »kalt« und das Bier für »warm« halten, oder?)

Das liegt daran, daß Wärme immer vom Warmen zum Kälteren fließt. Die Moleküle in einem warmen Gegenstand bewegen sich schneller als die in einem kalten, denn das ist das *Wesen* der Temperatur: Sie ist ein Maß für die durchschnittliche Geschwindigkeit der Moleküle. Wenn also ein warmer Gegenstand mit einem kalten in Berührung kommt, kollidieren die schnelleren Moleküle des ersteren mit den langsameren und beschleunigen sie – machen sie also wärmer.

Wenn ein Gegenstand zufällig kälter ist als seine Umgebung, fließt die Wärme automatisch zu ihm, bis er die Temperatur der Umgebung angenommen hat. Wenn er dagegen zufällig wärmer ist, geht seine Wärme in die Umgebung über. Es hat sich als zweckmäßig erwiesen, sich den Wärmefluß in der Art fließenden Wassers vorzustellen. Wasser fließt immer nach unten, und Wärme fließt immer zur niedrigeren Temperatur hin (siehe S. 119). Man könnte sogar sagen, daß sich die Temperatur ihr eigenes Niveau sucht.

Nicht nur Stahl, Marmor und Fliesen fühlen sich kühl an. Unsere Hauttemperatur liegt bei etwa 37 Grad Celsius, während alles andere im Raum (abgesehen vielleicht von einem heißen Heizkörper) die herrschende Raumtemperatur besitzt – ungefähr 21 Grad Celsius. Wenn Sie also einen Gegenstand im Raum berühren, wird er sich für Ihre Haut kühl anfühlen, weil er *tatsächlich* kühler ist als Ihre Haut. Deshalb fließt Wärme von Ihrer Haut in den Gegenstand, und die der Wärme beraubte Hand vermittelt Ihnen die Empfindung von Kühle.

Probieren Sie es selbst

Nehmen Sie verschiedene Gegenstände im Raum in die Hand, und zwar solche, die nicht offensichtlich kühler oder wärmer sind, wie zum Beispiel eine Flasche Limo, eine Tasse Kaffee oder ein Buch. Drücken Sie einen nach dem anderen gegen Ihre Stirn. Sie werden sich alle ein wenig kühl anfühlen. (Das mag sogar für Ihren Hund zutreffen, falls der sich die Prozedur gefallen läßt.)

Doch wie Sie zu Ihrem Mißvergnügen feststellen mußten, fühlen sich manche Dinge kühler an als andere. Der geflieste Boden wird kälter empfunden als die Badematte, obwohl wir gesehen haben, daß sie dieselbe Temperatur haben müssen. Wie kommt das?

Nun, auch wenn alle Gegenstände im Raum kühler sind als Ihre Haut und ihr deshalb Wärme entziehen, gibt es doch einige Materialien, die ihr die Wärme besser entziehen können als andere: Sie sind bessere *Wärmeleiter* – das heißt, sie transportieren die entwendete Wärme wirksamer ab. Und je schneller ein Material die Wärme ableitet, desto kühler wird sich Ihre Haut anfühlen. Zufällig ist eine Porzellanfliese ein weit besserer Wärmeleiter als die Badematte aus Baumwolle oder aus synthetischen Fasern, deshalb fließt die Wärme schneller aus Ihren zarten Füßchen ab, wenn sie auf dem nackten Fußboden stehen, und sie fühlen sich kälter an.

Verschiedene Stoffe bestehen aus Molekülen mit unterschiedlichen Eigenschaften – *deshalb* sind es ja verschiedene Stoffe –, und folglich übertragen sie die Wärme auch mit voneinander abweichender Geschwindigkeit und Wirksamkeit.

Substanzen, die aus großen, sperrigen oder fest eingebundenen Molekülen bestehen, können ihre Nachbarn nicht besonders leicht anrempeln, deshalb schaffen sie es auch nicht, Wärme sehr schnell abzuführen. Das ist zum Beispiel bei Materialien wie Baumwolle, Holz oder Gummi der Fall. Ihr Holzfußboden fühlt sich doch sicher nicht so kalt an wie der Fliesenboden, oder? Die großen Moleküle des Holzes sind nicht in der Lage, Ihrer Haut so schnell die Wärme zu entziehen.

Gase sind von allen Materialien die schlechtesten Wärmeleiter. Die Moleküle sind so weit voneinander entfernt, daß sie kaum andere finden, mit denen sie zusammenstoßen könnten. Fast alles kann die Wärme besser leiten als Luft, und aus diesem Grund fühlt sich alles, was Sie berühren, mehr oder weniger kühl an. Sie vergleichen es nämlich automatisch mit der Luft, von der Sie normalerweise umgeben und an die Sie gewöhnt sind. Luft isoliert Sie.

Dagegen sind Metalle von allen Substanzen die besten Wärmeleiter. Das liegt an ihrer einzigartigen Struktur. Sie enthalten frei bewegliche Elektronen, die problemlos von einem Atom zum nächsten wechseln können. Deshalb sind sie so gute elektrische Leiter, aber auch so gute Wärmeleiter. Weil die winzigen Elektronen so beweglich sind, können sie Wärmeenergie sehr viel wirksamer von hier nach dort transportieren als große, einander rempelnde Atome oder Moleküle. Metalle können Ihrer Haut die Wärme am besten entziehen, und deshalb fühlen sie sich am kältesten an.

Ingenieure und Physiker haben gemessen, wie gut verschiedene Substanzen die Wärme leiten (in der Sprache der Wissenschaft: ihre *Wärmeleitfähigkeit*). Die folgende Tabelle zeigt in gerundeten Zahlen die Wärmeleitfähigkeit einiger vertrauter Materialien im Vergleich zu Luft, der ich die Zahl 1 zugeordnet habe. Je weiter Sie in der Liste nach unten gehen, desto kälter wird sich die Substanz anfühlen, auch wenn sie in Wahrheit Raumtemperatur hat.

Wie verschiedene Substanzen im Vergleich zu Luft die Wärme leiten

Luft	1
Gummi	6
Holz	6
Wasser	24
Glas	30–40
Porzellanfliese	40
Marmor	70–120
Granit	130
Rostfreier Stahl	600
Eisen	3300
Aluminium	9500
Kupfer	16 000
Silber	17 000

Und die Moral von der Geschichte: Bauen Sie nie ein Haus mit silbernen Fußböden in den Badezimmern (auch nicht mit silbernen Toilettensitzen).

Gabriel, du hast Murks gebaut!

Warum liegen der Gefrierpunkt bzw. der Siedepunkt des Wassers bei so seltsamen Zahlenwerten wie 32 und 212 Grad Fahrenheit?

Für so verbreitete alltägliche Vorgänge wie das Einfrieren und das Sieden des Wassers sind das wahrlich seltsame Zahlenwerte. Wir müssen uns mit ihnen herumschlagen, weil ein deutscher Glasbläser und Amateurphysiker namens Gabriel Fahrenheit (1686–1736) ein paar schlechte Entscheidungen traf.

Schon seit etwa 1592 hatte es Geräte zur Temperaturmessung gegeben, obwohl kein Mensch wußte, was Temperatur eigentlich war, und auch niemand versucht hatte, sie mit Zahlen zu verknüpfen.

1714 konstruierte dann Fahrenheit ein Glasröhrchen, das einen sehr dünnen Quecksilberfaden enthielt – eine schöne, glänzende, gut sichtbare Flüssigkeit –, der bei Erwärmung wegen der Ausdehnung nach oben wanderte und sich bei Abkühlung wieder zusammenzog. Doch Fahrenheits Thermometer war gleich allen seinen Vorgängern wie eine Uhr ohne Zifferblatt. Er mußte dem Ding Ziffern verpassen, denn wie sonst sollte sich jemand über das Wetter beschweren können?

Also mußte Fahrenheit sich einen passenden Zahlensatz ausdenken, den er auf die Glasröhrchen gravieren konnte, damit das Quecksilber in allen Thermometern bei jeweils gleichen Temperaturen auch die gleiche Zahl anzeigte. Und das war der Moment, in dem Gabriel Murks baute. Die Historiker stellen immer noch Spekulationen an, was ihm dabei wohl durch den Kopf gegangen sein mag, doch die folgende Schilderung des Ablaufs könnte der Wahrheit zumindest nahekommen.

Da ein voller Kreis in 360 Untereinheiten oder Grade eingeteilt ist, kam er zu dem Schluß, es sei doch ganz nett, wenn die Skala zwischen dem Gefrierpunkt und dem Siedepunkt des Wassers ebenfalls in 360 Einheiten – die man auch gleich als Grade bezeichnen konnte – unterteilt wäre.

Doch 360 Unterteilungen hätten den Abstand zwischen zwei Graden zu klein werden lassen, und so entschied er sich statt dessen für 180.

Damit war die Größe eines Grades festgelegt: exakt ein Hundertachtzigstel des Abstands zwischen der Markierung des Gefrierpunkts und der des Siedepunkts auf dem Röhrchen. Doch welche Zahlen, so fragte sich Fahrenheit, sollten letztlich auf der Skala stehen? 0 und 180? Oder 180 und 360? Oder, Himmel hilf, 32 und 212? (212 – 32 = 180, stimmt's?)

Nun, er steckte sein Thermometer in das kälteste Gebräu, das er herstellen konnte – eine Mischung aus Eis und einer chemischen Verbindung namens Ammoniumchlorid –, und nannte diese Temperatur »Null«. (Was für eine Arroganz, Gabriel! Würde wirklich kein Mensch in der Geschichte je in der Lage sein, eine kältere Mischung herzustellen? Zwei Jahrhunderte später sind wir jedenfalls imstande, Kältemischungen herzustellen, die fast 460 Grad unter deinem Nullpunkt liegen.)

Als er seine Körpertemperatur maß, stieg sein Thermometer auf etwa 100 Grad. (Gut, es waren 98,6, aber lesen Sie im folgenden, wie diese Zahl zustande kam.) Fahrenheit jedenfalls gefiel dieser Punkt: Menschen, so dachte er, sollten auf seiner Skala den Wert 100 erreichen.

Als nächstes steckte er sein Thermometer in eine Mischung von Eis und Wasser, und dabei stieg das Quecksilber um 32 Grad höher als bei seiner Mischung zur Bestimmung des Nullpunkts. Deshalb also ist der Gefrierpunkt des Wassers bei 32 Grad gelandet. Und schließlich mußte es, weil siedendes Wasser um 180 Grad höher liegen sollte, bis zum Siedepunkt auf 32 + 180 emporklettern, was 212 ergibt. Ende der Geschichte Fahrenheits.

Sechs Jahre nach dem Zeitpunkt, zu dem Fahrenheits

Körpertemperatur sich der Umgebungstemperatur angepaßt hatte, schlug ein schwedischer Astronom namens Anders Celsius (1701–1744) vor, die Temperatur auf eine Skala von 100 Grad festzulegen, was die heutige Celsius-Skala ergab. Dazu legte er fest, daß zwischen dem Gefrier- und dem Siedepunkt des Wassers keine 180, sondern 100 Grad liegen sollten. Außerdem bestimmte er die Gefriertemperatur des Wassers als »Nullpunkt«, da dieser Bezugspunkt für jedermann leicht zu reproduzieren war. Und schon war der Siedepunkt des Wassers auf 100 Grad gefallen. (Seltsamerweise wählte Celsius aus Gründen, die wohl nur schwedische Astronomen des 18. Jahrhunderts kennen, die 100 für den Gefrierpunkt und die 0 für den Siedepunkt. Doch nach seinem Tod hat man das umgedreht.)

Und was hat es mit der Zahl 98,6 als der »normalen« Körpertemperatur des Menschen auf sich? Nichts als Dusel. Die Körpertemperaturen der Menschen sind recht verschieden, abhängig von der Tageszeit, dem Tag des Monats (bei Frauen) und ganz normalen Unterschieden im Stoffwechsel. Bei den meisten Menschen schwankt dieser Wert um den Durchschnitt von 37 Grad Celsius, und so haben ihn die Ärzte als »Normalwert« übernommen. Raten Sie mal, was 37 Grad Celsius in Fahrenheit ergeben? Genau, 98,6, eine Zahl, die für alle Welt viel genauer aussieht, als sie tatsächlich ist. Die sechs Zehntel eines Grads ergeben sich schlicht und einfach aus einem Zufall der Umrechnungsarithmetik, sie haben keinerlei Bedeutung.

Wo wir gerade von Umrechnungen sprechen, kann ich der Versuchung nicht widerstehen – ich nutze jede sich bietende Chance dafür –, eine *leichte* Umrechnungsmethode für Temperaturen zu veröffentlichen. Ich weiß wirklich nicht, warum man in den Schulen immer noch diese komplizierten Formeln lehrt, in denen immer wieder die 32 vorkommt, und dazu Klammern und Brüche, die nicht aufgehen. Schließlich gibt es eine weit einfachere Möglichkeit, die vollkommen korrekt ist:

Um Celsius in Fahrenheit umzurechnen, addiere man 40, multipliziere mit 1,8 und ziehe dann wieder 40 ab. Um Fahrenheit in Celsius umzurechnen, addiere man 40, dividiere durch 1,8 und ziehe dann wieder 40 ab.

Das ist auch schon alles. Es funktioniert, weil (a) 40 Grad unter Null auf beiden Skalen dieselbe Temperatur bedeutet und (b) ein Grad Celsius das 1,8fache eines Grades Fahrenheit beträgt (180 : 100 = 1,8).

Noch ein allerletzter Punkt: *Thermometer messen nur ihre Eigentemperatur*. Überlegen Sie: Ein kaltes Thermometer verzeichnet niedrige, ein heißes hohe Temperatur. Ein Thermometer, das Sie in ein Objekt stecken, zeigt dessen Temperatur erst dann an, wenn es sich selbst an die Temperatur dieses Gegenstandes angepaßt hat, also so warm oder so kalt wie er geworden ist. Deshalb müssen Sie auch warten, bis das Fieberthermometer sich an Ihre Körpertemperatur angepaßt hat, ehe Sie es ablesen können.

Kneipenwette

Ein Fieberthermometer mißt nicht die Temperatur unseres Körpers, sondern seine eigene.

Heiß, heißer, am heißesten?

Wenn man davon ausgeht, daß der Absolute Nullpunkt die tiefste mögliche Temperatur bezeichnet, gibt es dann auch eine höchste mögliche Temperatur?

Ja. Aber wir sollten zunächst bei mäßiger Wärme anfangen und dann allmählich aufdrehen.

Wärme ist diejenige Energie, die eine Substanz aufgrund der Tatsache, daß ihre Atome und Moleküle sich bewegen, in sich selbst enthält (siehe S. 125). Die Temperatur ist jedoch ein vom Menschen erfundener Begriff, der dazu gedacht ist, daß wir uns untereinander über den Wärmeinhalt einer Substanz verständigen und ihm Zahlenwerte zuordnen können. Wenn wir sagen, daß wir »die Temperatur eines Gegenstandes erhöhen«, führen wir seinen Atomen und Molekülen Wärmeenergie zu, wodurch wir sie dazu bringen, sich schneller zu bewegen. Wenn man sie dagegen verlangsamt und damit abkühlt, muß die unterste Grenze notwendigerweise dann erreicht sein, wenn sie sich überhaupt nicht mehr bewegen: das ist der Absolute Nullpunkt (siehe S. 126). Unsere Ausgangsfrage läßt sich also darauf zurückführen, ob es eine obere Grenze für die Geschwindigkeit gibt, mit der sich jene Atome und Moleküle bewegen.

Schon lange bevor wir aber eine solche Geschwindigkeitsgrenze erreicht haben, wird sich einiges ereignen. Zunächst wird die Substanz, sofern es sich um einen Feststoff handelt, flüssig werden. Bei weiter steigender Temperatur wird die Flüssigkeit sieden und zu Dampf oder Gas werden – ein Zustand, in dem die Atome oder Moleküle frei in allen Richtungen umherflitzen. Wenn sie noch weiter aufgeheizt werden, werden sie immer schneller umherfliegen. Beispielsweise erreichen die Stickstoffmoleküle der Luft in Ihrem Backrohr bei 177 °C eine durchschnittliche Geschwindigkeit von 2300 km/h.

Falls die Substanz aus Molekülen (Gruppierungen miteinander verbundener Atome) besteht, zerfallen diese wegen der starken Kräfte, die bei ihren heftigen Zusammenstößen auftreten, schließlich in kleinere Bruchstücke und vielleicht sogar in ihre einzelnen Atome. Anders gesagt, jede molekulare Verbindung wird sich zersetzen, wenn die Temperatur nur hoch genug ist.

Und die einzelnen Atome? Zerbrechen die am Ende auch? Ja, genau das. Bei ausreichend hoher Temperatur lösen sich die Elektronen von ihren Atomen, was ein brodelndes, flüssiges Inferno freier Elektronen und geladener atomarer Bruchstücke, das sogenannte Plasma, entstehen läßt. Das ist der Stoff im Inneren der Sterne, und seine Temperaturen liegen im Bereich von einigen zehn Millionen Grad.

Geht es noch heißer? Warum nicht? Anscheinend kann uns nichts daran hindern, die Elektronen und atomaren Bruchstücke eines Plasmas auf immer höhere Geschwindigkeiten zu beschleunigen, abgesehen von *einer* Einschränkung. Zufällig gibt es im Universum eine allgemeine Geschwindigkeitsbeschränkung: Das ist die Geschwindigkeit des Lichts im Vakuum, 1,08 Milliarden km/h.

Durch Albert Einstein wissen wir, daß die Elektronen in einem Plasma – und alle anderen Objekte – sich der Lichtgeschwindigkeit annähern, aber sie nie erreichen können. Außerdem wird ein Teilchen, wie wir ebenfalls von Einstein wissen, immer schwerer, wenn es schneller wird. Ein Elektron, das mit 99 Prozent der Lichtgeschwindigkeit durch die Gegend fliegt, besitzt das Siebenfache seiner

Ruhemasse; bei 99,999 Prozent der Lichtgeschwindigkeit ist es 223mal schwerer als in Ruhe.

Es muß also eine Obergrenze der Temperatur geben, nämlich dann, wenn die Teilchen eines Plasmas die Lichtgeschwindigkeit erreichen und damit unendlich schwer werden. In theoretischen Berechnungen hat man diese Temperatur bei etwa 140 000 000 000 000 000 000 000 000 000 000 Grad festgemacht – ob Fahrenheit oder Celsius, können Sie sich aussuchen.

Sollte Sie demnächst an einem strahlenden Sommertag jemand fragen: »Hey, wie warm kann's denn werden?«, sagen Sie es ihm doch einfach. Aber keine Sorge: Die globale Erwärmung wird sich noch eine Weile hinziehen.

Wieso brennen Gebäude ab, wenn doch Flammen immer aufwärts lodern?

Woher wissen Flammen eigentlich immer, wo oben ist?

Zünden Sie ein Streichholz an. Wenn es brennt, drehen Sie es in unterschiedliche Richtungen. Die Flamme zeigt unbeirrbar nach oben, unabhängig von der Ausrichtung ihres Brennstoffs. Woher »weiß« sie das nun?

Ihnen ist klar, daß warme Luft aufsteigt. (Wenn Sie wissen wollen, woran das liegt, können Sie es auf S. 158 herausfinden.) Eine Flamme, was immer das auch sein mag, muß deshalb von der aufsteigenden Strömung heißer Luft nach oben getragen werden. Und mehr brauchen wir nicht, um zu wissen, weshalb Flammen nach oben gerichtet sind.

Die interessantere Frage ist allerdings, was eine Flamme

überhaupt ist. Ist es die aufsteigende Luft selbst, die wegen der Hitze glüht? Nein.

Eine Flamme ist vielmehr ein Raumabschnitt, in dem eine chemische Reaktion stattfindet: *Verbrennung* – eine Reaktion zwischen dem Luftsauerstoff und einem brennbaren Gas.

Habe ich Gas gesagt? Ja. Aber Feststoffe und Flüssigkeiten brennen doch auch mit Flammen? Ja. (Und wann werde ich aufhören, mir selbst Fragen zu stellen?)

Holz und Kohle sind Feststoffe, und sie sind in der Tat entflammbar; Benzin und Kerosin sind Flüssigkeiten, und auch sie sind entflammbar. *Brennen* aber wird keiner dieser Stoffe, solange er nicht in Gas oder Dämpfe umgewandelt worden ist. Nur ihre Dämpfe können brennen, denn nur diese können sich so gründlich mit Luft vermischen, daß ihre Moleküle sich mit dem Luftsauerstoff verbrüdern – verschwistern? vermählen? – egal, jedenfalls mit ihm verbinden können.

Moleküle können nur dann reagieren, wenn sie tatsächlich miteinander in Kontakt kommen. Der gasförmige Sauerstoff der Luft kann nicht in einen festen oder flüssigen Brennstoff eindringen, also muß dieser in Dampf übergehen und draußen mit dem Sauerstoff zusammentreffen. Deshalb müssen wir ein Feuer zuerst *anzünden*. Der Brennstoff muß nämlich zumindest in einem kleinen Teilbereich so heiß werden, daß er in den gasförmigen Zustand übergeht. Sobald dieser Dampf zu brennen beginnt, sorgt die Verbrennungswärme – bei der Verbrennungsreaktion wird Wärme frei – dafür, daß immer mehr Brennstoff verdampft. Damit wird der Prozeß so lange aufrechterhalten, bis der gesamte Brennstoff verbraucht ist (vorausgesetzt, es steht ein unerschöpflicher Sauerstoffvorrat zur Verfügung).

Ein Brennstoff, der bereits als Gas vorliegt, wie das Methan im Erdgas für unsere Gasherde und Gasheizungen, mischt sich problemlos mit der Luft: Man kann ihn mit einem einzigen Funken entzünden. Bei den mit Propangas betriebenen Grillgeräten oder Butan-Gasfeuerzeugen liegt der jeweilige Brennstoff (unter Druck) in flüssiger Form vor. Doch sobald dieser freigesetzt wird, verdampft er zu einem Gas und mischt sich mit Luft, worauf er ebenfalls mit einem Funken entzündet werden kann.

Wenn wir eine Kerze mit einem Streichholz anzünden, muß dessen Flamme zunächst ein wenig von dem Wachs schmelzen. Dieses flüssige Wachs muß dann durch Kapillarkräfte im Docht aufsteigen, und das Streichholz muß einen Teil dieser Flüssigkeit verdampfen. Erst jetzt kann sich das dampfförmige Wachs mit der Luft vermischen und sich entzünden. Ohne den Docht, der das flüssige Wachs nach oben befördert, wo ausreichend Luft vorhanden ist, würde eine Kerze nicht brennen.

Wenn aber eine Flamme nichts weiter ist als zwei miteinander reagierende unsichtbare Gase, wie kommt es dann, daß wir sie sehen können? Im Fall der Kerze ist die Flamme sichtbar, weil der Sauerstoff nicht so schnell nachströmen kann, daß das gesamte rasch verdampfende Wachs mit ihm reagieren könnte. Folglich bleibt ein Anteil des Wachses in Form winziger Kohlenstoffpartikel unverbrannt. Dieser Anteil glüht wegen der Hitze gelb und wird von der heißen Luftströmung aufwärts gesogen.

Während die Wolke der glühenden Kohlenstoffteilchen aufsteigt, nagt der Sauerstoff an ihren äußeren Rändern und verbrennt die Partikel weiter zu unsichtbarem Kohlendioxidgas. Dadurch wird die Wolke der glühenden Teilchen immer kleiner, während sie aufsteigt. Aus diesem Grund läuft die Kerzenflamme am oberen Ende in einer Spitze aus.

Globale Abkühlung?

Könnten wir der globalen Erwärmung entgegenwirken, wenn alle Menschen ihre Klimaanlagen und Kühlgeräte auf höchste Stufe stellen würden und gleichzeitig die Türen offenließen?

Leider nein, und zwar aus mehreren Gründen.

Zunächst ist der weltweite Bestand an Klimaanlagen und Kühlgeräten bei weitem nicht so groß, wie Sie vielleicht glauben könnten, wenn Sie sich nur in Ihrer Nachbarschaft umsehen. Doch selbst wenn jeder Bürger in den weniger entwickelten Ländern sich des Privilegs gekühlter Schlafzimmer und tiefgefrorener Pizzas erfreuen könnte, würde der Gesamtbetrag verfügbarer Kühle nicht einmal der Menge eines Eiswürfels im Vergleich zu einem Gletscher entsprechen.

Diese Antwort haben Sie natürlich erwartet, aber vielleicht nicht die folgende: Was Sie vorschlagen, würde die Welt sogar weiter *aufheizen.*

Wie Sie aufgrund Ihrer Stromrechnung nur zu gut wissen dürften, gibt es Raumklimatisierung und Kühlung nicht umsonst, weder in Geld noch in Energie gerechnet. Jemand muß den Strom erzeugen, der dabei verbraucht wird, und schon diese Produktion gibt eine Menge Wärme ab. Das gehört zur Gesamtenergiebilanz und damit auch zur Umweltfrage.

Als erster Schritt der Stromerzeugung wird in den meisten Fällen Wärme erzeugt; das geschieht durch die Verbrennung von Kohle oder Erdgas oder durch Kernspaltung. Diese Wärme dient dazu, Wasser zum Sieden zu bringen und auf diese Weise hochgespannten Dampf zu erzeugen, der wiederum die Schaufeln einer Turbine in Umdrehung versetzt. Die Welle der Turbine treibt dann einen Stromgenerator an.

Diese Ereignisfolge ist bemerkenswert ineffizient, und das ist der Knackpunkt. Oder einer der Knackpunkte. Nur etwa ein Drittel der im Brennstoff enthaltenen Energie schafft es, zu nutzbarem elektrischem Strom zu werden. Die anderen zwei Drittel werden als heiße Abgase durch den Schornstein gejagt oder gehen als heißes Kühlwasser den Bach hinunter. Ein Teil geht auch verloren, während der Strom durch die Drähte zu Ihnen ins Haus transportiert wird, weil die Hochspannungsleitungen sich aufgrund ihres elektrischen Widerstands leicht erwärmen. Das ist übrigens auch der Grund, weshalb Vögel sich bei großer Kälte auf sie setzen (siehe S. 152).

Kraftwerke heizen also in erster Linie die Umgebung auf. Je mehr Strom Sie nachfragen, um Ihre Nahrung und Ihre Lieben zu Hause zu kühlen, desto mehr Wärme müssen die Kraftwerksbetreiber in die Gegend pusten. Anstatt daran zu denken, die Tür Ihres Kühlschranks aufzumachen, würden Sie der Welt einen Gefallen tun, wenn Sie die Kiste abschalten würden!

Na schön, sagen Sie, aber all diese vergeudete Wärme ist doch ohnehin schon Teil des Gesamtszenarios der globalen Erwärmung. Wenn wir nun unsere Kühlschränke und Klimaanlagen nach draußen blasen ließen, würde sich das doch insgesamt positiv darauf auswirken, oder?

Leider auch dieses Mal: Nein.

Bedenken Sie, wie Kühlgeräte arbeiten. Sie saugen warme Luft an, entziehen ihr Wärme und laden diese anderswo wieder ab. Der Kühlschrank entfernt Wärme aus dem Innenraum des Eisfachs und gibt sie über Wärmetauscher hinter oder unter dem Gerät an die Küchenluft ab; die Klimaanlage saugt die Raumluft an, entzieht ihr

Wärme und bläst diese ins Freie. Aber – und das ist der Hauptgrund, weshalb Ihr Plan nicht funktionieren kann – diese Maschinen geben selbst insgesamt mehr Wärme ab, als sie der Luft entziehen. Man könnte sagen, *Kühlschränke und Klimaanlagen erzeugen mehr Wärme als Kälte*. Und das geht so:

Wie wir wissen, fließt Wärme natürlicherweise »bergab«, also von Bereichen mit höherer zu solchen mit niedrigerer Temperatur. Wenn man nun diese natürliche Tendenz umkehren und die Wärme dazu zwingen will, »bergauf« von einem kühlen Innenraum zu einem warmen Außenbereich zu steigen, muß das entsprechende Kühlgerät oder die Klimaanlage elektrische Energie aufwenden (deshalb müssen Sie das Gerät oder die Anlage anschließen). Und diese elektrische Energie wandelt sich in Wärme um, während sie ihre Arbeit verrichtet. Wenn Sie die entsprechenden Teile Ihres Kühlschranks oder Ihrer Klimaanlage anfassen, können Sie es fühlen: Sie sind warm.

Alles in allem kommt also mehr Wärme – etwa ein Drittel mehr – aus Ihrer »Kühlmaschine«, als sie aus dem Eisfach oder dem Raum entfernt. Die unterste Zeile unserer Energiebilanz sagt uns, daß all diese Geräte im Grunde Heizgeräte sind.

Noch einen letzten Nagel zum Sarg Ihrer Kühl-die-Welt-Idee: Selbst wenn alle Kühlaggregate ganz ohne elektrischen Strom auskämen, könnten wir allenfalls eine ausgeglichene Bilanz erhoffen, nämlich eine irgendwo abgelagerte Wärmekalorie für jede Kalorie, die wir an anderer Stelle abführen. Und das würde den Gesamtbetrag der Wärme auf der Welt um nichts ändern. Wir würden sie lediglich ein wenig umherschieben.

Erbsenzähler-Ecke

Kohle oder Kernenergie in elektrischen Strom umzuwandeln ist, wie wir gesehen haben, ein sehr ineffizientes Verfahren, das eine Menge Abwärme an die Umwelt abgibt. Aber was wäre, wenn Ihr Kühlschrank und Ihre Klimaanlage mit Strom aus sauberen, ohne Brennstoff arbeitenden Quellen wie Wasserkraft, Windkraft oder Sonnenenergie betrieben würden? Diese arbeiten sicherlich weniger verschwenderisch als die Verfahren, die Kohle oder Kernenergie verwenden, aber selbst diese Energiequellen können nicht annähernd mit einem Wirkungsgrad von 100 Prozent in elektrischen Strom umgewandelt werden. Und der Anteil nicht umgesetzter Energie tritt unvermeidlich als Erwärmung der Umwelt in Erscheinung.

Kneipenwette

Ein Kühlschrank ist in Wahrheit ein Heizgerät.

Elektroschock!

Wie hoch muß »Hochspannung« sein, damit sie eine ernsthafte Gefahr darstellt?

Spannung an sich ist nicht gefährlich. Ein Stromschlag von 10 000 Volt kann sich wie ein Nadelstich anfühlen, doch eine 12-Volt-Autobatterie kann Ihnen einen ernsthaften Schlag versetzen. Gefährlich ist die *Stärke* des elektrischen *Stroms*, der als Ergebnis dieser Spannung durch Ihren Körper fließt.

Wie Sie zweifellos wissen, läßt sich elektrischer Strom als Fluß von Elektronen beschreiben. Die *Spannung* ist sozusagen der Druck, der sie dazu bringt, von einer Stelle zu einer anderen zu fließen. Wenn es keinen Ort gibt, zu dem sie hinfließen können, kann kein noch so hoher Druck einer Spannung sie in Fluß bringen. Spannung läßt sich mit Höhe vergleichen: Gleichgültig, wie hoch der steile Felsen ist, auf dem Sie stehen, bleibt die Höhe an sich völlig ungefährlich, solange Sie nicht den direkten Weg in die Tiefe nehmen. Um im Bereich der Elektrizität sicherzugehen, müssen Sie ganz einfach dafür sorgen, daß die Elektronen auf einem anderen Weg als durch Ihren Körper in die Erde abfließen können. Wenn sie nicht durch Sie hindurchfließen, können sie Ihnen auch nicht schaden. Deshalb droht den Vögeln, die auf Hochspannungsleitungen sitzen, keine Gefahr (siehe S. 150).

Doch es ist höchste Zeit, daß wir uns auf jene Elektronen konzentrieren, die ich an verschiedenen Stellen dieses Buches anspreche. Elektronen sind die negativ geladenen Teilchen, die praktisch die gesamte räumliche Ausdehnung jedes Atoms ausmachen. Jedes Atom einer beliebigen Substanz besteht im wesentlichen aus einer Ansammlung von Elektronen mit einem unfaßbar winzigen, unfaßbar schweren, positiv geladenen Kern, der irgendwo in ihrer Mitte vergraben ist.

Die Elektronen in den Atomen besitzen bestimmte, für die Atomart des jeweiligen Elements charakteristische Energien (siehe S. 62 und 65). Möglich wird das Fließen eines elektrischen Stroms, weil viele dieser Elektronen sich leicht von ihrem Atom ablösen und unter dem Einfluß eines Spannungsschubs zu einem anderen Ort wandern. Zumeist genügen ein paar Volt, um zumindest einige von ihnen von ihren angestammten Atomen zu vertreiben.

Manche Elektronen sind so locker gebunden, daß man sie einfach abreiben kann. Wenn Sie Ihre Schuhe an einem trockenen Tag auf einem Teppich abstreifen, werden einige der Elektronen von den Atomen Ihrer Schuhsohle abgerubbelt und auf den Teppich übergehen. Da Ihre Füße vermutlich in enger Verbindung mit Ihren Schuhen stehen, weist Ihr ganzer Körper nun einen Elektronenmangel auf, während beim Teppich ein Überschuß vorliegt. Normalerweise sind alle Atome elektrisch neutral, da die positiven Ladungen in ihrem Kern genau den negativen Ladungen ihrer Elektronenhülle entsprechen. Doch jetzt verfügt Ihr Körper über weniger Elektronen, als seine Atome benötigen.

Wenn Sie jetzt einen Elektronenleiter wie zum Beispiel einen metallischen Heizkörper oder einen Wasserhahn anfassen wollen, springen Elektronen aus dem gewaltigen Vorrat, den die übrige Welt – die Erde – darstellt, begierig auf Ihre Fingerspitze über, noch bevor diese das Metall auch nur berührt. Dabei erhellen sie die dazwischenliegende Luft mit einem knisternden blauen Blitz und veranlassen Sie zu einem Kraftausdruck. Statt eines Wasserhahns könnten Sie auch einen anderen Menschen berühren, bei dem wahrscheinlich kein solcher Elektronenmangel herrscht wie bei Ihnen, worauf einige seiner Elektronen auf Ihren Finger überspringen. Das wiederum verleitet den anderen zu einem Kraftausdruck.

Entscheidend ist hier, daß die Spannung, die die Elektronen veranlaßt hat, vom Wasserhahn oder Ihrem schockierten Freund zu Ihrem Finger zu fließen, einige tausend Volt betragen haben kann. Dennoch sind Sie nicht tot, weil die Zahl der fließenden Elektronen – die Stromstärke – viel zu klein war, als daß sie Ihrem Körper hätte schaden können. Schließlich sind Ihre Schuhsohlen nicht gerade Stromgeneratoren von der Art, wie sie drüben im Kraftwerk stehen, die astronomisch große Mengen von Elektronen durch die Stromleitungen in Ihr Haus pumpen.

Wenn Sie in der Wohnung, wo die Spannung auf 220 Volt reduziert ist, einen spannungsführenden Draht berühren, während gleichzeitig ein anderer Teil von Ihnen mit der Erde verbunden ist, wird der Stromlieferant blindlings so viele Elektronen liefern, wie überhaupt durch Ihren Körper fließen können. Anders ausgedrückt, es fließt so viel Strom, wie Ihr Körper bei seinem gegebenen elektrischen Widerstand durchleiten kann. Und Sie sind mausetot.

Kurz, die Gefahr des elektrischen Stroms liegt nicht in der elektrischen Spannung, der Sie vielleicht ausgesetzt sind, sondern in der Menge des Stroms, der durch Ihren Körper fließt. Das Problem ist nur, daß wir nie wissen, welche Stromstärke in einer bestimmten Situation vorliegt. Deshalb müssen wir uns *immer* von jeder elektrischen Spannung oberhalb der in den kleinen Trockenbatterien fernhalten.

Es hat mich zwar keiner gefragt, aber…

Die Stromstärke, nicht die Spannung ist dafür verantwortlich, wenn ein Mensch einen tödlichen Stromschlag erhält. Ab welcher Stromstärke hat ein solcher Schlag tödliche Folgen?

Die Stromstärke mißt man in Ampère. Ein Ampère stellt eine riesige Meßgröße für den Stromfluß dar, es steht für 6 Milliarden Milliarden (eine Sechs mit 18 Nullen) Elektronen pro Sekunde. Deshalb hören Sie so oft den Ausdruck *Milliampère*, der ein Tausendstel Ampère bezeichnet. Ein Milliampère, das durch Ihren Körper fließt, läßt Sie ein leichtes Kribbeln spüren. 10–20 Milliampère können Muskelkrämpfe auslösen, die Sie möglicherweise daran hindern, den »heißen« Gegenstand wieder loszulassen. 200 Milliampère, also zwei Zehntel eines Ampères, führen zu Herzflimmern und können tödlich sein. Höhere Stromstärken können das Herz vollständig zum Stillstand bringen, müssen aber nicht immer tödlich sein, weil man das Herz gelegentlich dazu anregen kann, wieder normal zu schlagen.

Eine normale Autobatterie kann 100 Ampère oder mehr liefern; so viel Strom ist nötig, um einen Motor in Umdrehung zu versetzen. Automechaniker fallen nur deshalb nicht wie die Fliegen um, weil sie einen elektrischen *Widerstand* besitzen; jede Substanz setzt dem Stromfluß einen gewissen Widerstand entgegen, und der des menschlichen Körpers ist ziemlich hoch. Aus diesem Grund ist eine erhebliche Spannung nötig, um die für einen tödlichen Stromschlag erforderliche Menge von Elektronen durch einen menschlichen Körper zu schicken. Eine 12-Volt-Autobatterie hat jedoch nicht soviel Kraft.

Gefährlicher Elektrizität können wir unter sehr vielen unterschiedlichen Umständen begegnen. Ich gehe davon aus, daß Sie sich keine großen Sorgen machen müssen, in aller Form und auf einem eigens dafür konstruierten Stuhl einen tödlichen Stromschlag abzubekommen. Aber was ist mit Blitzschlägen? Der Spannungsstoß der Elektronen zwischen einer Wolke und der Erde (oder zwischen zwei Wolken) wird von einigen zehn Millionen Volt angetrieben, und das kann mehrere 10 000 Milliampère durch die Luft schicken, die normalerweise überhaupt keinen Strom leitet. Wenn Sie da im Weg sind, kann eine Menge von diesen Milliampère durch Sie hindurchgehen.

Und wie schaffen Sie es, »im Weg« zu sein? Zum Beispiel dadurch, daß Sie sich in der Nähe eines Gegenstands befinden, der dem Strom des Blitzschlags einen leichten Weg zur Erde bietet. Wenn der Ausdruck »Weg des geringsten Widerstandes« je eine Bedeutung hatte, dann in diesem Fall. Die Elektronen des Blitzstrahls fließen immer durch den besten elektrischen Leiter – das Material mit dem geringsten Widerstand –, den sie finden können. Wenn Sie ihnen nun einen attraktiven Umweg durch Ihren Körper anbieten, werden sie ihn nehmen.

Metalle haben den niedrigsten elektrischen Widerstand und sind deswegen die besten Stromleiter. In Metallatomen sind die Elektronen nur sehr lose gebunden und können ganz leicht als Teil des Stroms mitfließen. Bei Gewittern, die überraschend über den *Greens* von Golfplätzen aufgezogen sind, hat sich der Sack voller Golfschläger aus Metall schon für so manchen Anfänger als Eintrittskarte für den großen Golfplatz im Himmel erwiesen.

Weil die Luft den elektrischen Strom so schlecht leitet, zieht der Blitz, um sie nicht durchpflügen zu müssen, für die letzten paar Meter zur Erde fast jeden anderen sich bietenden Pfad vor. Bäume, die im Inneren so schön saftig sind, stellen für den Blitz eine verlockende Alternative dar. Wenn Sie also bei Gewitter unter einem Baum Zuflucht suchen, kann Ihnen auch das eine Reise zum neunzehnten und damit allerletzten Loch einbringen. Doch selbst wenn Sie während eines aufziehenden Gewitters am siebten Loch sind, wo kein Baum in der Nähe ist, kann Ihre nette kleine Gestalt mit nicht einmal zwei Metern Höhe einen bevorzugten Pfad für den Blitz darstellen. Am besten legen Sie sich also, fern von Ihren Schlägern und dem Golfwägelchen, flach auf den Boden.

Warum regnet es eigentlich keine gerösteten Spatzen?

Weshalb bekommen Vögel, die auf Hochspannungsleitungen sitzen, keinen tödlichen elektrischen Schlag?

Diese Frage ist so alt wie der (von Menschen erzeugte) elektrische Strom selbst. Man hat sie fast ebenso oft gestellt wie die Frage: »Liebst du mich?« Mit ebensowenig überzeugenden Antworten.

Die übliche Antwort – »Die Vögel erhalten keinen tödlichen Schlag, weil sie nicht geerdet sind« – packt das Problem nicht bei der Wurzel. Weiß jeder, der sich mit dieser Erklärung zufriedengibt, wirklich genau, was »geerdet« bedeutet? Was soll so besonders daran sein, mit der Erde in Kontakt zu kommen?

Wie Sie wissen, ist elektrischer Strom ein Fluß von Elektronen. Der Schlüssel zum Verständnis ist schon in dem Wort »Fluß« enthalten: Solange Elektronen nicht von einem Ort zum anderen fließen können, sind sie auch nicht imstande, nützliche Arbeit zu tun oder Schaden anzurichten, wie auch ein stillstehender Fluß kein Wasserrad antreiben kann. Elektrisches Licht erzeugen wir zum Beispiel dadurch, daß wir Elektronen durch einen dünnen Wolframdraht schicken, wo sie am einen Ende hinein- und am anderen hinausfließen. Unter dem Druck einer Spannung von 220 Volt arbeiten sie sich durch den extrem dünnen Draht und heizen ihn dabei bis zur Weißglut auf (siehe S. 82).

Beachten Sie, daß die Spannung der Antrieb ist; sie ist die Kraft, die die Elektronen von einem Ort zum anderen drückt, damit sie für uns Arbeit verrichten können. Doch unabhängig von der Höhe der Spannung können die Elektronen nichts ausrichten, solange man ihnen keine Möglichkeit gibt, abzufließen. Dieser Pfad steht ihnen mit den Stromleitungen zur Verfügung. Diese leiten Elektronen unter dem Druck der Hochspannung vom Kraftwerk zu unseren Wohnungen. Dort zapfen wir einen Teil von ihrem »Strom« ab, um ihn vielleicht durch eine Glühbirne, einen Toaster oder ein Fernsehgerät fließen zu lassen.

Wohin verschwinden die Elektronen, nachdem sie unsere elektrischen Geräte passiert haben? Sie kehren zu Mutter Erde zurück, von wo die Kraftwerksbetreiber sie zu Beginn abgezogen haben. Woher, um Himmels willen, hätten sie sie denn sonst holen sollen? Vom Mond? Mutter Erde, die wir meist kurz als »Erde« bezeichnen, ist also die eigentliche Quelle der Elektronen im Kraftwerk, und dorthin kehren sie auch wieder zurück, nachdem sie ihre Arbeit für uns vollbracht haben. Die Erde besteht aus einer unvorstellbar großen Anzahl von Atomen, die eine noch viel größere Anzahl von Elektronen enthalten. Grob geschätzt gibt es auf der Erde etwa 10^{51} davon – wir ersparen es uns, die 51 Nullen hinter der 1 vollständig aufzuführen. Ich jedenfalls würde das einen unerschöpflichen Vorrat nennen.

Nun aber zurück zu den Vögeln. Ihre kleinen Füße kommen sicherlich mit einer Menge Elektronen in Kontakt, die nur darauf warten, abgeleitet und auf dem Weg über Ihren Toaster zur Erde zurückzufließen. Doch zum Glück für die Vögel bietet ihr Körper keine Möglichkeit, Elektronen zur Erde abzuleiten. Die Vögel sind einfach an nichts angeschlossen, sozusagen eine Sackgasse für Elektronen. Diese haben also keine Möglichkeit, die Vögel als Leiter zur Erde zu nutzen, und so fließt kein elektrischer Strom. Und wir erleben nicht, daß es geröstete Spatzen regnet.

Ganz nebenbei, was machen diese Vögel eigentlich auf den Stromleitungen, wenn man einmal davon absieht, daß sie Ihr Auto mit Vogelkot bekleckern? Zumindest im Winter sitzen sie dort, weil der durch die Drähte fließende Strom ein wenig Wärme erzeugt, die ihre Füßchen warm hält. Und wo wir schon dabei sind: Wie können sie da oben schlafen, ohne herunterzufallen? Vogelfüße ziehen sich bei einer Entspannung der Muskeln zusammen, während wir in diesem Fall loslassen. Schlafen Sie also möglichst nicht ein, solange Sie von einem Ast herunterhängen.

Wahrscheinlich haben Sie schon mal einen Starkstromtechniker gesehen, der von einem Hydraulikkorb aus mit bloßen Händen an einer Stromleitung arbeitete. Er ist so sicher wie die Vögel, weil die Arbeitsbühne elektrisch vollkommen von der »Erde« getrennt – isoliert – ist. Die Elektronen finden keinen Weg durch den Körper des Technikers zur Erde, und so können sie ihn auch nicht aufleuchten lassen wie einen weißglühenden Wolframdraht.

KAPITEL 4

Die Erde unter unseren Füßen

Es gibt noch andere Planeten im Universum, doch zu unserer ureigenen Mutter Erde haben wir eine feste Bindung. Man nennt sie Schwerkraft oder Gravitation.

Die Schwerkraft setzt nicht nur unseren Golfschlägen Grenzen und läßt unsere Körperteile mit dem Alter zusammensacken, sondern erfüllt auch einige nützliche Funktionen. Nicht zuletzt sorgt sie zum Beispiel dafür, daß unsere Atmosphäre nicht von unserer rotierenden Erde davonfliegt wie Spucke von der Achterbahn.

Die Gravitation bringt den Staub dazu, sich abzulagern, und sie ist dafür verantwortlich, daß warme Luft aufsteigt. Sie erledigt für uns unzählige kleine und große Aufgaben, wobei sie nicht nur den Mond oben hält, sondern auch die Röcke unten. Sie ermöglicht uns sogar, mit Wasser elektrischen Strom zu gewinnen. Die Schwerkraft ist allgegenwärtig. Ohne sie könnten selbst die Astronauten nicht von unserem Heimatplaneten abfliegen.

In diesem Kapitel will ich versuchen, Ihnen zu erläutern, wie diese Kraft mit ihrer unübertroffenen Reichweite – ihre Effekte erstrecken sich durch das gesamte Universum – wirkt, obwohl wir bis jetzt noch nicht einmal erklären können, worauf sie zurückzuführen ist, oder sollte ich besser sagen, »zurückfällt«?

Ganz klar, die Erde dreht sich mit mehr als 1600 km/h um sich selbst, während sie mit mehr als 16 000 km/h um die Sonne kreist. Und uns ist nicht einmal schwindlig (zumindest den meisten). Doch trotz der Tatsache, daß uns diese Bewegungen in keiner Weise bewußt sind (warum, werde ich Ihnen noch erklären), haben sie entscheidende Auswirkungen auf unser Alltagsleben. Sie wirken sich auf Hurrikane, Meeresströmungen und die Gezeiten der Ozeane aus. Sie beeinflussen – nein, sie *verursachen* – jeden Tag, jede Nacht und jede Jahreszeit in unserem Leben.

Während wir die Erde unter unseren Füßen erforschen, werden wir den Mittelpunkt des Planeten, Nord- und Südpol, den Kilimandscharo in Tansania, einen kreisenden Wirbelsturm und ein Waschbecken von den Ausmaßen Nordamerikas aufsuchen.

Und schließlich – wir wollen nicht aus den Augen verlieren, daß das Leben selbst ein ziemlich wichtiger Bestandteil unseres Planeten ist – werden wir noch sehen, wie wir mit Hilfe der Radiokarbonmethode das Leben vergangener Pflanzen, Tiere und Menschen in seinem zeitlichen Ablauf erforschen können.

Nur ein wenig Schwere

Warum zieht die Schwerkraft alle Dinge zum Erdmittelpunkt und nicht beispielsweise nach Mekka oder Disneyland?

Weil der Mittelpunkt des Planeten auch sein *Gravitationszentrum* ist. Diesen Ausdruck haben Sie sicher schon einmal gehört, und jetzt haben Sie die Gelegenheit, seine wirkliche Bedeutung zu verstehen. Aber zunächst die Frage: Was ist das eigentlich, die Schwerkraft oder Gravitation?

Sie ist eine der drei fundamentalen Naturkräfte (bei den beiden anderen handelt es sich um die starke Wechselwirkung, die die Atomkerne zusammenhält, und die elektroschwache Wechselwirkung, die bestimmte radioaktive Veränderungen antreibt und für alle elektrischen und magnetischen Effekte verantwortlich ist). Und was ist nun eine Kraft? Eine Kraft ist das, was die Dinge in Bewegung setzt, und ungeachtet der unzähligen Seiten voller einschlägiger Gleichungen kann das kein Mensch besser definieren.

Die Gravitationskraft wirkt zwischen allen Materieeinheiten und versucht, sie zusammenzubringen. Jedes Materieteilchen im Universum zieht alle anderen Materieteilchen an, weil die gravitationsbedingte Anziehung eine Eigenschaft der Materie selbst ist. (Und niemand weiß genau, warum das so ist.)

Ähnlich wie bei zwei Menschen in einer idealen Liebesbeziehung verläuft auch die Anziehung der Schwerkraft nicht nur in einer Richtung. Sie wirkt wechselseitig: Jeder Körper zieht den anderen an. Je mehr Masse nun ein Körper besitzt – je mehr Materieteilchen er enthält –, desto stärker ist auch seine vereinte Anziehungskraft. Deshalb fällt die Erde, wenn Sie von einer Leiter springen, nicht auf Sie zu. Die überlegene Masse des Planeten siegt, und statt daß der Berg zum Propheten käme, »fällt«, wenn ich das mal so sagen darf, Mohammed dem Berg entgegen.

(Wenn Sie glauben, Sie wüßten nicht, was Masse ist, sollten Sie zunächst die Erbsenzähler-Ecke am Ende dieses Abschnitts aufsuchen. Wenn Sie glauben, Sie wüßten, was Masse ist – und wenn Sie es *glauben*, dann ist es auch so –, dann können Sie gleich weiterlesen.) Wenn es also die Masse ist, die andere Massen durch die Gravitation anzieht, dann sollte die Erde alle Gegenstände dorthin ziehen, wo der größte Teil ihrer Masse konzentriert sein dürfte – an irgendeinen Ort im Inneren des Planeten, nicht in der Nähe seiner Oberfläche. Aber warum soll das nun ausgerechnet der Erdmittelpunkt sein?

Bedenken Sie: Jedes Materieteilchen des Planeten zieht alle anderen Teilchen an und wird von diesen selbst angezogen. Ein Teilchen, das nur ein paar Meter unter der Oberfläche liegt, wird nach unten von sehr viel mehr Teilchen gezogen als nach oben, einfach weil mehr Teilchen unter als über ihm liegen. Deshalb erfährt es insgesamt eine nach unten gerichtete Anziehung. Das gleiche gilt natürlich für alle Teilchen, die mehr Materie unter als über sich haben, und so werden sie alle abwärts gezogen. Abwärts wohin? Zu dem einen Punkt, der nach allen Richtungen hin gleichförmig von Materie umgeben ist. Das ist der Mittelpunkt der Erde. Folglich verhält sich die Erde, als gäbe es nur einen einzigen Punkt, zu dem ihre Gravitation alles hinzieht, nämlich zu ihrem Gravitationszentrum.

Das Gravitationszentrum einer Bowlingkugel muß demnach ihr geometrischer Mittelpunkt sein. Doch ungeachtet einer möglicherweise sehr komplizierten Form hat jeder Gegenstand ein solches Zentrum. Es befindet sich an der Stelle, die das Zentrum seiner gesamten *Masse* bildet, und das muß nicht unbedingt auch der Mittelpunkt seiner äußeren Gestalt sein.

Mutter Erde ist keine vollkommene Kugel: Sie ist an den Polen leicht zusammengedrückt und wölbt sich, wie wir anderen auch, um den Äquator herum ein wenig. Ihr Durchmesser durch die beiden Pole ist um 42 Kilometer kleiner als durch den Äquator. Auch bei dieser leicht von der Kugelform abweichenden Gestalt könnten wir problemlos den geometrischen Mittelpunkt finden und ihn als Gravitationszentrum bezeichnen. Doch die Erdmasse ist nicht überall gleichmäßig verteilt, und bei allem, was mit Gravitation zu tun hat, kommt es auf den Mittelpunkt der Gesamtmasse an.

Wenn zum Beispiel unterhalb Frankreichs eine riesige

Masse Blei vergraben wäre, würde sich das Gravitationszentrum der Erde in diese Richtung verschieben. Ein in Nordamerika herabfallender Gegenstand würde dann ein wenig mehr auf Frankreich zustürzen und von der Richtung abweichen, die derzeit als »genau nach unten« gilt. Außerdem läge Frankreich näher am irdischen Gravitationszentrum, wodurch alles schwerer würde. Das Geräusch all der dort zusammenfallenden Soufflés wäre ohrenbetäubend.

Eine kaum glaubliche Anwendung dieses Prinzips findet man bei der kartographischen Erfassung der Meeresböden. Hier mißt man die geringfügigen Abweichungen der Schwerkraft, die durch unterseeische Gipfel und Gräben hervorgerufen werden. Jede auf unterseeische Berge zurückzuführende Massekonzentration bewirkt eine größere Anziehung auf die darüberliegende Wassermasse. Folglich werden Wassermoleküle von diesem Gebiet stärker angezogen und bewegen sich in seine Richtung, was zu einer geringfügigen Anhäufung dieser Moleküle und damit zu einer Aufwölbung des Meeresspiegels führt. Diese Wölbung kann, ob Sie es glauben oder nicht, von Satelliten gemessen werden. Dazu senden sie Radarstrahlen aus und registrieren die von der Meeresoberfläche reflektierte Strahlung. Umgekehrt kann der Meeresspiegel über einem Tiefseegraben um bis zu 60 Meter abgesenkt sein. Auf diese Weise haben Wissenschaftler detaillierte Karten des Reliefs der Meeresböden erstellt, ohne auch nur naß zu werden. Geologiebücher können Ihnen erstaunlich realistische Bilder des Meeresgrundes zeigen, so als wären die Wasser von einem neuzeitlichen Moses geteilt worden.

Erbsenzähler-Ecke

Die *Masse* eines Gegenstands ist die Menge der Materie, die er enthält. Hier auf der Erde messen wir die Masse eines Objekts, indem wir prüfen, wie stark er von der Erdanziehung auf eine Waagschale gedrückt wird. Je größer die Masse, desto mehr Anziehung. Den Betrag dieser Anziehung nennen wir das *Gewicht* des Gegenstands (siehe S. 48).

Natürlich mißt die Waage den Betrag der *wechselseitigen* Anziehung zwischen Erde und Gegenstand. Doch da die Anziehung der Erde stets gleich bleibt, schreiben wir den Wert, den die Waage anzeigt, der Anziehungskraft des Körpers selbst zu: seiner Masse.

Wenn Ihre Badezimmerwaage also einen höheren Wert anzeigt, können Sie das nicht auf eine Zunahme der Erdmasse schieben. Es ist die schwere Masse, die Sie selbst mit sich herumschleppen.

Viel warme Luft

Alle sagen, Wärme würde aufsteigen. Aber warum?

Warum alle es sagen, oder warum sie aufsteigt? Gesagt wird es, weil die Menschen achtlos daherreden. Die Aussage ist nichts als warme Luft, denn *Wärme* steigt nicht auf. Eigentlich wollen die Leute ausdrücken, daß *warme Luft* aufsteigt.

Wärme ist eine der vielen Formen von Energie, die sich in diesem Fall als Bewegung von Molekülen ausdrückt. Doch zu sagen, irgendeine Energieform steige auf, ab oder krieche seitwärts, ist bedeutungslos. Sicher bewegt Energie sich ständig irgendwohin und vollbringt etwas; das liegt in der Natur der Sache. Aber dabei bevorzugt sie keine bestimmte Richtung, abgesehen natürlich von der Gravitationsenergie, die auf der Erde ganz entschieden nach unten gerichtet ist. Doch das liegt nur daran, daß der Erdmittelpunkt (siehe S. 155) unter unseren Füßen liegt, und das haben wir nun mal als »unten« definiert.

Unser Leben verbringen wir in einem Meer aus Luft. Wenn wir uns also etwas vorstellen, das aufsteigt, denken wir uns, daß es »durch die Luft« aufwärtswandert. Nur die Luft selbst und andere Gase können durch die Luft aufsteigen; Feststoffe und Flüssigkeiten schaffen das nicht, weil sie einfach zu schwer beziehungsweise zu dicht sind.

»Dicht« ist hier der Schlüsselbegriff. Die *Dichte* einer Substanz gibt an, wie schwer ein gegebenes Volumen dieses Stoffes ist. Ein Liter Wasser wiegt beispielsweise ein Kilogramm, ein Liter Luft von Zimmertemperatur wiegt auf Meereshöhe dagegen nur ein Gramm. In der Sprache der Wissenschaft und der Technik heißt das, die Dichte von Wasser beträgt 1 Gramm pro Kubikzentimeter, während die der Luft 1 Milligramm pro Kubikzentimeter ausmacht. Daraus läßt sich leicht ausrechnen, daß Wasser, umgangssprachlich ausgedrückt, eintausendmal »schwerer« (genauer gesagt »dichter«) ist als Luft.

Das gilt überall auf der Welt. Nur in den USA sowie auf dem Gebiet dreier weiterer Großmächte (Brunei, Birma und Jemen) liest sich das etwas komplizierter: Die sogenannten SI-Einheiten (nach dem französischen *Système International d'Unités* = Internationales System der Maßeinheiten), die unser *metrisches* System definieren, werden dort nicht verwendet. Man schlägt sich dafür mit Kubikfuß und Unzen herum, was in unserem Fall zu etwas unübersichtlichen Zahlenwerten führt: Ein Kubikfuß Wasser wiegt 62,4 Pounds, ein Kubikfuß Luft von Zimmertemperatur wiegt etwa ein Unze, das sind 28,35 Gramm. Alles klar?

A propos Zimmertemperatur: Wie fast alles dehnt die Luft sich aus, wenn man sie erwärmt, da ihre Moleküle bei steigender Temperatur schneller werden und damit größere Ellenbogenfreiheit benötigen. Damit werden auch die leeren Zwischenräume zwischen ihnen größer. Und das wiederum bedeutet, daß ein Kubikfuß (und natürlich auch ein Liter) der wärmeren Luft weniger wiegt. Das heißt, ihre Dichte ist kleiner als zu Beginn.

Die 62,4-Dollar-Frage lautet nun aber: »Was bringt diese wärmere, leichtere Luft dazu, durch die kältere, dichtere Luft aufzusteigen?«

Was heißt in diesem Zusammenhang »schwerer«? Nun, die Schwerkraft zieht die kalte Luft stärker an als die warme, da erstere pro Kubikfuß mehr Moleküle enthält, auf die sich die Gravitation auswirken kann. Wenn also irgendwo warme und kalte Luft aufeinandertreffen, wird die kalte Luft an der warmen vorbei nach unten gezogen. Der warmen Luft bleibt nichts anderes übrig, als ihr aus dem Weg zu gehen und sich nach oben abdrängen zu lassen. Schau an! Sie ist aufgestiegen.

Wenn einer dieser wunderschönen Heißluftballons in den blauen Himmel startet, fragen sich die zu ihm hinaufglotzenden Leute unten am Boden vielleicht, welche Kraft ihn »nach oben treibt«. Jetzt wissen Sie, daß es keine aufwärtsgerichtete Kraft gibt. Diese Blase voller Heißluft unterliegt im Vergleich zur kühleren Luft der Umgebung lediglich einer *geringeren abwärtsgerichteten Kraft*. Und das hat exakt, genau, absolut die gleiche Wirkung.

Erbsenzähler-Ecke

Warme Luft, die durch die Atmosphäre aufsteigt, kühlt sich allein wegen dieses Aufsteigens schon ein wenig ab. Ich weiß, das hört sich widersprüchlich an, aber blättern Sie trotzdem nicht gleich weiter.

Wenn eine warme Luftmasse aufsteigt, gewinnt sie – was sonst? – an Höhe. Luftmassen müssen nicht unbedingt warm sein, um Höhe gewinnen zu können; vielleicht werden sie gegen einen Berg getrieben, was sie zwingt, an dessen Hängen hinaufzugleiten. Doch unabhängig davon, warum Luftmassen sich nach oben bewegen: Stets muß eine gleiche Masse Luft absinken, die sie ersetzt. Das führt dazu, daß es auf der ganzen Welt ständig aufsteigende und absinkende Luftmassen gibt.

Sehen wir uns an, was mit einem bestimmten Luftpaket geschieht, während es Höhe gewinnt. In größerer Höhe wird die Luft dünner. Das liegt einfach daran, daß weniger Atmosphäre über ihr liegt, womit sie auch von der Schwerkraft weniger unter Druck gesetzt wird. (Die Gravitation zieht Luft wie alles andere an, denn diese mag zwar leicht sein, hat aber trotzdem ein Gewicht.) Anders ausgedrückt, in größerer Höhe ist der Druck der Atmosphäre geringer, und das gestattet unserem Luftpaket, sich auszudehnen.

Um sich aber ausdehnen zu können, müssen die Moleküle des Pakets andere Luftmoleküle, die den dafür benötigten Platz einnehmen, beiseite schubsen. Und das wiederum verbraucht einiges von der Eigenenergie des Pakets. Welche Art von Energie das ist? Die Luft besitzt nur eine Art von Energie, und zwar die Bewegungsenergie ihrer ständig umherflitzenden Moleküle. Die Moleküle des sich ausdehnenden Luftpakets werden also langsamer, weil sie andere Moleküle verdrängen. Und langsamere Moleküle sind kältere, da Wärme ja nichts anderes ist als deren Bewegung. (Eine Substanz ist desto heißer, je schneller sich ihre Moleküle bewegen, und umgekehrt; siehe S. 125.) Deshalb kühlt unser Luftpaket sich ab, während es aufsteigt und sich ausdehnt.

Je höher eine warme Luftmasse durch die immer dünner werdende Atmosphäre aufsteigt, desto stärker dehnt sie sich aus und wird entsprechend kälter. Das ist einer der Gründe, weshalb es auf einem Berg kühler ist als unten im Tal. (Auf S. 165 können Sie aber den Hauptgrund für die niedrigeren Temperaturen in der Höhe erfahren.)

Zweifellos haben Sie die automatische Abkühlung eines sich ausdehnenden Gases schon erlebt, ob Sie nun darauf geachtet haben oder nicht. Es dürfte zumindest kaum jemanden geben, der nicht eine Sprühdose mit Farbe, ein Haarspray, ein Deodorant oder was auch immer in dieser Art benutzt hat. Schnappen Sie sich die nächstbeste Dose, und machen Sie den folgenden Versuch:

Probieren Sie es selbst

Richten Sie eine Sprühdose irgendwohin, wo Sie keinen Schaden anrichten können, und sprühen Sie drei oder vier Sekunden lang. Achten Sie darauf, wie die Dose kälter wird. Sie enthält ein komprimiertes Gas – normalerweise Propan, nachdem die Fluorchlorkohlenwasserstoffe (FCKW) mittlerweile verboten worden sind, weil sie die Ozonschicht zerstören. Wenn Sie auf das Ventil drücken, um die Flüssigkeit zu versprühen, kann dieses Gas sich ausdehnen und die Sprühflüssigkeit durch die Düse pressen. Während das Gas sich ausdehnt, wird es kälter.

Es hat mich zwar keiner gefragt, aber…

Kann man irgendwie voraussagen, ob das Propangas eines Grillgeräts während des Grillens zur Neige gehen wird?

Es ist ziemlich schwierig, in diesen Stahltank hineinzuschauen und zu prüfen, wieviel Propan noch drin ist, ehe Sie den Grill aufbauen, oder? Nicht bei allen Grillgeräten gibt es einen Druckmesser.

Doch viele Eisenwarengeschäfte führen ein pfiffiges kleines Anzeigegerät, das wie ein Plastikstreifen aussieht, weil es einer ist. Sie kleben es außen auf die Gasflasche, und es zeigt Ihnen durch einen Farbwechsel genau an, bis zu welcher Höhe der Gasvorrat reicht. Der Plastikstreifen reagiert auf die Abkühlung des Propans, während es beim Verbrauch durch das Ventil austritt.

Das Propan im Behälter steht unter Druck. Deshalb liegt es zum größten Teil in flüssiger Form vor, und darüber steht ein wenig Gas. (Sie können hören, wie die Flüssigkeit in der Gasflasche herumschwappt, wenn Sie sie schütteln.) Während Sie Ihre Hamburger verbrennen lassen, zapfen Sie einiges von dem Gas ab, worauf weitere Flüssigkeit verdampft und das verbrauchte Gas ersetzt. Dieses Verdampfen läßt das Gas abkühlen, und deshalb haben Sie jetzt eine Schicht aus kühlem Gas über einer Schicht wärmerer Flüssigkeit.

Der Plastikstreifen der Meßvorrichtung enthält Flüssigkristalle, die bei verschiedenen Temperaturen unterschiedliche optische Eigenschaften besitzen. Oberhalb der Flüssigkeitsoberfläche sehen Sie demnach die eine Farbe, die der Temperatur des kühlen Gases entspricht, und darunter eine andere, die die Temperatur der wärmeren Flüssigkeit anzeigt. Die Grenze zwischen den beiden Farben markiert den Flüssigkeitsspiegel in der Flasche.

Sie werden feststellen, daß die Anzeige nur funktioniert, wenn Sie Gas entnehmen. Nachdem Sie das Ventil geschlossen haben und die Gasflasche sich wieder erwärmt, gleichen sich die Temperaturunterschiede aus, und damit verschwinden auch die verschiedenen Farben auf dem Meßstreifen.

Droben auf der Bergeshöh' liegt auch im Sommer noch der Schnee

Wie kommt es, daß Berggipfel (selbst in den Tropen) das ganze Jahr hindurch mit Schnee bedeckt sind?

Offensichtlich liegt es daran, daß es dort oben immer kälter ist.

Doch *warum* ist es droben in den Bergen stets kälter als unten an der Küste? Schließlich steigt die warme Luft doch auf, oder etwa nicht (siehe S. 161)? Sollte es dort oben dann nicht *wärmer* sein? In Tansania, in der Nähe des Äquators, gibt es sicherlich reichlich warme Luft, doch der Kilimandscharo, der seinen Gipfel 5895 Meter in die tropische Atmosphäre reckt, trägt immer eine Schneehaube.

Mit der Sonne geht es los. Und was begänne nicht mit ihr? Mit Ausnahme der Kernenergie ist die Sonne der Ursprung aller Wärme und aller anderen Energieformen auf der Erde (siehe S. 191).

Die Sonne scheint also auf die Erde, und dabei durchquert ihr Licht die Atmosphäre ziemlich ungehindert, wie Sie schon aus der Tatsache geschlossen haben müssen, daß Sie die Sonne sehen können. Mit dem Licht passiert nicht viel, solange es nicht die Erdoberfläche erreicht hat. Doch dann absorbieren die verschiedenen Arten von Oberflächen – Meere, Wälder, Wüsten, Autodächer, Pamela Anderson – das Sonnenlicht und erwärmen sich (in manchen Fällen bräunen sie auch). Das läßt die gesamte Oberfläche der Erde zu einem gigantischen warmen Heizstrahler werden, und alles in dessen Nähe – wie zum Beispiel die Luft darüber – wird ebenfalls erwärmt, so wie Sie warm werden, wenn Sie in einem alten Haus neben dem Heizstrahler stehen. (Ein solcher *Heizstrahler*, das dürfte niemanden überraschen, ist etwas, was Wärme*strahlung abgibt*; siehe S. 166.)

Logischerweise werden Sie desto mehr Wärme abbekommen, je näher Sie sich an der Wärme abstrahlenden Erdoberfläche befinden, genau so, als würden Sie näher an den Heizkörper in einer Wohnung herantreten. Die Luft unmittelbar an der Erdoberfläche wird also am stärksten erwärmt, und je weiter Sie von dort aufsteigen, desto kälter wird die Luft werden; oberhalb etwa 3000 Metern so kalt, daß alle Niederschläge in Form von Schnee fallen und fast nie schmelzen.

(In geringerem Ausmaß tragen auch Luftmassen, die über Berghänge aufsteigen, zu den niedrigeren Temperaturen in der Höhe bei. Diese Luft dehnt sich dabei wegen des abnehmenden Atmosphärendrucks aus, und wenn Gase sich ausdehnen, kühlen sie sich auch ab. Siehe S. 125.)

Wie geht das nun genau vor sich, daß die von der Sonne erwärmte Erdoberfläche ihre Wärme an die Luft darüber abgibt? Vorwiegend durch *Strahlung* – auf die gleiche Weise, wie ein Heizstrahler Sie aufwärmt. Doch Strahlung ist nicht der einzige Weg, auf dem Wärme von einer wärmeren auf eine kältere Substanz übertragen werden kann. Sie kann auch durch *Konduktion* und durch *Konvektion* weitergegeben werden. Schauen wir uns diese beiden Mechanismen doch kurz an.

Konduktion: Wenn Sie den heißen Stiel einer Bratpfanne anfassen (*Machen Sie das nicht bei sich zu Hause!*), überträgt sich die Wärme durch Konduktion auf Ihre Hand.

Dabei wird die Wärmeenergie durch den direkten Kontakt von Molekül zu Molekül weitergeleitet. Moleküle der heißen Bratpfanne klopfen an die Moleküle Ihrer Hand und übertragen ihre Wärmeenergie unmittelbar auf diese. Wenn Sie aufschreien und loslassen, wird dieser Kontakt von Molekül zu Molekül unterbrochen. (Das Schreien trägt allerdings nicht besonders viel dazu bei.) Leider ist die Wärme bereits in Ihrer Hand und setzt ihr schädliches Werk weiter fort, wobei Ihr Geschrei allmählich in eine geruhsamere Folge von Flüchen übergeht.

(Ein Tip: Da die Wärme viel länger in der Haut bleibt, als Sie vielleicht glauben, und sie währenddessen weiter schädigt – Fleisch ist ein schlechter Wärmeleiter –, können Sie die Verbrennungen mindern, wenn Sie die Wärme so schnell wie möglich abführen: Halten Sie die betroffenen Körperteile unter fließend kaltes Wasser.)

Konvektion: Wenn Sie Ihr Bratrohr schnell aufmachen, um nach dem Braten zu sehen, und dabei einen Schwall heißer Luft auf dem Gesicht spüren, wird die Wärme mit der Luft auf Sie übertragen. Das nennt man Konvektion: Wärme, die auf den Schwingen einer frei beweglichen Substanz wie Wasser oder Luft transportiert wird. In solchen Fällen fährt die Wärme sozusagen per Anhalter bei der Luft mit. Wenn warme Luft aufsteigt (siehe S. 161), wird die Wärme durch Konvektion übertragen. Die sogenannten Konvektionsherde sind ganz gewöhnliche Herde, in denen die Luft mittels eines Ventilators umgewälzt wird; das beschleunigt den Garvorgang.

Strahlung: Bei Ihrem nächsten Besuch in einer Schmiedewerkstatt (na schön, stellen Sie es sich einfach vor) sollten Sie darauf achten, wie Sie die Wärme des rotglühenden Schmiedefeuers über den ganzen Raum hinweg auf dem Gesicht spüren können. Sie kommen mit keinem heißen

Gegenstand in Berührung, also kann es keine Konduktion sein. Und auch die Luft bewegt sich nicht merklich, folglich kommt auch Konvektion nicht in Frage. Die Wärme erreicht Sie in Form von Strahlung: als Infrarotstrahlung.

Wie das sichtbare Licht ist auch Infrarot eine elektromagnetische Strahlung, allerdings mit größerer Wellenlänge und für den Menschen unsichtbar. Sie hat eine einzigartige Eigenschaft: Ihre Wellenlänge ist genau so bemessen, daß die meisten Substanzen sie absorbieren können; sie »schlucken« ihre Energie und erwärmen sich dadurch (siehe S. 62). Infrarotstrahlung ist keine Wärme an sich, auch wenn es in vielen Büchern behauptet wird; ich selbst nenne sie »Wärme im Übergang«. Sie wird von heißen Gegenständen abgestrahlt und durchquert den Raum mit Lichtgeschwindigkeit, doch in Wärme wandelt sie sich eigentlich erst um, wenn sie auf irgendeine Substanz trifft, von der sie absorbiert wird. Nur eine stoffliche Substanz kann warm sein, da Wärme Molekülbewegung ist, und nur Materie – nicht die Strahlung – besitzt Moleküle.

Es hat mich zwar keiner gefragt, aber...

Kühlt sich die Luft eigentlich kontinuierlich und ohne Ende ab, je höher wir aufsteigen?

Nein, aber sie wird fortwährend kälter – durchschnittlich um 6,5 °C pro tausend Höhenmeter –, bis auf eine Höhe von etwa 10 000 Metern über NN (Normalnull = Meereshöhe). Das liegt knapp über der Flughöhe eines großen Verkehrsflugzeugs. Vielleicht haben Sie einmal gehört, wie der Flugkapitän versuchte, Sie zu beeindrucken, als er beim Erreichen dieser Höhe darauf hinwies, daß die Temperatur außerhalb Ihres wenig vertrauenerweckend wirkenden Fensters bei ungefähr minus 40 °C liege. Gut zu wissen, daß das Fenster eine Doppelscheibe aus isolierendem Plastikmaterial ist.

Oberhalb von 10000 Metern befinden Sie sich in der *Stratosphäre*. Dort wird die Luft nicht mehr zunehmend kälter, wenn Sie weiter aufsteigen, sondern bleibt für die nächsten 20 Kilometer einigermaßen konstant auf minus 48 °C. Danach wird sie sogar allmählich wieder wärmer. Oberhalb der Stratosphäre springt die Temperatur noch ein paarmal hin und her; die Lufthülle wird zunächst kälter und dann wieder wärmer.

Was spielt sich da ab?

Zum einen sind in der Luft in verschiedenen Höhen jeweils unterschiedliche chemische Bestandteile vertreten. Die schwereren Moleküle (Kohlendioxid, Argon) neigen eher dazu, in die untere Atmosphäre abzuwandern, während die leichteren (Helium, Neon) sich eher auf die Spitze der Säule begeben. Da diese verschiedenen Moleküle die Sonnenenergie jeweils anders absorbieren, können sie sich auch unterschiedlich erwärmen. Zum Beispiel halten sich die meisten Ozon-Moleküle in der Stratosphäre auf. Ozon absorbiert einen großen Teil der extrem kurzwelligen ultravioletten Strahlung der Sonne; es erwärmt sich und macht die Atmosphäre damit wärmer, als sie ohne das Ozon wäre. Die Erdatmosphäre ist ein ziemlich komplexes System.

Und außerhalb der Atmosphäre? Sie haben gehört, die Temperatur im Weltraum sei extrem niedrig, oder nicht? Nun, das stimmt nicht (siehe S. 241).

Es ist die Feuchtigkeit und nicht die Kälte...

Ich habe oft gehört, es sei zu kalt für Schneefall. Ist da irgendein Körnchen Wahrheit dran?

Es ist wahr, daß es nicht schneit, wenn es sehr kalt ist. Dennoch ist die Aussage irreführend. Sobald die Temperatur unter den Gefrierpunkt fällt und auch andere Bedingungen für Schneefall gegeben sind, hängt die Antwort auf die Frage, ob es schneien wird oder nicht, nur davon ab, wieviel Wasserdampf verfügbar ist.

Damit es schneien kann, müssen in den meisten Fällen zunächst winzige Tröpfchen flüssigen Wassers in der Luft sein, die zu Schneeflocken gefrieren können. Wenn aber das verfügbare Wasser sehr kalt ist, bleibt es bevorzugt dort, wo es ist, nämlich in der Flüssigkeit (siehe S. 284), so daß es nicht viel Wasserdampf an die Luft abgibt. Deshalb ist bei sehr niedrigen Temperaturen einfach nicht genug Wasser in der Luft, aus dem sich diese winzigen Tröpfchen bilden könnten, die dann gefrieren und als Schnee fallen.

Und wenn es für einige Zeit sehr kalt gewesen ist, ist der größte Teil des vorhandenen Wassers ohnehin nicht für die Wasserdampfbildung verfügbar, weil es gefroren ist.

Auf diesen Bildern im *National Geographic*, die blendend weiße Schneestürme in der Antarktis zeigen, fällt kein Schnee – er wird verweht. Äußerst heftige Stürme blasen lockeren, bereits vorher gefallenen Schnee durch die Gegend. Und wann ist dieser bereits vorher gefallene Schnee heruntergekommen? Als die Temperaturen milder (aber immer noch unter dem Gefrierpunkt) waren und reichlich Wasserdampf vorhanden war.

Es hat mich zwar keiner gefragt, aber …

Wo ist es kälter, am Nordpol oder am Südpol?

Am Südpol. Dort liegt die Durchschnittstemperatur ungefähr bei minus 49° Celsius. Am Nordpol sind es relativ linde 20 Grad unter Null.

Die Antarktis ist eigentlich ein eigener Kontinent. Eis und Schnee liegen auf einer gewaltigen Landmasse, während der kleine Eisschild der Arktis auf dem arktischen Ozean schwimmt. Der Südpol selbst ist eine etwa 3700 Meter hohe Erhebung, und in großen Höhen ist es stets kälter (siehe S. 165). Überdies strahlt die sehr viel ausgedehntere Eis- und Schneeoberfläche am Südpol die Wärme nach Sonnenuntergang viel schneller ab.

Als weiterer Faktor kommt hinzu, daß Wasser sich nicht so leicht erwärmt oder abkühlt wie Land, was die Temperaturen am Nordpol vor Extremen bewahrt.

Kneipenwette

Am Nordpol ist es viel wärmer als am Südpol.

Juhuuuuuu!

Die Welt dreht sich doch mit 1600 km/h um sich selbst. Wieso wird uns dann nicht schwindlig, spüren wir keinen Wind oder bemerken die Bewegung sonst irgendwie? Liegt das einfach daran, daß wir uns daran gewöhnt haben?

Nein. Die Erdrotation ist eine gleichförmige, unveränderliche Bewegung, und wir können nur *Änderungen* von Bewegungen (in der Sprache der Wissenschaft: *Beschleunigungen*) wahrnehmen. Jedesmal, wenn ein sich bewegender Körper von dieser Bewegung abgebracht wird, sei es in Form einer Richtungs- oder einer Geschwindigkeitsänderung, sagen wir, er habe eine Beschleunigung erfahren. Beschleunigung heißt also nicht nur, daß ein Objekt schneller wird.

Nehmen wir an, Sie führen in einem Auto mit, das geradeaus fährt und bei dem der Tempomat eingeschaltet ist – diese automatische Geschwindigkeitsregelung, die dafür sorgt, daß der Wagen stets mit gleichbleibendem Tempo dahinrollt. Sie spüren keinerlei Kräfte, die an Ihrem Körper zerren, oder? Doch sobald die Straße in eine Kurve übergeht, nehmen Sie das wahr, weil Sie sanft nach der Kurvenaußenseite gedrückt werden. Oder wenn der Fahrer plötzlich aufs Gaspedal (im Amerikanischen heißt das auch *accelerator*, also Beschleuniger) tritt, registriert es Ihr Körper, weil Sie gegen die Sitzlehne gedrückt werden. Und wenn der Fahrer schließlich in die Bremsen tritt, spürt Ihr Körper auch das, weil Sie mehr oder weniger stark nach vorne gezogen werden. Doch solange das Fahrzeug nicht schneller oder langsamer wird oder durch eine Kurve fährt (in der Sprache der Wissenschaft heißt das *Winkelbeschleunigung*), nimmt Ihr Körper keine Kräfte wahr, die versuchen würden, ihn herumzuwerfen. Tatsächlich spürt Ihr Körper nicht, daß er sich bewegt, selbst wenn das Gehirn es weiß.

Ihr Gehirn weiß also, daß die Erde sich dreht (siehe S. 173), aber Ihr Körper merkt es nicht, weil die Bewegung störungsfrei, gleichförmig und kontinuierlich abläuft. Wie Isaac Newton im Ersten Bewegungsgesetz festgehalten hat, setzt jeder Körper (Ihrer gehört auch dazu), der sich geradlinig und mit konstanter Geschwindigkeit bewegt, seine Bewegung unverändert fort, solange keine äußere Kraft auf ihn wirkt. Ohne eine solche äußere Kraft spürt der Körper (auch Ihrer) gar nicht, daß er sich bewegt.

Aber, so protestieren Sie, wir bewegen uns doch zweifellos auf einer Kurvenbahn, oder nicht? Wir folgen der Krümmung der Erdoberfläche. Vielleicht mit gleichbleibender Geschwindigkeit, aber nicht auf einer geraden Linie. Warum also werden wir nicht nach außen gedrückt? Na ja, wir werden. Doch die Krümmung ist so flach – die Erde ist so groß –, daß die Kreisbahn *praktisch* einer geraden Linie entspricht. Die nach außen gerichtete Kraft ist also verschwindend klein (aber beachten Sie bitte S. 177). Wenn Sie darüber nachdenken, wird Ihnen auffallen, daß selbst Ihr Auto auf seiner vollkommen geraden Strecke dieser weiten Kurve gefolgt ist: der Erdkrümmung. Und wenn Sie dieser »geraden Linie« nur lange genug folgen, kommen Sie wieder genau da an, wo Sie losgefahren sind.

Für die teuflischen Planer von Freizeitparks (ich nenne sie *Zeitklauparks*), die uns jede Art von Bewegung bis zum Exzeß erleben lassen wollen, ist das alles sehr entmutigend. Sie verfolgen die Absicht, daß wir das Gleichgewicht verlieren, schwanken, uns unsicher, orientierungslos und gefährdet fühlen und in alle möglichen Richtungen durchgerüttelt werden. Deshalb bewegt sich auf dem ganzen Gelände nichts mit gleichmäßiger Geschwindigkeit in eine bestimmte Richtung, abgesehen vielleicht von der Flugbahn Ihrer Geldbörse. In jedem der Fahrgeschäfte werden Sie entweder herumgewirbelt, erst aufwärts, dann abwärts geworfen oder durch irgendeine verrückte Kombination von Steigungen, Abstürzen und Kreiseln gleichzeitig geschleudert. Die besten (?) Achterbahnen sind jene, bei denen Auf und Ab mit rasanter Beschleunigung, abrupten Bremsmanövern, Spiralen und Kurven kombiniert sind. Diese Bewegungsänderungen, die wir ja wirklich fühlen *können*, lassen sich alle unter der Kategorie Beschleunigung zusammenfassen. Selbst im Karussell erleben Sie Beschleunigung, denn dort werden Sie ständig von einer geradlinigen in eine kreisförmige Bewegung gezwungen.

Ach ja, haben Sie mich nicht auch gefragt, warum wir keinen Wind spüren, während uns das kosmische Karussell namens Erde im Kreis herumwirbelt? Nun, die Luft wird mit denselben 1600 km/h wie wir, unsere Autos, unsere Häuser und sogar unsere Flugzeuge (siehe unten) im Kreis bewegt. In bezug auf uns bewegt sich die Luft also nicht.

Schwindelerregend

Die Erde dreht sich mit 1600 km/h um sich selbst. Warum kann ich dann diese Bewegung nicht sehen, wenn ich aus einem Flugzeug, das erheblich langsamer ist, auf sie hinunterschaue?

Nun, selbst wenn Sie zu einer einsamen Insel fliegen, um alles hinter sich zu lassen, bleiben Sie trotzdem ein Teil »von alledem«. Ihr Flugzeug ist fast ebenso fest an die Erde gebunden wie die Berge unter Ihnen, außer daß das Flugzeug sich (hoffentlich) in größerer Höhe befindet.

Ihr Pilot wäre der erste, der Ihnen bestätigt, daß das Flugzeug fest an die Luft gebunden ist (siehe S. 46). Und da die Luft an die Erde gebunden ist, könnten Sie sagen, daß wir alle im selben Boot sitzen und zusammen mit der Erdoberfläche fröhlich (und mit 1600 km/h) nach Osten segeln.

(Genau genommen bewegt sich der Boden am Äquator mit 1670 km/h; das ergibt sich aus dem Erdumfang von 40 100 km, dividiert durch 24 Stunden. Je weiter wir uns nach Norden oder nach Süden bewegen, desto mehr verlangsamt sich diese Geschwindigkeit, da die Kreisumfänge abnehmen.)

Während des Fluges sehen Sie natürlich, wie der Boden sich unter Ihnen »bewegt«. Doch das ist die Bewegung Ihres Flugzeugs, nicht die der Erdoberfläche. Das ist nichts anderes als bei den Bäumen, die »nach hinten davonrasen«, wenn Sie im Auto durch eine Allee fahren. Hier kommen wir nun zu einer sehr wichtigen Feststellung: *Eine absolute Bewegung gibt es nicht.* Jede Bewegung ist relativ. Die Feststellung, ob etwas sich bewegt oder nicht, läßt sich nur treffen, wenn man angibt, »in bezug worauf« es sich bewegt. Bewegung ist dann und nur dann Bewegung, wenn sie mit einem unabhängigen Bezugspunkt in Verbindung gebracht wird (in der Sprache der Wissenschaft: einem *Bezugssystem*).

In bezug auf die Bäume sind Sie und Ihr Auto in Bewegung, doch in Relation zu Ihnen und Ihrem Auto sind es die Bäume. Was ist richtig? Wenn Sie erst einen Augenblick zuvor in Ihrem Auto zur Welt gekommen wären, würden Sie schwören, daß es die Bäume sind, die sich bewegen, weil Sie intuitiv und egoistisch sich selbst als Bezugspunkt gewählt hätten. Erst mit zunehmender Erfahrung lernen wir, auch Bezugspunkte außerhalb von uns anzuerkennen. Wenn jeder Autofahrer nur sich selbst als Bezugspunkt annähme, würden die Bäume sich mit unterschiedlichsten Geschwindigkeiten in alle möglichen Richtungen »bewegen«, weil alle diese Bezugspunkte der einzelnen Menschen unterschiedlich schnell in verschiedenen Richtungen unterwegs wären. Mit feststehenden Bäumen kommen wir jedoch erheblich besser zurecht, und deshalb sind wir Menschen übereingekommen, die Bäume und das Land, in dem sie verwurzelt sind, als unsere feststehenden Bezugspunkte anzusehen.

Doch wir sollten einen Schritt zurücktreten und uns einen größeren Überblick über die Erde verschaffen. Wenn wir sagen, eine Palme am Äquator sei am Boden mit 1670 km/h unterwegs, müssen wir uns fragen: »In bezug worauf?« Nun, wie wäre es mit dem Mittelpunkt der Erde als Bezugspunkt? Das ist der einzige Punkt auf oder in der Erde, der keine Kreisbewegung beschreibt. Anders ausgedrückt, wir nehmen den Erdmittelpunkt als unseren »feststehenden« Bezugspunkt an.

Aber wir wollen es aus noch größerem Abstand betrachten. Der Planet als Ganzes bewegt sich mit 17 100 km/h um unser Zentralgestirn, bezogen auf den Mittelpunkt der Sonne, den wir nun als neuen Bezugspunkt wählen. Doch auch die Sonne bewegt sich in Relation zu anderen Sternen. Und die Sterne in bezug auf das Zentrum unserer Milchstraße. Und unsere Milchstraße... Und so weiter, buchstäblich *ad infinitum*, ohne Ende.

Bevor uns zu schwindlig wird, sollten wir wieder in unser Flugzeug zurückkehren. Wenn Sie drinsitzen, werden alle Punkte des Flugzeugs zu Ihrem angenommenen Bezugspunkt. Deshalb sehen Sie, wie die Erde sich mit der (Vorwärts-) Geschwindigkeit des Fliegers »nach hinten« bewegt. Dabei dürfen Sie aber nicht vergessen, daß Sie und Ihre Erdnußtüte und der schreiende Säugling auf der anderen Seite des Mittelgangs gemeinsam ungefähr mit der Umdrehungsgeschwindigkeit der Erdoberfläche unterwegs sind, bezogen auf den Mittelpunkt der Erde. Ich sage »ungefähr«, denn wenn Sie mit der Erdrotation nach Osten fliegen, *addiert* sich die Geschwindigkeit des Flugzeugs zu der der Erdumdrehung; bei einem Flug in westlicher Richtung muß man die Fluggeschwindigkeit dagegen von der letzteren *abziehen*. Bei einem Flug in Richtung Nordosten oder nach Süd-Südwesten sollten Sie Ihren Trigonometrielehrer aus der Oberschule fragen. Sagt Ihnen das Wort »Vektor« was?

Erbsenzähler-Ecke

Ich habe gesagt, das Flugzeug sei fest an die Erde gebunden, weil es fest an die Luft gebunden ist, die wiederum fest mit der Erde verbunden ist. Nun, das stimmt nicht ganz.

Physikalisch gesehen ist Luft gewissermaßen eine Flüssigkeit, sie ist nicht starr, sondern fließt. Die Luft kann deshalb mit der Erdumdrehung nicht ganz Schritt halten; sie hängt ein wenig zurück und schwappt umher (siehe S. 194) wie eine Pfütze in einem Ruderboot. Auch wenn das Flugzeug tatsächlich von der Luft gehalten wird, ist die Bindung der Luft an die Erde ein wenig lockerer. Damit will ich nicht sagen, daß wir irgendwie in Gefahr wären, unsere Atmosphäre zu verlieren: Die Schwerkraft hält die ganze Luftschicht ziemlich fest. Doch innerhalb dieser Schicht ist die Luft eine wirbelnde, stürmende, sich bewegende Masse. Lokale Unregelmäßigkeiten können unser Flugzeug immer noch mit Scherwinden, Gegenwinden und uns nach unten wegsacken lassenden Turbulenzen durchschütteln, so daß Sie den Eindruck haben, mit gar nichts besonders fest verbunden zu sein.

Es hat mich zwar keiner gefragt, aber …

Vom Flugzeug aus kann ich nicht sehen, wie die Erde sich dreht. Gilt das auch für Astronauten, die von ihrer Raumfähre in der Umlaufbahn aus herabblicken?

Ja, denn obwohl sie ein ganzes Stück weiter oben und erheblich schneller fliegen als ein Flugzeug, bleibt die Situation unverändert. Für sie scheint sich die Erde mit *ihrer* Geschwindigkeit von 29 000 km/h »rückwärts« zu bewegen, genau so, wie es Ihnen im Auto oder im Flugzeug vorkommt. Der einzige Unterschied besteht darin, daß sie, weil sie so viel schneller sind, einen ganzen Kontinent in kürzerer Zeit »vorbeiziehen« sehen, als Sie vielleicht für Ihren Weg zur Arbeit benötigen. Wahrscheinlich haben Sie schon Filmaufnahmen von Astronauten beim »Raumspaziergang« gesehen, auf denen sich im Hintergrund die Kontinente »nach Westen« bewegt haben.

Aber warum westwärts? Aha! Das ist eine interessante Geschichte. Haben Sie sich je gefragt, warum man das Kennedy-Raumfahrtzentrum an der Ostküste Floridas errichtet hat und nicht an der Westküste in Kalifornien? Auch Micky Maus ist schließlich an beiden Küsten präsent.

Zunächst sollen unsere Raketen lieber über das Meer als über besiedelte Gebiete hinweg abfliegen, weil dann die Feststoffraketen gefahrlos abgesprengt werden können. Doch der zweite und wichtigere Grund ist der, daß wir unsere Raumfähren und Satelliten ostwärts in ihre Umlaufbahn um die Erde schießen müssen, also in die Richtung der Erdumdrehung. Auf diese Weise schiebt uns Mutter Erde nämlich kostenlos mit zusätzlichen 1600 km/h an. Und deshalb kommt eher die nach Osten zeigende Atlantik- als die Pazifikküste in Frage.

Im Orbit behält die Fähre ihre ostwärts gerichtete Flugbahn bei, und die Astronauten sehen die Erdoberfläche scheinbar nach Westen abwandern, als säßen sie in einem Flugzeug, das von Los Angeles nach New York fliegt. Nur mit sehr viel mehr Beinfreiheit.

Wie Sie Gewicht verlieren

Ich weiß nicht, ob es sich im folgenden um eine wissenschaftliche Frage oder um ein Rätsel handelt, aber meine zehnjährige Tochter hat mich gefragt, ob ein Eisbär am Äquator weniger wiegen würde als am Südpol.

Um beides. Das Rätsel betrifft die Tatsache, daß Eis- oder Polarbären nur am Nordpol, nicht aber am Südpol leben. Außerdem wäre ein Polarbär am Äquator kein Polarbär, oder? Es würde sich dann eher um einen Äquatorial- oder Warmwasserbären handeln.

Doch wir wollen die Frage für bare Münze nehmen: Wiegt ein Bär – oder ein beliebiger anderer Gegenstand – am Äquator weniger als an einem der beiden Pole? Wenn alle anderen Bedingungen unverändert wären (und das sind sie natürlich nie), würde die Antwort »Ja« lauten. Ein bißchen.

Weil die Erde um den Äquator einen kleinen Wulst besitzt, wird sich der Bär dort weiter vom Erdmittelpunkt entfernt befinden; die Schwerkraft wird ihn also ein wenig schwächer anziehen (siehe S. 154).

Doch Ihre Tochter hatte zweifellos die Auswirkungen der Rotation der Erde im Sinn, die sich alle 24 Stunden einmal um sich selbst dreht. (Ist das nicht ein hübscher Zufall? Natürlich nicht. So haben die Menschen die 24 Stunden zu Beginn definiert.) Am Äquator mit seinem Umfang von 40 100 Kilometern ergibt das eine Bodengeschwindigkeit – einschließlich der Palmen, Bären und allem anderen – von 1670 km/h. Daheim genau am Nordpol hätte der Bär dagegen überhaupt keine Geschwindigkeit; er würde sich lediglich auf der Stelle drehen, im Zentrum des Karussells.

Die hohe Rotationsgeschwindigkeit der Erdoberfläche setzt Bären (und alles andere) einer nach außen gerichteten Zentrifugalkraft aus, die sie tendenziell von der Erde wegschleudert, ähnlich wie Wasser von einem Hund, der nach einem Bad sein Fell schüttelt, indem er seinen Rumpf rasch hin und her dreht. Der Weltraum rund um die Erde ist nur deshalb nicht voller fliegender Bären, weil die viel stärkere Schwerkraft des Planeten alles (auch die Bären) am Boden festhält.

Dennoch wird die Gravitationskraft, die uns an die Erde bindet, durch die auswärtsgerichtete Zentrifugalkraft ein wenig vermindert, so daß ein Bär am Äquator etwas leichter wäre – etwa um 0,3 Prozent. Ein Bär von 360 Kilo würde dort also etwa 1,4 Kilo weniger wiegen als am Nordpol. Auf den Menschen umgerechnet würde jemand mit 68 Kilo am Äquator etwa 200 Gramm weniger wiegen als am Nordpol.

Das sind selbstverständlich die Extremwerte. Überall zwischen dem Äquator und den Polen liegt die Rotationsgeschwindigkeit des Planeten in einem Bereich von Null bis 1670 km/h, da die Kreisumfänge zu den Polen hin immer kleiner werden. Demnach verliert jeder, der sich von einem beliebigen Punkt der nördlichen oder südlichen Hemisphäre zum Äquator bewegt, allmählich an Gewicht. Wenn Sie also beispielsweise auf der geographischen Breite von Washington oder Madrid 68 Kilo wiegen, würde die Waage am Äquator 14 Gramm weniger anzeigen.

Das ist keine sehr effektive Methode abzuspecken, es sei denn, Sie gehen zu Fuß dorthin.

Es hat mich zwar keiner gefragt, aber ...

Würde ich ganz unten in einem tiefen Bergwerksschacht weniger wiegen als an der Oberfläche?

Junge, Junge, Sie müssen wirklich scharf darauf sein, abzunehmen! Ja, Sie würden ein bißchen weniger wiegen.

Wahrscheinlich glauben Sie, Ihr Gewicht sei eine Folge der Schwerkraft, mit der die Erde Ihren Körper anzieht. Unter der Erdoberfläche hätte die Gravitation einen Teil ihrer Arbeit bereits vollbracht, weshalb die verbleibende Anziehung schwächer wäre. Nun, da ist etwas dran, obwohl ich es ein wenig anders darstellen würde.

Die Anziehungskraft zwischen zwei Körpern wirkt, als käme sie aus den *Gravitationszentren* der Objekte (siehe S. 154), als wäre also die gesamte Masse jedes Körpers in diesen Punkten konzentriert. Bei einem gleichmäßig geformten Gegenstand wie zum Beispiel einer Kugel fällt das Gravitationszentrum mit dem geometrischen Mittelpunkt zusammen. Die Erde bildet zwar keine vollkommene Kugel, doch sie weicht nur so wenig davon ab, daß wir sagen können, ihre Anziehungskraft zieht Sie in Richtung auf den Erdmittelpunkt.

An der Oberfläche sind Sie (durchschnittlich) 6371 Kilometer vom Mittelpunkt der Erde, dem scheinbaren Ort ihrer gesamten Anziehung, entfernt. Am Boden eines etwa zwei Kilometer tiefen Schachts werden Sie von einer geringeren Erdmasse angezogen als zuvor, weil ein Teil dieser Masse jetzt über Ihnen liegt und nicht mehr zur abwärtsgerichteten Anziehung beiträgt (sie zieht Sie sogar nach oben). Wenn Sie von einer kleineren Masse zum Erdmittelpunkt gezogen werden, wiegen Sie auch weniger, denn so ist Ihr Gewicht definiert: als Stärke der zum Erdmittelpunkt gerichteten Anziehungskraft, die auf Ihren Körper wirkt.

Wieviel weniger würden Sie wiegen? In einem 16 Kilometer tiefen Schacht wäre Ihr Gewicht etwa 0,7 Prozent kleiner als an der Oberfläche. Das Gewicht, das Sie beim Graben verlieren würden, ist dabei nicht berücksichtigt.

Verrückt ist allerdings, daß Sie auch Gewicht verlieren würden, wenn Sie sich nach oben von der Oberfläche entfernen. Auf einem Berggipfel sind Sie leichter als im Tal, weil Sie weiter vom Erdmittelpunkt entfernt sind.

Halt, nicht so schnell! Legen Sie die Bergsteigerausrüstung wieder hin, die Sie von einem dieser Versandhändler für gewichtsreduzierende Mittelchen gekauft haben. Wenn Sie auf Meereshöhe 68 Kilo wiegen, würden Sie auf dem Gipfel des Mount Everest, dem höchsten Punkt der Erde, gerade mal 200 Gramm leichter sein. Das ist die Klettertour kaum wert, oder? Abgesehen vom Trainingseffekt natürlich.

Mit Wissen gespült

Dreht sich der Wasserstrudel in einer leerlaufenden Badewanne auf der Nordhalbkugel wirklich gegen den Uhrzeigersinn und auf der Südhalbkugel mit der Uhr?

Nein. Das ist nur eine weitere dieser Trivialmythen, die möglicherweise von einem etwas zu begeisterten Physiklehrer in die Welt gesetzt wurde. Aber immerhin enthält sie ein Körnchen Wahrheit.

Wenn sich fluide Stoffe wie Luft und Wasser bewegen, werden sie ein wenig von der Erdumdrehung beeinflußt.

Dieser sogenannte Coriolis-Effekt ist nach dem französischen Mathematiker Gustave-Gaspard Coriolis (1792 bis 1843) benannt worden, der als erster bemerkte, daß eine sich über eine rotierende Kugeloberfläche (zum Beispiel die Erde) bewegende fluide Substanz in gewissem Ausmaß von ihrem Weg abgelenkt wird.

Übrigens handelt es sich um den Coriolis-*Effekt*, nicht um die Coriolis-*Kraft*, wie so viele Bücher und sogar manche Lexika behaupten. Eine Kraft ist ein Naturphänomen, das Dinge in Bewegung setzen kann, wie wir am Beispiel der Gravitationskraft und der Magnetkraft sehen. Doch der Coriolis-Effekt bewegt gar nichts; er ist lediglich das Resultat zweier vorhandener Bewegungen – der Bewegung von Luft oder Wasser, die durch die Bewegung des Planeten Erde modifiziert wird.

Der Coriolis-Effekt ist jedoch so schwach, daß er nur bei großen Massen von Flüssigkeiten und Gasen in Erscheinung tritt, wie sie in der Erdatmosphäre oder in den Ozeanen vorliegen. Dort beeinflußt er Wind- und Meeresströmungen ziemlich deutlich (siehe S. 186).

Doch selbst wenn der Coriolis-Effekt sehr viel stärker wäre, würde er sich in einer Badewanne nicht bemerkbar machen, weil das Wasser ohnehin aus ganz anderen Gründen in einem Strudel abfließt. In meiner Wohnung läuft das Wasser der einen Badewanne im Uhrzeigersinn, in der anderen gegenläufig ab – und manchmal auch umgekehrt. Dabei liegen sie auf derselben Hemisphäre (das Haus ist eher klein).

Wenn das Wasser abfließt, ist die Richtung des Wirbels allen möglichen Einflüssen ausgesetzt. Am Ende muß dieses Wasser immer einen Strudel bilden, der sich in der einen oder der anderen Richtung dreht: Wenn seine äußeren Anteile sich nach innen zur Abflußöffnung bewegen, kann nicht die gesamte Menge gleichzeitig zur Mitte fließen. Ein Strudel ist gewissermaßen die Technik des Wassers, sich anzustellen und Ehrenrunden zu drehen, während es gleichzeitig in der Mitte ein Loch freiläßt, durch das die Luft aus den Rohren aufsteigen kann. Wenn diese Luft nämlich nicht an die Oberfläche steigen könnte, würde sie das Wasser am Abfließen hindern.

Aber gibt es nicht vielleicht doch auf jeder Hemisphäre eine bevorzugte Richtung, und sei sie noch so klein, in der sich der Wirbel im Waschbecken oder der Badewanne dreht?

Probieren Sie es selbst

Füllen Sie das Waschbecken oder die Badewanne in Ihrem Badezimmer mit Wasser und lassen Sie es für eine Woche oder so in Ruhe, damit es keine Strömungen oder Temperaturunterschiede mehr aufweist, die sich vielleicht zu Gunsten der einen oder anderen Richtung auswirken könnten. Nun öffnen Sie den Abfluß, ohne das Wasser auch nur im geringsten zu beunruhigen. (Viel Glück dabei!) Das Wasser beginnt abzufließen und wird schließlich einen Wirbel ausbilden. Dieses Experiment wiederholen Sie tausendmal und halten fest, wie oft das Wasser sich im Uhrzeigersinn bzw. entgegengesetzt gedreht hat.

Sie haben nicht die Zeit oder die Geduld, das durchzuführen? Gut. Vergessen Sie's. Ihr Waschbecken und Ihre Badewanne sind ohnehin nicht geeignet, weil der Abfluß nicht in der Mitte sitzt, weshalb die Strömungen nicht symmetrisch verlaufen. Die Wasserwirbel sollten jedoch kreisförmig sein.

Wissenschaftler, die offenbar nichts anderes zu tun hatten, haben diesen Versuch mit der größten, sorgfältigst konstruierten, temperaturkontrollierten, vibrationsfreien, automatisch ihren zentralen Abfluß öffnenden »Badewanne« durchgeführt, die Sie sich vorstellen können. Es ist ihnen nicht gelungen, irgendeine bevorzugte Richtung des Wirbels nachzuweisen. Anders gesagt, nicht der Coriolis-Effekt hat die Richtung vorgegeben, sondern zahlreiche andere, unkontrollierbare Faktoren haben das getan. Das ist jedoch kaum überraschend, denn wir können die Stärke des zu erwartenden Coriolis-Effekts berechnen. In einer Badewanne normaler Größe wäre er so schwach, daß er das Wasser allerhöchstens zu einer Umdrehung pro Tag veranlassen könnte – das reicht bei weitem nicht aus, die Effekte unabsichtlich ausgelöster Strömungen zu überwinden.

Jetzt also die Erklärung, was beim Coriolis-Effekt vor sich geht. Stellen Sie sich die Erde als Globus vor, wobei Sie genau auf Nordamerika schauen. Nun ersetzen Sie Nordamerika in Gedanken durch ein gewaltiges Waschbecken. Dessen Abfluß dürfte irgendwo in South Dakota liegen. (Das soll keine Beleidigung für euch in Dakota sein, Leute.) Der Globus einschließlich des Waschbeckens und allem anderen dreht sich von links nach rechts – von Westen nach Osten, genau wie die Erdkugel. Am Äquator bewegt sich die Oberfläche der Erde jedoch schneller als weiter nördlich, genau wie die Pferdchen an der Außenseite des Karussells, die schneller unterwegs sind als die in der Nähe des Zentrums. Ein Punkt auf dem Äquator hat einfach bei jeder Umdrehung einen weiteren Weg zurückzulegen als ein Punkt in der Nähe eines der Pole.

Wenn Sie also von einem beliebigen Ort der Nordhalbkugel aus mit Ihrem Auto nach Norden fahren, werden Sie, je weiter Sie nach Norden vorankommen, von der Erdoberfläche immer langsamer in Richtung Osten befördert.

Das merken Sie natürlich nicht, weil Sie und Ihr Auto ziemlich zuverlässig an die Erdoberfläche gebunden sind und sich gemeinsam mit ihr bewegen. Bei Luft und Wasser dagegen ist das anders: Sie sind nur lose an die Oberfläche des Planeten gebunden und können in gewissem Umfang umherschwappen. Deshalb kann der Coriolis-Effekt nur Luft und Wasser beeinflussen.

Stellen Sie sich nun vor, Sie trieben in einem Ruderboot in dem nordamerikanischen Waschbecken, irgendwo südlich der Abflußöffnung – sagen wir, in Texas. Während Sie nach Norden (weg vom Äquator) zum Abfluß rudern, werden Sie von der Erde unter Ihnen immer langsamer in Richtung Osten befördert. Ihre texanische Trägheit läßt Sie aber weiter mit der aus Texas mitgenommenen Geschwindigkeit nach Osten treiben. Sie überholen die Erdoberfläche und eilen ihr allmählich ein wenig voraus. Mit welchem Ergebnis? Bezogen auf die Erdoberfläche sind Sie nach *Osten* abgewichen. Sie sind gezwungenermaßen ein wenig nach rechts abgebogen, aus der exakten Nordrichtung ein Stück ostwärts.

Ein Boot, das von Kanada aus südwärts triebe, würde in gleicher Weise (den Beweis dürfen Sie selbst antreten) nach rechts abgelenkt, also ein wenig nach Westen. Es ist demnach gleichgültig, in welcher Richtung das Wasser (und Ihr Boot) seinen Weg zum Abfluß beginnt: Auf der Nordhalbkugel wird es immer dazu gebracht werden, nach rechts abzuweichen. Und eine Drehung nach rechts verläuft im Uhrzeigersinn. (Gehen Sie aber nicht weg, ehe Sie nicht die Erbsenzähler-Ecke besucht haben.)

Lassen Sie mich nur noch sagen, daß auf der Südhalbkugel alles andersherum abläuft. Große, sich bewegende Luft- und Wassermassen werden in eine Linksdrehung versetzt und wirbeln demnach gegen den Uhrzeigersinn. Aber vergessen Sie nicht: Die Wassermasse muß gewaltig sein, damit wirklich ein Effekt zu beobachten ist. Meere ja, Waschbecken und Badewannen nein.

Erbsenzähler-Ecke

Zugegeben, Tornados und Hurrikane drehen sich auf der Nordhalbkugel in Wahrheit *gegen den Uhrzeigersinn*, auf der Südhalbkugel dagegen *im Uhrzeigersinn* – genau das Gegenteil dessen, was ich Ihnen gerade weisgemacht habe. Zügeln Sie Ihr Temperament, und alles kommt wieder ins rechte Licht. Oder ins linke, was auch immer. Hören Sie sich's einfach an. Aber wir bleiben auf der Nordhalbkugel, einverstanden?

Hurrikane sind Gebiete mit niedrigem Luftdruck. Das heißt, dort ist die Luft merklich weniger dicht, weniger schwer als die Luft der Umgebung – dort liegt sozusagen eine Art Loch in der Luft vor. Falls nun die ganze schwerere Luft in der Umgebung durch den Coriolis-Effekt nach rechts abgleitet, würde das »Loch« selbst nach links gedreht. Also rotiert der daraus hervorgehende Tiefdruck-Hurrikan gegen den Uhrzeigersinn.

Nein? Wie wäre es mit folgendem Bild: Das Tiefdruckgebiet ist ein Roulette-Rad, und Sie sind die Luft mit dem höheren Druck. Während Sie Ihre Hand nach rechts bewegen, streifen Sie das Rad. Würde das Rad sich dann nicht nach links drehen?

Oder ein anderes: Sie schieben ein paar Kinder auf einem jener Mini-Karussells auf dem Spielplatz an. Sie schubsen das Gerät nach rechts, und es dreht sich linksherum. Stimmt's?

Und was ist mit der Südhalbkugel? Vertauschen Sie einfach in den letzten vier Absätzen »links« und »rechts«, und alle »Uhrzeiger« laufen andersherum.

Bonus: Jetzt bekommen Sie Ihre Belohnung, weil Sie all das Obenstehende gelesen haben, ohne daß sich Ihnen der Kopf im Uhrzeigersinn oder gegen ihn gedreht hat. Ich

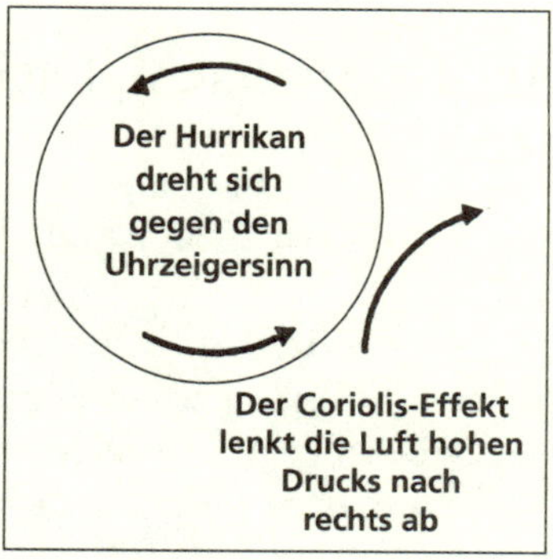

werde Ihnen nämlich verraten, warum alle Uhren im Uhrzeigersinn laufen.

Das kommt daher, daß die ersten mechanischen Uhren auf der Nordhalbkugel erfunden worden sind.

Das leuchtet nicht unmittelbar ein? Bedenken Sie folgendes: Für einen Beobachter auf der Nordhalbkugel steht die Sonne praktisch stets am südlichen Himmel. Wenn man nach Süden zur Sonne blickt, bewegt sie sich von Osten nach Westen, für den Beobachter also von links nach rechts. Die Stundenzeiger der frühesten Uhren – und am Anfang gab es *nichts als Stundenzeiger* – sollten diese Bewegung der Sonne von links nach rechts nachahmen. Deshalb überquerten sie den höchsten Punkt der Zifferblatts in der Richtung, die wir heute als »Uhrzeigersinn« bezeichnen. Als dann gegen Ende des sechzehnten Jahrhunderts eine Verfeinerung in Form der Minutenzeiger aufkam, kreisten diese natürlich ebenfalls in dieser Richtung. Oder könnten Sie sich eine Uhr vorstellen, bei der der Stundenzeiger in die eine, der Minutenzeiger in die andere Richtung wandert?

Die höllische Tagundnachtgleiche

Stimmt es, daß man, wie manche Leute behaupten, zur Tagundnachtgleiche im Frühling ein Ei auf die Spitze stellen kann?

Das ist vollkommen richtig. Und genauso zur Tagundnachtgleiche im Herbst. Und auch an Dienstagen im Februar, und zu jeder beliebigen Zeit während des Viertelfinales in der Champions League, wenn es 2:1 für die Mannschaft mit dem linksfüßigen Torjäger steht. Sie verstehen, was ich damit sagen will?

Natürlich geht es darum, daß Tagundnachtgleichen absolut nichts mit dem Versuch zu tun haben, Eier auf der Spitze zu balancieren. Doch alter Aberglaube stirbt nie aus, besonders wenn er Jahr für Jahr von Spinnern zelebriert wird, die gerne zaubern möchten und am Tag der Frühlings-Tagundnachtgleiche in den Wiesen Elfentänze aufführen.

Ein Ei können Sie auf die Spitze stellen, wann immer Ihnen danach zumute ist.

Probieren Sie es selbst

Schauen Sie sich ein Ei ganz genau an. Es ist nicht glatt wie Glas, oder? Man erkennt kleine Unebenheiten. Wenn Sie ein Dutzend überprüfen, finden Sie sicherlich einige, die am dickeren Ende einige kleine Höcker haben.

Nun suchen Sie sich eine Tischplatte oder eine ähnliche Oberfläche, die relativ glatt, aber nicht blank wie Glas ist. Mit einer ruhigen Hand und ein wenig Geduld wird es Ihnen gelingen, dieses wundersame astronomische (genauer gesagt, astrologische) Kunststück zu vollbringen, ohne daß Mutter Erde etwas anderes beitragen müßte als ihre Schwerkraft, die

die Aufgabe so spannend macht. Eine relativ rauhe Unterlage wie eine Betonplatte, ein stark strukturiertes Tischtuch oder ein kurzfloriger Teppich – und das Ganze ist ein Kinderspiel. Ein alter Trick bei Tisch – an jedem Tag des Jahres – bestand darin, heimlich einen Ehering unter das Tischtuch zu schmuggeln und mit vorgetäuschter Umständlichkeit das Ei darauf zu »balancieren«.

Soviel zum guten alten Eierspiel. Aber was ist eine Tagundnachtgleiche (Äquinoktium) überhaupt?

Stellen Sie sich die Erde vor, die pro Jahr einen Umlauf um die Sonne vollendet. Der Kreis, den sie dabei um die Sonne zieht, liegt in einer Ebene, genau wie ein auf Papier gezeichneter Kreis auf der Ebene des Papiers liegt. Man nennt sie *Ebene der Ekliptik*. Nun trägt Mutter Erde noch einen weiteren Kreis um ihre Mitte, den wir Äquator nennen, und auch der liegt in einer Ebene, der sogenannten *Äquatorialebene*. Wir können diese Ebene in Gedanken über die Erde hinaus beliebig weit ausdehnen. Aber seltsam: Sie trifft die Sonne nicht. Normalerweise werden Sie die Sonne nirgends auf der Äquatorialebene finden. Das liegt an der Neigung der Erdachse, die es mit sich bringt, daß die Äquatorialebene ober- oder unterhalb der Sonne liegt. Der Winkel, in dem die Äquatorialebene gegen die Ebene der Ekliptik geneigt ist, beträgt 23 Grad.

Auf ihrem Weg um die Sonne erreicht die Erde zweimal pro Jahr einen Punkt, an dem sich die beiden Ebenen überlagern – das heißt, die Sonne auf ihrer Ebene der Ekliptik liegt gleichzeitig auch auf der Äquatorialebene, steht also direkt über dem Äquator. Ein halbes Jahr lang befindet die Sonne sich nördlich des Äquators, was der Nordhalbkugel Frühling und Sommer beschert; während der anderen Hälfte des Jahres steht sie südlich des Äquators, wo nun (auf der Südhalbkugel) Frühling und Sommer herrschen. Die beiden Zeitpunkte, in denen die Ebenen »zusammentreffen«, fallen in der Regel auf den 21. März und den 23. September, die auf der Nordhalbkugel als Frühlingsanfang bzw. Herbstanfang festgelegt wurden. Man nennt sie auch Äquinoktialpunkte (Frühlings- und Herbstpunkt).

Das Wort *Äquinoktium* stammt aus dem Lateinischen und bedeutet »gleiche Nacht«, denn zu diesen Zeitpunkten sind die Zeitabschnitte mit Tageslicht (Tag) und mit Dunkelheit (Nacht) auf der ganzen Welt gleich lang. Man erkennt das auch daran, daß die Sonne genau über dem Äquator steht, was weder im Norden noch im Süden längeres Tageslicht zuläßt.

Schon in der Frühgeschichte glaubten die Menschen, die das alles nicht wußten, daß die Tage mit gleich langer Helligkeit und Dunkelheit eine besondere Bedeutung hatten. Sie leiten ja tatsächlich die Jahreszeit der Wärme und des Wachstums oder die der Kälte und der Kargheit ein. So entwickelte sich rund um diese Daten auch eine Menge Aberglauben. Aber Sie sehen, daß es keine »Aufreihung der Planeten« oder andere mögliche Schwerkraftwirkungen der Tagundnachtgleichen gibt, die Eier dazu veranlassen könnten, irgendwelche seltsamen Dinge zu tun. Seltsam sind eigentlich nur die Spinner, die immer noch behaupten, jene Daten hätten magische Kräfte.

Ach ja, und dann gibt es auch noch die *Sonnenwenden*. Sie finden jeweils in der Mitte zwischen den Äquinoktien statt. Sommer- und Wintersonnenwende bezeichnen jeweils den Augenblick, in dem die Sonne ihre nördlichste bzw. südlichste Position des ganzen Jahres erreicht. Für die Bewohner der Nordhalbkugel fällt die Sommersonnenwende mit der längsten Dauer des Tageslichts auf den 21. oder 22. Juni; man könnte sie als »Sommerhöhepunkt«

oder als »Mittsommer« bezeichnen. Diese Tage haben ebensowenig mystische Macht über Eier wie die Äquinoktien, auch wenn sie in Skandinavien, wo die Winter lang und dunkel sind und der Mittsommertag einen Anlaß für große Feiern darstellt, einen mysteriösen Einfluß auf den Alkoholkonsum zu haben scheinen.

O Solar mio

Könnte die Menschheit, wenn Kohle und Erdöl zur Neige gehen, ihren gesamten Energiebedarf mit Sonnenenergie decken, die ja unerschöpflich ist?

Wahrscheinlich nicht, wenn Sie damit meinen, man könnte mit Solarzellen soviel Strom erzeugen. Gewiß gibt es eine Menge Sonnenschein, aber das Problem besteht darin, ihn einzufangen und umzuwandeln. Rechnen wir es doch einmal durch.

Mit der Sonnenstrahlung wird der Erdoberfläche täglich das Dreifache der Energiemenge geliefert, die die Welt pro Jahr konsumiert. Um diesen Verbrauch abzudecken, müßten wir also umgerechnet das gesamte Sonnenlicht auf einem Zehntel Prozent der Erdoberfläche einfangen und umwandeln. Das hört sich nach nicht sehr viel an, würde aber eine Fläche von 470 000 Quadratkilometern Sonnenkollektoren erfordern, was etwa der Größe Spaniens entspricht. Das müssen wir aber noch verdoppeln, um der unausweichlichen Tatsache Rechnung zu tragen, daß es auf einer Hälfte der Erdkugel immer Nacht ist. Ach ja, und dann gibt es ja auch noch Wolken.

Wenn man es jedoch recht bedenkt, stammen ohnehin

alle unsere heutigen Energiequellen von der Sonne, mit Ausnahme der Kernenergie, deren praktische Nutzung vor etwa sechzig Jahren entdeckt wurde. Auch die Sonne gewinnt ihre Energie aus Nuklearenergie in Form der Kernfusion. Kosmisch gesehen gibt es also eigentlich nur eine Energiequelle im Universum, und das ist die nukleare Energie. Selbst die Erdwärme, der Ursprung der Vulkane und heißen Quellen, wird von der Kernenergie radioaktiver Mineralien gespeist.

Ehe wir jedoch lernten, hier unten auf der Erde unsere eigene Kernenergie zu produzieren, mußten wir uns unseren Anteil an der kosmischen Nuklearenergie über einen Zwischenschritt beschaffen: über die gute alte Sonne. Unser Zentralgestirn wandelt seine Kernenergie für uns in Licht und Wärme um, und alle unsere derzeitigen Energiequellen beruhen auf dieser Wärme und diesem Licht. Deshalb sind sie in einem ganz realen Sinn Sonnenenergie.

Schauen wir uns unsere Quellen der »Sonnenenergie« nacheinander an.

Fossile Brennstoffe: Kohle, Erdgas und Erdöl sind die Überreste von Pflanzen und Tieren, die vor vielen Millionen Jahren gelebt haben. Aber was brachte diese Pflanzen und Tiere hervor? Die Sonne. Pflanzen nutzten die Energie des Sonnenlichts mit Hilfe der Photosynthese für ihr Wachstum, und die Tiere kamen und fraßen die Pflanzen (und leider auch einander). Alles Leben auf der Erde verdankt seine Existenz der Sonne, und das gilt folglich auch für die Energie, die wir heute aus fossilen Brennstoffen beziehen.

Wasserkraft: Wasserkraftwerke ziehen die Gravitationsenergie aus dem herabstürzenden Wasser, das über Turbinenschaufeln, unsere moderne Version des Wasserrades, geleitet wird. Sie müssen kein Wasserrad oder keine Turbine in der Küche besitzen, um Ihre Kaffeebohnen zu mahlen, weil die Turbinen im Kraftwerk mit der Gravitationsenergie des Wassers Generatoren antreiben, die sie in Strom umwandeln. Der wird dann über Kupferleitungen bis zu den Steckdosen in Ihrer Wohnung befördert.

Wasser stürzt die Niagarafälle hinab oder fließt über zahllose Staudämme in aller Welt, weil es zu Ehren von Isaac Newton (das ist der mit dem fallenden Apfel) versucht, sich dem Erdmittelpunkt zu nähern (siehe S. 154). Ist Wasserkraft dann nicht eigentlich die Energie der Erdanziehung? Wird sie nicht eher von der Erde als von der Sonne verursacht?

Ja, aber zügeln Sie Ihren Eifer. Wie kam das Wasser zu Anfang so weit hinauf, daß es anschließend unter dem Einfluß der Schwerkraft wieder hinabstürzen kann? Das macht wieder die Sonne. Sie scheint auf die Meere, wodurch Wasser verdunstet und in die Luft aufsteigt. Der Wind verteilt den Wasserdampf, der Wolken bildet und schließlich wieder als Regen oder Schnee fällt. Ohne die Kraft der Sonne, die das Wasser nach oben befördert, gäbe es keine Kraft aus fallendem Wasser. Wir hätten keine Wasserfälle und keine Flüsse, denn wenn sie nicht ständig durch den von der Sonne hinaufbeförderten Regen oder Schnee ergänzt würden, würden sie alle trockenfallen.

Windkraft: Windmühlen holen ihre Energie aus der Bewegung der Luft. Aber was setzt die Luft in Bewegung? Sie haben es erraten: die Sonne.

Die Sonnenstrahlen fallen auf die Erdoberfläche, hier ein wenig stärker, dort ein wenig schwächer, das hängt von den Jahreszeiten, der geographischen Breite, der Wolkendecke und einer Reihe anderer Faktoren ab. Das Land wird von der Sonne jedoch weit stärker erwärmt als die Ozeane, und dies erzeugt auf dem gesamten Globus ungleichmäßig erwärmte Luftmassen. Während die wärmeren Luftmassen aufsteigen und am Boden kühlere Luft nachströmt, um sie zu ersetzen (siehe S. 158), fließt die Luft und erzeugt so alles an Wind, vom linden Lüftchen bis zu Monsunstürmen. Da aber alle Luftbewegungen der Atmosphäre letztlich auf die Sonnenwärme zurückzuführen sind, wird die Windenergie wirklich von der Sonne erzeugt.

Erbsenzähler-Ecke

Schön, ich gebe zu, nicht jeder Wind wird von der Sonne verursacht. Einiges davon bringt die Erde auch ohne fremde Hilfe zustande.

Die Erde dreht sich, und dabei nimmt sie auch eine dünne Gasschicht – die Atmosphäre – mit. Nun gehören Gase und Flüssigkeiten zu den fluiden (flüssigen) Stoffen, also Substanzen, die im Unterschied zu Feststoffen leicht fließen. Jede fluide Substanz hat Schwierigkeiten, an Ort und Stelle zu bleiben, wenn der Festkörper sich bewegt, an dem sie sich festzuhalten versucht. Im Flugzeug zum Beispiel schwappt der Kaffee in Ihrer Tasse umher, wenn die Maschine genau in dem Moment durch Turbulenzen fliegt, in dem der Flugbegleiter eingeschenkt hat.

Ähnlich sorgt auch die Rotationsbewegung der Erde dafür, daß die Luft in gewissem Ausmaß umherschwappt wie der Kaffee in der Tasse. Und was ist Luft, die umherschwappt? Wind. Einige der Luftbewegungen in der Atmosphäre werden also tatsächlich von der Erde und nicht von der Sonne verursacht.

Es gibt eine recht interessante Art, wie die Erddrehung sich auf die Luftbewegungen auswirkt: Sie wird Coriolis-Effekt genannt (siehe S. 182).

Rendezvous mit einer Mumie

Kann man mit Hilfe der Radiokarbonmethode das Alter von *allem* bestimmen?

Sie ist nicht geeignet, das Alter noch lebender Organismen zu bestimmen, also auch nicht das einer/eines Zwölfjährigen, die/der sich in einem Internet-Chatroom als Fünfundzwanzigjährige/r aufspielt. Die Altersbestimmung mit der Radiokarbonmethode ist bei Überresten pflanzlicher oder tierischer Lebewesen nützlich, die vor etwa fünfhundert bis fünfzigtausend Jahren gestorben sind.

Seitdem der Chemiker Willard F. Libby(1908–1980) von der University of Chicago in den fünfziger Jahren des zwanzigsten Jahrhunderts die Radiokarbonmethode erfunden hat (wofür er 1960 den Nobelpreis erhielt), hat dieses Verfahren sich als äußerst wertvolles Forschungsinstrument für die Archäologie, die Ozeanographie und mehrere andere Wissenschaftszweige erwiesen.

Wenn wir mit Hilfe der Radiokarbonmethode (C-14-Methode) herausfinden wollen, wie alt ein Gegenstand ist, muß dieser eine gewisse Menge organischen Kohlenstoffs enthalten, der einst Bestandteil einer lebenden Pflanze oder eines Tieres gewesen ist. Dann können wir mit Hilfe dieses Verfahrens bestimmen, vor wie langer Zeit dieses Lebewesen gelebt hat, oder genauer gesagt (wie wir noch sehen werden), vor wie langer Zeit es gestorben ist.

Mit dieser Methode lassen sich Substanzen wie Holz, Knochen, Holzkohle eines alten Lagerfeuers oder sogar das Leinen untersuchen, mit dem eine Mumie eingewickelt wurde, denn Leinen wird aus den Fasern der Flachspflanze hergestellt.

Kohlenstoff ist das einzige chemische Element, das in allen biochemischen Verbindungen eines jeden Lebewesens enthalten ist – in den Proteinen, Kohlenhydraten, Lipiden, Hormonen, Enzymen und so weiter. Die Chemie der auf Kohlenstoff beruhenden Verbindungen heißt in der Tat »organische Chemie«, weil man einige Zeit lang glaubte, diese Verbindungen würden *ausschließlich* in lebenden Organismen vorkommen. Heute wissen wir, daß wir aus Rohöl alle Arten von »organischen« Kohlenstoffverbindungen herstellen können und sie uns nicht ausschließlich von Pflanzen oder Tieren beschaffen müssen.

Doch der Kohlenstoff in Lebewesen unterscheidet sich in einer wichtigen Einzelheit vom Kohlenstoff in unbelebten Substanzen wie Kohle, Erdöl und Mineralien. »Lebender« Kohlenstoff enthält eine kleine Menge eines bestimmten Kohlenstoffatoms, das als Kohlenstoff-14 bekannt ist, während in »totem« Kohlenstoff lediglich Kohlenstoff-12 und Kohlenstoff-13 vorkommen. Diese drei verschiedenen Arten von Kohlenstoffatomen heißen *Isotope*. Chemisch verhalten sie sich alle gleich, aber ihre Gewichte (genau gesagt, ihre Massen) unterscheiden sich geringfügig (siehe S. 48).

Abgesehen von seiner Masse ist Kohlenstoff-14 auch deswegen ungewöhnlich, weil er radioaktiv ist. Das heißt, er ist instabil und neigt dazu, zu zerfallen, wobei er subatomare Partikel, die sogenannten Beta-Teilchen, abgibt. Aus diesem Grund sind alle Lebewesen ein wenig radioaktiv, denn sie enthalten alle Kohlenstoff-14. Ja, auch Sie und ich gehören dazu; wir sind alle radioaktiv. Ein durchschnittlicher Mensch mit 68 Kilo enthält eine Million Milliarden Atome von Kohlenstoff-14, die pro Minute 200 000 Beta-Teilchen abstrahlen!

Kneipenwette

Wir sind alle radioaktiv.

Woher bekommen lebende Organismen den Kohlenstoff-14, wenn der unbelebte Kohlenstoff auf der Welt nicht radioaktiv ist? Und was geschieht damit, wenn die Lebewesen sterben? Hier wird die Geschichte der Radiokarbonmethode richtig aufregend. Professor Libby, der am anderen Ende des Flurs gegenüber meinem eigenen Labor an der University of Chicago arbeitete, gelang es, die Gemeinsamkeiten einer Reihe scheinbar unzusammenhängender Naturerscheinungen zu erkennen. Richtig zusammengesetzt ergaben sie eine raffinierte Methode, mit der wir in unsere weit zurückliegende Vergangenheit und in die Geschichte des ganzen Planeten schauen können. Die folgende Ereignisreihe schildert diese Entdeckung:

1. In der Atmosphäre entsteht ständig Kohlenstoff-14. Grund dafür sind kosmische Strahlen, jene subatomaren Teilchen hoher Energie, die praktisch mit Lichtgeschwindigkeit in allen Richtungen durch unser Sonnensystem schießen. (Einige davon stammen von der Sonne, doch die übrigen aus dem Weltraum.) Wenn diese kosmischen Strahlen auf die Erdatmosphäre treffen, schlagen einige in Stickstoffatome ein und verwandeln sie so in Kohlenstoff-14-Atome. Diese verbinden sich mit dem Luftsauerstoff zu Kohlendioxidgas, das vom Wind gleichmäßig in der gesamten Atmosphäre verteilt wird. Deshalb enthält die Atmosphäre eine bestimmte Menge Kohlenstoff-14, der chemisch gesehen als Kohlendioxid vorliegt. Dieser Prozeß läuft schon seit Äonen ab, und die Atmosphäre enthält inzwischen einen konstanten Anteil von Kohlenstoff-14.

2. Das radioaktive Kohlendioxid wird von Pflanzen auf der Erdoberfläche eingeatmet und zur Herstellung der pflanzeneigenen chemischen Verbindungen verwendet. (Sie wissen natürlich, daß Pflanzen Kohlendioxid für die Photosynthese aufnehmen.) Deshalb enthalten alle Pflanzen auf der Erde Kohlenstoff-14. Auf jeweils 750 Milliarden normale Kohlenstoffatome kommt dabei jeweils 1 Atom Kohlenstoff-14.
3. Solange die Pflanze lebt, nimmt sie ständig Kohlendioxid aus der Atmosphäre auf, wodurch auch das unter (2) genannte Verhältnis der Kohlenstoffisotope konstant bleibt.
4. Sobald die Pflanze stirbt, atmet sie nicht länger Kohlendioxid ein. Da der Bestand an Kohlenstoff-14 nicht mehr aus der Atmosphäre ergänzt wird, sinkt sein Anteil aufgrund des radioaktiven Zerfalls allmählich ab. Im Lauf der Zeit bleiben so immer weniger Kohlenstoff-14-Atome in dem toten Pflanzenmaterial übrig.
5. Wir kennen die genaue Rate, mit der eine Anzahl von Kohlenstoff-14-Atomen zerfällt (siehe die Erbsenzähler-Ecke). Wenn wir also zählen können, wie viele davon in altem Pflanzenmaterial übrig sind, können wir berechnen, wie lange die Zeit zurückliegt, in der die Pflanze noch den vollen Anteil von 1:750 Milliarden enthielt. Daraus ergibt sich auch, wann die Pflanze gestorben ist. Im Falle eines Holzstücks können wir zum Beispiel angeben, wann der Baum gefällt worden ist; bei einer Mumie können wir die Leinenhülle untersuchen und berechnen, wann der Flachs für das Leinen geerntet wurde, und so weiter.

Was aber ist mit Tierresten wie Knochen und Leder? Wie können wir sagen, wann ein Tier gelebt hat und gestorben ist? Nun, Tiere ernähren sich von Pflanzen. Oder von Tieren, die Pflanzen fressen. Oder, wie im Fall der Menschentiere, von beidem. Deshalb beträgt das Verhältnis der verschiedenen Kohlenstoffisotope in der Nahrung, aus der die Tiere ihre lebensnotwendigen chemischen Verbindungen aufbauen, ebenso 1:750 Milliarden wie bei den Pflanzen. Wenn das Tier stirbt, hört es auf, zu fressen und Kohlenstoffatome mit seiner Umgebung auszutauschen, und sein Gehalt an Kohlenstoff-14-Atomen verringert sich auf die genau bekannte Art und Weise. Wir messen, wieviel von diesem Isotop noch vorhanden ist, und daraus können wir die Zeit berechnen, die verstrichen ist, seit der Überrest Teil eines lebenden Tieres war.

In den letzten paar Jahrzehnten ist die Radiokarbonmethode in einigen spektakulären Fällen eingesetzt worden. Dazu gehört die Datierung der Schriftrollen vom Toten Meer, einer Sammlung von etwa achthundert Handschriften, die etwa um 68 v. Chr. von Angehörigen der jüdischen Sekte der Essener in mehreren Höhlen am Ufer des Toten Meeres (etwa 16 Kilometer von Ostjerusalem entfernt) versteckt worden sind. Beduinen hatten sie zwischen 1947 und 1965 entdeckt. Die in Leinen eingewickelten Pergamentrollen enthalten authentische Teile des Alten Testaments, die, wie man mit der Radiokarbonmethode feststellte, um 100 v. Chr. geschrieben worden sind.

Ein weiterer Triumph der Radiokarbon-Datierung war, daß man das Turiner Grabtuch, welches von manchen für das Grabtuch Christi gehalten wird, als mittelalterliche Fälschung entlarven konnte, irgendwann aus der Zeit zwischen 1260 und 1390. Dieses unzweideutige wissenschaftliche Ergebnis, das 1988 von drei unabhängigen Laboratorien in Zürich, Oxford und Arizona erbracht wurde, wird von denen, die lieber am Glauben festhalten, nach wie vor bestritten.

Erbsenzähler-Ecke

Woher kennen wir die genaue Rate, mit der die Menge von Kohlenstoff-14 abnimmt?

Jedes radioaktive oder instabile Atom zerfällt in einem bestimmten Zeitraum mit einer gewissen Wahrscheinlichkeit. Manche Arten radioaktiver Atome sind weniger stabil als andere, das heißt, sie zerfallen mit höherer Wahrscheinlichkeit. Zwar können wir nicht angeben, wann ein einzelnes Atom zerfällt, aber angesichts der Abermillionen Atome, selbst in einem winzigen Stückchen radioaktiver Materie, lassen sich umfassende statistische Vorhersagen ableiten. Das geht wie beim Münzenwerfen: Sie haben keine Ahnung, ob bei einem bestimmten Wurf Kopf oder Zahl kommen wird, aber es ist absolut sicher, daß nach einigen Millionen Würfen ziemlich genau bei der Hälfte der Kopf, bei der anderen die Zahl gefallen sein wird.

Im Falle der radioaktiven Atome sagt uns die Statistik, daß die Hälfte der Atome innerhalb eines bestimmten Zeitraums zerfallen sein wird, den man *Halbwertszeit* nennt. Und diese gilt für jede beliebige Ausgangsmenge der entsprechenden Atome.

Die Halbwertszeit von Kohlenstoff-14 beträgt den Messungen zufolge 5730 Jahre. Wenn man mit zehn Milliarden Atomen Kohlenstoff-14 anfängt, sind nach 5730 Jahren noch 5 Milliarden davon übrig. Nach weiteren 5730 Jahren sind es nur noch 2,5 Milliarden, und so weiter. Wenn wir nun die Zahl der Kohlenstoff-14-Atome in einer Probe von altem Holz bestimmen und finden, daß es genau halb so viele enthält wie ein ähnliches Stück lebenden Holzes, wissen wir, daß es vor genau 5730 Jahren vom Baum geschnitten wurde. Und das läßt sich für jede Menge von

Kohlenstoff-14 und jeden Zeitraum durchführen, auch wenn die Berechnung nicht ganz so einfach abläuft (Infinitesimalrechnung und Logarithmen und so Zeug – das wollen Sie doch jetzt bestimmt nicht wissen).

Kapitel 5

Ihr Himmel dort oben!

Einer der Unterschiede zwischen Menschen und Tieren besteht darin, daß Tiere meist nicht zum Himmel aufschauen. Ihre Nahrung befindet sich in einem relativ engen Bereich im Umfeld der Erdoberfläche, der von den Biologen als Biosphäre bezeichnet wird. Und Nahrung ist alles, was sie brauchen.

Unser menschliches Bedürfnis nach Nahrung ist jedoch sowohl spirituell und geistig als auch körperlich geprägt. Von dem Augenblick an, in dem wir uns erstmals die Frage »wie?« oder »warum?« stellten, haben wir immer zum Himmel aufgeschaut, um Antworten darauf zu erhalten.

Für uns hatte der Himmel – das große *DORT OBEN* – stets eine mystische Anziehungskraft. Er stellt eine begriffliche Sublimierung alles dessen dar, was jenseits unseres Verständnisvermögens liegt. Die frühesten Menschen schauten *dort hinauf* und fragten sich, was die Sterne sind. Dann erfanden sie Götter, und wo sonst hätten sie deren Werkstätten einrichten sollen, wenn nicht *dort oben*? Für die himmlischen Gefilde, letzte, unbekannte Region jenseits des Todes, konnte es keinen anderen Ort geben.

Im weiteren Verlauf der Geschichte spannen Astrologen in dem Versuch, eine handfestere Brücke zum Himmel zu schlagen, ein verwickeltes Netz angenommener Verknüpfungen zwischen den Bewegungen der Sterne und Planeten *dort oben* und all dem, was uns hier unten bewegt und berührt. Man glaubt es kaum, doch selbst im einundzwanzigsten Jahrhundert gibt es noch Leute, die glauben, ein

Milliarden von Kilometern entfernter Planet könne ein Gewinnlos der Lotterie in ihre Tasche zaubern.

Heute, wo wir vieles von Grund auf bis zu den äußersten Rändern der Erde und darüber hinaus erforscht haben, stellen wir fest, daß *dort oben* viel weniger Geheimnisse übriggeblieben sind. Wir können nicht nur bis ans oberste Ende des irdischen Himmels, sondern sogar über ihn hinaus zu anderen Planeten fliegen. Das Reich des Unbekannten, auf das wir unsere Aufmerksamkeit jetzt richten müssen, liegt weiter entfernt, nämlich *dort draußen* im Weltraum: ein ganzes Universum unvorstellbarer Geheimnisse, die sich uns weiterhin, vielleicht auf ewig, entziehen. Und wir blicken weiterhin nach oben und stellen uns Fragen.

Im folgenden Kapitel erkunden wir zunächst die unterste Etage des Himmels, die Atmosphäre, die mit ihrem Sauerstoff (für Tiere) und ihrem Kohlendioxid (für Pflanzen) nicht nur alles Leben aufrechterhält, sondern auch alles Licht zu unseren Augen, alle Töne zu unseren Ohren und alle Gerüche zu unserer Nase bringt. Wir erleben, wie der Mond sich blau färbt, hören einen Überschallknall aus dem Löwenkäfig und riechen eine absolut widerwärtige Substanz. Dann löschen wir die Lichter und schauen zum Nachthimmel auf, der nie aufgehört hat, die Menschheit zu verzaubern. Wissen Sie *wirklich*, warum die Sterne funkeln und der Mond nicht?

Und schließlich verlassen wir die Erde und wagen uns ins Weltall, wo es sehr, sehr kalt ist. Oder vielleicht nicht?

Igitt!

Gelangen Teilchen der Substanz in meine Nase, wenn ich sehr widerwärtiges Zeug rieche?

Leider ja. Keine richtigen Bruchstücke davon, sondern einzelne Moleküle – Moleküle, die von dem »Zeug« verdampft und mit der Luft in Ihre Nase geweht worden sind.

Aber Sie sollten sich von dieser Vorstellung nicht krank machen lassen. Schon eine unglaublich winzige Zahl von Molekülen reicht aus, daß der Mensch einen Geruch wahrnimmt. Und es sind noch nicht einmal Moleküle des »ganzen Zeugs«.

Praktisch alle Substanzen, die Sie sich vorstellen können (und dazu noch weitere, die Ihnen gar nicht einfallen würden, wenn Sie sich nicht darum bemühten), sind komplizierte Mischungen aus vielen verschiedenen chemischen Verbindungen. Jede dieser Teilsubstanzen hat eine mehr oder weniger ausgeprägte Tendenz, einige ihrer Moleküle als Dampf an die Luft abzugeben. Die Moleküle, die in Ihre Nase gelangen, sind kein ordinäres (man beachte den Doppelsinn!) Abbild der vollständigen widerlichen Substanz, sondern nur Moleküle ihrer flüchtigsten (am leichtesten in Dampf übergehenden) chemischen Bestandteile. Wenn Sie sagen: »Ich rieche die Substanz X«, so haben Sie einfach gelernt, den Geruch jener wenigen flüchtigen Verbindungen mit der ganzen, chemisch viel komplizierteren Substanz X zu verbinden. Allein für sich, ohne ihren anrüchigen Kontext, ist jede dieser Verbindungen in Reinform vielleicht ganz unschuldig, selbst wenn sie stinkt.

Nichtsdestoweniger hat man mehrere unangenehm riechende chemische Substanzen nach dem »Stoff« benannt, in dem sie vorkommen und für dessen Geruch sie hauptsächlich verantwortlich sind. Capronsäure (Butyl-Essigsäure) heißt so, weil sie wie Ziege riecht (vom lateinischen *caper* für Ziegenbock). *Kadaverin* (Pentamethylendiamin) ist ein chemischer Bestandteil faulenden Fleisches. Und Skatol riecht wie... nun, *skatos* ist das griechische Wort für Exkrement.

Und nun die erstaunlichste Tatsache der Woche: Skatol wird für Parfums verwendet. Es dient als Fixiermittel, das Geruchsstoffe davor bewahrt, zu schnell zu verdampfen – nicht aber davor, von Werbetextern in leidenschaftlichen, romantischen Begriffen beschrieben zu werden. Ob die wissen...?

Staubsauger saugen – notfalls auch nichts!

Was würde geschehen, wenn ich einen Staubsauger im Vakuum* betreiben würde?

Sie würden ein überaus sauberes Vakuum bekommen.

Aber im Ernst, ich weiß nicht, warum Sie auf eine derartige Idee kommen, denn es gibt nichts Reineres als ein wirkliches Vakuum; es ist der Inbegriff des Nichts. Ich gehe aber davon aus, daß Sie die Frage aus wissenschaftlicher Neugier stellen und nicht, weil Sie sich einen Spaß machen wollen.

Was ist ein Vakuum? Die Menschen benutzen das Wort ziemlich unterschiedslos, um Räume zu beschreiben, die

* Staubsauger heißt im Englischen *vacuum cleaner.*

etwas weniger als die normale Menge von Luftmolekülen in der Atmosphäre enthalten. Ein Kubikzentimeter gewöhnlicher Luft enthält auf Meereshöhe 27 Milliarden Milliarden ($2{,}687 \times 10^{19}$) Moleküle. Wenn Sie ein paar davon absaugen – Sie können dazu hernehmen, was gerade verfügbar ist: Strohhalm, Staubsauger oder Vakuumpumpe –, dürfen Sie das Ergebnis schon als Vakuum bezeichnen. In Wahrheit ist es aber nur ein *Teil*vakuum, das noch eine Menge Luft enthält. Ein Staubsauger kann nicht einmal die Hälfte der Luft aus einem geschlossenen Behälter pumpen.

Dagegen ist ein *absolutes, echtes* Vakuum als ein Raum definiert, der absolut nichts, kein einziges Molekül, enthält. Doch dieses absolute Vakuum ist, wie ein absolut vertrauenswürdiger Politiker, nur eine abstrakte Vorstellung. In der richtigen Welt gibt es so etwas nicht.

Warum nicht? Selbst wenn Sie eine hundertprozentig arbeitende Vakuumpumpe erfinden würden, die auch das allerletzte Luftmolekül aus einem geschlossenen Behälter saugen könnte – und aus einem Grund, der gleich dargelegt werden wird, können Sie das nicht –, würde der Behälter Moleküle der eigenen Oberfläche in den leergepumpten Raum abgeben. Denn wirklich jede Substanz auf der Welt besitzt einen Dampfdruck (siehe S. 287) – das ist eine mehr oder weniger ausgeprägte Tendenz ihrer Moleküle, in Dampfform in den umgebenden Raum davonzufliegen. Das gilt unabhängig davon, wie solide und dem Felsen von Gibraltar ähnlich der Stoff auch scheinen mag. Ein Wissenschaftler würde sagen (und auch ich tue es), daß zwischen der festen und der dampf- oder gasförmigen Substanz ein *Gleichgewicht* besteht (siehe S. 275). Jedes Molekül an der Oberfläche eines Feststoffes hat die Möglichkeit, dort zu verbleiben oder als Gasmolekül davonzufliegen.

Alles, was ich hier über Feststoffe sage, ist Ihnen in bezug auf Flüssigkeiten bereits als zutreffend bekannt: Moleküle einer Flüssigkeit können als Dampf in den umgebenden Raum davonfliegen. Wasser zum Beispiel verdampft ziemlich flott: Sein Dampfdruck ist recht hoch. Öle dagegen gehen nicht so leicht in Dampfform über: Ihre Tendenz, Dämpfe zu bilden, also ihr Dampfdruck, ist niedrig.

Viel, viel kleiner als bei allen Flüssigkeiten ist die Neigung von Feststoffen, in Dampf überzugehen. Sicher haben Sie noch nie gesehen, wie ein Stück Eisen allmählich »geschwunden« ist und sich in Luft aufgelöst hat, oder? Doch das heißt nicht, daß nicht ab und zu ein einzelnes Eisenatom die Bindung zu seinen übrigen Kumpeln im Feststoff löst und in die wilde blaue Weite davonsegelt.

Um die Relationen zurechtzurücken: Die Tendenz flüssigen Wassers, in Dampf überzugehen, ist 500 000 000 000 000 000 000 000 000 000 000 000 000 000 000 000 000 000 000 000 000 000malgrößer als die von festem Eisen. Doch das heißt noch lange nicht, daß Sie aus Eisen eine *vollkommene* Vakuumkammer bauen könnten. Ein paar Eisenatome würden immer noch in ihr herumfliegen. Außerdem, was würden Sie denn verwenden, um sie abzudichten? Gummidichtungen? Gummi hat einen beachtlichen Dampfdruck, und deswegen hätten Sie jede Menge Gummimoleküle in Ihrem »absoluten« Vakuum.

Und so fort. Selbst wenn es Ihnen gelänge, eine Vakuumkammer aus reinem Wolfram zu konstruieren, das den niedrigsten Dampfdruck aller bekannten Stoffe hat – etwa in der Größenordnung von ein oder zwei Atomen, die im Universum herumfliegen –, könnten Sie sie nicht absolut leerpumpen, weil die *Vakuumpumpe selbst* mit Dichtungen, Ölen und Fetten ausgestattet ist, die ihrerseits jeweils einen bedeutenden Dampfdruck aufweisen.

All das hat Wissenschaftler nicht davon abhalten können, das bestmögliche Vakuum zu erzeugen. Das beste, was ihnen bisher gelungen ist, enthält nur ein paar Millionen Moleküle pro Kubikzentimeter im Vergleich zu den 27 Milliarden Milliarden Molekülen in gewöhnlicher Luft. Das ist erheblich leerer als ein Girokonto vor dem Zahltag.

Doch in Ihrer Frage war auch ausgedrückt, daß Sie mit einem Staubsauger in der Hand in einem vollkommen luftleeren Raum stehen wollten (sofern Sie dort überleben könnten), und nun zu wissen wünschen, was der Staubsauger aufsaugen würde. Nichts. Sein Schaufelrad würde sich einfach drehen und drehen und absolut nichts ansaugen oder hinausblasen, weil da nichts ist, was er ansaugen oder hinausblasen könnte.

Aber das haben Sie ohnehin gewußt, Sie Schlingel, Sie.

Peitschenknall mit Überschall

Wenn ein Löwendompteur seine Peitsche schnalzen läßt, ist ein sehr lauter Knall zu hören. Doch er trifft weder den Löwen, noch sieht es so aus, als würde die Peitsche auch nur den Boden berühren. Wodurch entsteht das laute Geräusch?

Der Knall einer Bullenpeitsche ist eigentlich ein Miniatur-Überschallknall. Er entsteht, weil die Spitze der Peitschenschnur schneller als der Schall durch die Luft rast.

Wenn der Herr der großen Katzen scharf mit der Peitsche schnalzt, überträgt er eine Menge Energie auf das Ende des Griffs. Diese Energie kann nur in eine Richtung weiterwandern, nämlich entlang der Peitsche, und zwar in

Form einer Bewegungswelle. In der Sprache der Wissenschaft nennt man die Energie einer Bewegung *kinetische Energie*, und diese ist eine Funktion von Gewicht und Geschwindigkeit (eigentlich von Masse und Geschwindigkeit, aber wir wollen ja keine Haarspaltereien betreiben). Ein gegebener Betrag kinetischer Energie kann zu einem schweren Objekt gehören, das sich relativ langsam bewegt, oder zu einem leichten Gegenstand, der relativ schnell unterwegs ist. Beispielsweise müßte ein gewöhnlicher PKW mit einer Tonne Gewicht mit 254 km/h fahren, um die gleiche kinetische Energie wie ein Sattelschlepper mit 80 km/h zu erreichen.

(Wer mathematisch sattelfest ist, erkennt sofort, daß diese Geschwindigkeiten nicht umgekehrt proportional zu den Gewichten sind: Die kinetische Energie ist dem *Quadrat* der Geschwindigkeit proportional.)

Auf ihrem Weg zur Spitze der Peitschenschnur, die dünner und dünner wird, hat die Energie immer weniger Masse zu bewegen. Weil diese Energie aber innerhalb der Peitsche bleiben muß – ein anderer Weg steht ihr nicht zur Verfügung –, wächst zwangsläufig die Geschwindigkeit in dem Maß, wie Dicke und Gewicht der Schnur abnehmen.

Haben Sie je das Spiel mit dem »Peitschenknall« auf Schlittschuhen gespielt? Eine lange Reihe von Schlittschuhläufern, die einander an den Händen halten, gleitet gemeinsam in eine Richtung, und wenn der führende Läufer eine Wendung vollzieht, läuft eine immer schneller werdende Welle von Wendeenergie durch die Reihe, bis der letzte Läufer so rasch herumgeschleudert wird, daß er sich kaum mehr aufrechthalten kann. Wenn man kraftvoll mit einer langen Bullenpeitsche schnalzt, kann die Wellenbewegung an ihrem Ende leicht die Schallgeschwindigkeit überschreiten, was einen kleinen Überschallknall erzeugt.

Was passiert mit der Energie, wenn sie das Ende der Peitsche erreicht hat? Wenn Sie eine untersuchen, die oft benutzt worden ist, werden Sie feststellen, daß viele der »Schlittschuhläufer« an ihrem Ende tatsächlich abgetrennt wurden: Die Spitze ist ausgefranst. Ein großer Teil der Energie ist jedoch als Schall direkt in die Luft übertragen worden; ein weiterer Anteil wandert über die ganze Länge zum Griff zurück. Die Umkehr zu dieser Rückwärtsbewegung verläuft unglaublich schnell, und die Welle dieses raschen Rücklaufs trägt ebenfalls zu dem Geräusch bei.

Nun müssen wir nur noch verstehen, warum Löwenbändiger einst beschlossen haben, bei ihren Dressurnummern schlichte Hocker zu verwenden. Wahrscheinlich sind auch Sie der Meinung, daß sich in einem der sicherlich zahlreichen Geschäfte für Dompteurbedarf etwas finden lassen müßte, was raffinierter und professioneller aussieht.

Es hat mich zwar keiner gefragt, aber…

Wie entsteht ein Überschallknall?

Über die Ursache des Überschallknalls ist eine Menge Unsinn im Umlauf. In der *Columbia Encyclopædia* (5. Auflage, 1993) heißt es etwa: »Ein Objekt wie beispielsweise ein Flugzeug erzeugt Schall. Wenn das Objekt die Schallgeschwindigkeit erreicht oder überschreitet, holt es seinen eigenen Schall ein [ich wünschte, manche Politiker würden das tun!], was zu einer Anhäufung des Schalls führt.« Lächerlich! Könnte mir mal jemand sagen, was eine Anhäufung von Schall sein soll?

Andererseits glauben viele Leute, es gebe ein faßbares Ding namens »Schallmauer«. Ein Flugzeug, das sie durchfliegt, sollte demnach ein lautes Krachen erzeugen, als würde es eine unsichtbare Glaswand durchbrechen. Auch das ist falsch. Ich vermute, das Wort »Mauer« hat die Leute auf diesen Gedanken gebracht. Doch damit sollte nie ausgesagt werden, daß es dort oben in der Luft so etwas wie eine physische Barriere gibt, sondern nur, daß die Schallgeschwindigkeit ein Hindernis für die Entwicklung immer noch schnellerer Flugzeuge darstellte. Dennoch erfährt ein Flugzeug, das die Schallmauer »durchfliegt«, durch die dabei auftretende Schockwelle sicherlich erhebliche physikalische Belastungen, wie wir noch sehen werden.

Die eigentliche Barriere für den Überschallflug wird durch die Schallgeschwindigkeit selbst vorgegeben. (Ganz nebenbei: *Überschall* steht für eine Geschwindigkeit über der des Schalls, während *Ultraschall* die Schallfrequenzen oberhalb des menschlichen Hörvermögens bezeichnet.) Tatsächlich kommt es zu einzigartigen Ereignissen, wenn ein Objekt sich der Schallgeschwindigkeit annähert:

Natürlich besteht Luft aus Molekülen, vor allem aus denen des Sauerstoffs und des Stickstoffs. In allen Gasen flitzen die Moleküle hektisch wie ein Schwarm durchgedrehter Bienen in allen Richtungen durch den Raum. Bei Zimmertemperatur rasen zum Beispiel die Sauerstoffmoleküle mit einer Durchschnittsgeschwindigkeit von 1720 km/h umher. Und je heißer das Gas ist, desto schneller werden diese »Bienen« (siehe S. 125).

Ein Flugzeug, das mit ein paar hundert schlappen Kilometern pro Stunde durch die Luft fliegt, läßt diesen lebhaften Molekülen ausreichend Zeit, auszuweichen und die Maschine durchzulassen – das ist so, als würde jemand gemächlich durch eine Menschenmenge spazieren. Wenn die Geschwindigkeit des Flugzeugs sich aber der der Moleküle annähert, können diese nicht mehr ausweichen. Sie häufen sich vor den Tragflächen des Flugzeugs und werden dort wie der Schnee vor einem Schneepflug hergeschoben. Diese rasche Anhäufung komprimierter Luft ergibt einen »Luftschlag«, eine Schockwelle, die sich als lautes Geräusch bemerkbar macht. Dessen Schallwellen verbreiten sich in alle Richtungen; auf dem Boden können sie als »Knall« gehört werden. Das Flugzeug trägt seinen Schallkegel mit sich weiter, so daß die Menschen entlang der Flugroute den Knall hören, wenn die Maschine über sie hinwegfliegt. Damit ist auch das verbreitete Mißverständnis ausgeräumt, daß nur ein einziger Knall auftritt, wenn das Flugzeug die Schallmauer »durchbricht«. Der Knall wandert einfach weiter.

Aber was hat das alles mit der Schallgeschwindigkeit zu tun? Nun, Schall ist ja nichts anderes als eine Folge von Luftverdichtungen und -expansionen (siehe S. 54). Da nun die Luftmoleküle mit einer gegebenen Geschwindigkeit umherflitzen, gibt es eine Obergrenze für die Geschwindigkeit, mit der die Luft komprimiert werden und expandieren kann, denn die Moleküle können diesen Impulsen nur so schnell folgen, wie sie sich einander annähern und wieder voneinander entfernen können. Demnach wird die Geschwindigkeit, mit der der Schall durch die Luftmoleküle weitergeleitet wird, durch die Eigengeschwindigkeit dieser Moleküle begrenzt – für Schall besteht also eine Geschwindigkeitsbeschränkung durch die jeweils vorhandene Luft.

In warmer Luft ist der Schall schneller als in kalter (siehe S. 56), weil die wärmeren Moleküle sich schneller bewegen und effektiver wechselseitig zusammenstoßen können (siehe S. 158). Beispiel: Auf Meereshöhe beträgt die Schallgeschwindigkeit bei 27 °C 1524 km/h, bei 0 °C dagegen nur 1200 km/h. Auch in verdichteter Druckluft kann der

Schall sich schneller ausbreiten, weil die Moleküle hier enger beieinander liegen und die Schallkompressionen besser weiterleiten können.

Insgesamt gesehen ist der Schall also in warmer Luft auf Meereshöhe am schnellsten und in kalter, dünner Luft am langsamsten. Deshalb fliegen Überschallflugzeuge am besten in der Kälte großer Höhen, wo sie nicht ganz so schnell sein müssen, um die Schallgeschwindigkeit zu übertreffen. 9000 Meter über dem Meeresspiegel ist die Luft so kalt und so dünn, daß die Geschwindigkeit des Schalls nur 1100 km/h beträgt.

Blitz und Donner aber auch!

Warum klingt Donner manchmal wie ein scharfes Krachen und manchmal wie ein tiefes Grollen?

Das hängt davon ab, wie weit man von dem Blitz entfernt ist. Je näher Sie dran sind, desto höher der Schallpegel, den Sie hören; je größer Ihre Entfernung, desto tiefer das Grollen.

Zunächst müssen wir uns wieder in Erinnerung rufen, was Donner überhaupt ist. Ein Blitz (siehe S. 148) ist äußerst schnell; man könnte auch sagen, er ist schnell wie der Blitz unterwegs. Seine plötzliche Hitze erwärmt auch die umliegende Luft – sie wird einige zehntausend Grad heiß. Diese Luft dehnt sich zunächst mit ungeheurer Geschwindigkeit aus und kühlt sich dann rasch ab, wobei sie sich zusammenzieht und wieder zu ihrer Ausgangstemperatur und dem entsprechenden Druck zurückkehrt. Luft, die sich so plötzlich bewegt, erzeugt gewaltige Schwingungen, und genau das sind Schallwellen: Luftbeben oder Druckwellen, die sich in der Luft weiter ausbreiten. Daher stammt das Geräusch des Donners.

Daß der Donner mit Schallgeschwindigkeit unterwegs ist, wird Sie wohl kaum überraschen. Licht dagegen ist annähernd millionenfach schneller als der Schall. Folglich werden Sie den Blitz fast augenblicklich aufzucken sehen, während der Donner erst hörbar wird, wenn auch er die Strecke zwischen dem Einschlag und Ihren Ohren zurückgelegt hat.

Probieren Sie es selbst

Wenn Sie das nächste Mal Gelegenheit haben, Zeuge eines bombigen Unwetters zu sein, zählen Sie, wie viele Sekunden zwischen dem Aufleuchten eines Blitzes und dem nachfolgenden Donnerschlag vergehen. Diese Zahl teilen Sie durch drei, was ungefähr angibt, wie viele Kilometer der Blitz von Ihnen entfernt war. Oder Sie multiplizieren sie mit 300, dann erhalten Sie in etwa die Entfernung in Metern (siehe auch die Erbsenzähler-Ecke). Möglicherweise werden Sie ganz schön erschrecken – entschuldigen Sie, ich meine natürlich, überrascht sein –, wenn Sie merken, wie nahe viele der Blitzeinschläge liegen. Und wo Sie schon dabei sind, können Sie auch gleich darauf achten, daß der Ton des Krachens, das Sie hören, desto höher ist, je näher der Blitz einschlägt.

Schall ist nicht immer gleich schnell (siehe S. 54). Zum einen hängt seine Geschwindigkeit davon ab, durch welches Medium er sich ausbreitet. Die Druckwellen können nur dann von einem Ort zum anderen übertragen werden, wenn die übertragende Substanz Moleküle besitzt, die wirksam miteinander zusammenstoßen und so die Energie weiterleiten können.

Nehmen wir an, wir hätten zwei Züge, die frontal zusammenstoßen. (*Probieren Sie das nicht bei sich zu Hause aus!*) Die Energie des Zusammenpralls würde Wagen für Wagen über die gesamte Länge der Züge nach hinten weitergeleitet, angefangen bei der Lokomotive bis zum Ende des Zuges (natürlich nur, wenn sie nicht entgleisen). Jeder Wagen gibt den Aufprall zum nächsten weiter, indem er mit ihm zusammenstößt, und so wandert die Energie wie eine Welle die Züge entlang. Die Druckwellen des Schalls werden in ähnlicher Weise durch die verschiedenen Stoffe weitergegeben, nur daß hier Moleküle und nicht Eisenbahnwaggons zusammenstoßen.

Offensichtlich würde die Schockwelle bis zu den letzten Waggons länger unterwegs sein, wenn diese nicht sehr eng zusammengekoppelt wären. Jeder einzelne Wagen würde ein wenig Zeit verlieren, um die Entfernung zum nächsten zu überbrücken, ehe er mit ihm zusammenstößt. In ähnlicher Weise benötigt auch eine Schallwelle mehr Zeit, wenn sie durch eine Substanz übertragen wird, deren Moleküle nicht sehr dicht gepackt sind.

In Luft sind die Moleküle wie bei allen Gasen sehr weit voneinander entfernt, weshalb der Schall hier relativ langsam vorankommt: Auf Meereshöhe und bei Zimmertemperatur sind es 1400 km/h. Im Wasser liegen die Moleküle sehr viel enger beisammen, und die Schallgeschwindigkeit liegt hier bei 5300 km/h. In einem dichten Feststoff wie Stahl sind es sogar 21 000 km/h.

Soviel zum Thema, wie *schnell* der Schall sich bewegt. Doch jetzt wollen wir uns ansehen, wie er sich verändert, wenn er unterwegs ist.

Wie Sie sich vielleicht vorstellen können, klingt ein Blitz in unmittelbarer Nähe wie ein scharfes, helles Krachen – genau das, was man von einem gewaltigen Funken erwarten sollte. Wenn dagegen ein ferner Donner bei Ihnen ankommt, dürfte er sich eher wie ein dumpfes Grollen anhören. Daraus können wir den Schluß ziehen, daß Töne mit niedriger Frequenz weiter tragen als solche mit hoher Frequenz, die mit zunehmender Entfernung allmählich abklingen. Ist Ihnen schon aufgefallen, daß Sie vorwiegend die Bässe wahrnehmen, wenn Ihr idiotischer Nachbar wieder mal seine Stereoanlage so laut aufgedreht hat, daß es bei Ihnen die Tapeten von den Wänden abzieht? Die hohen Töne tragen einfach nicht so weit und werden auch besser von den Wänden absorbiert. Das liegt daran, daß hochfrequenter Schall die Luft und die Wände öfter pro Sekunde in Schwingungen versetzt, weshalb er seine Energie unterwegs schneller aufbraucht.

Aus diesem Grund tragen auch die niedrigen Frequenzen eines Donnerschlags weiter als das hellere Knallen und Krachen, und je weiter Sie von dem eigentlichen elektrischen Ereignis entfernt sind, desto tiefer wird der Ton sein. Damit haben Sie eine weitere Methode, Nähe oder Ferne von Blitzschlägen einzuschätzen.

Sicher ist Ihnen aufgefallen, daß der Donner nicht einfach hell oder tief klingt, sondern aus Tönen hoher und niedriger Frequenz zusammengesetzt ist. Das wiederum liegt daran, daß auch der Blitz selbst in unterschiedlichen Entfernungen von Ihnen verläuft. Ein Blitzstrahl kann mehrere Kilometer lang sein, und es können gewaltige Verzweigungen vorkommen, so daß die verschiedenen Teile unterschiedlich weit von Ihnen entfernt sind. Daraus ergibt sich die große Bandbreite der Frequenzen, die Sie hören.

Bestimmt haben Sie auch bemerkt, daß der Donner über eine gewisse Zeit hinweg grummelt und grollt. Dafür gibt es zwei Gründe: Erstens legt der Schall von den verschiedenen Verzweigungen des Blitzstrahls unterschiedliche

Entfernungen zurück, und zweitens liefert der Boden noch ein Echo, wenn der Donner unterwegs ist.

Und jetzt dürfen Sie wieder unters Bett kriechen.

Erbsenzähler-Ecke

Schallwellen breiten sich in Luft nicht einfach dadurch aus, daß sie die Luftmoleküle zu Zusammenstößen in gerader Linie veranlassen, wie das bei einer Reihe von Eisenbahnwaggons bei einem Aufprall der Fall ist. Die Schallenergie wandelt »glatte Luft« in eine Folge von Zonen, die abwechselnd komprimiert und dekomprimiert sind. Das heißt, Schall zwingt die Luft dazu, abwechselnd Gebiete mit höherer und geringerer Dichte auszubilden. Diese Druckunterschiede treffen dann mit einer bestimmten Rate von Verdichtung und Dekompression pro Sekunde auf Ihr Trommelfell. Je höher diese Rate ist, desto höher ist die Frequenz und damit auch der Ton, den Sie hören.

Die Geschwindigkeit des Schalls in Luft ändert sich in Abhängigkeit von Druck und Temperatur recht beträchtlich. Die oben geschilderte Faustregel, nach der Sie die Entfernung eines Blitzschlags ermitteln können, ist nur ein grober Anhaltspunkt. Denn wir kennen weder Temperatur und Druck der Luft, in der der Blitz den größten Teil seines Donners erzeugt hat, noch die Luftbedingungen zwischen diesem Gebiet und uns. Aber das ist nicht so wichtig. Wie schon gesagt, Blitzstrahlen sind lang, sie können über die ganze Länge ihres Weges Donner erzeugen, und die Luft, in der das geschieht, kann eine Vielzahl von Temperaturen und Drücken aufweisen und sich in unterschiedlichen Entfernungen von Ihnen befinden. Deshalb haben Sie möglicherweise ohnehin Probleme, den zeitlichen Abstand des Donners zu ermitteln: Zählt man nun die Sekunden vom Blitzschlag bis zum Einsetzen des Donners oder bis zu dessen Ende? Das alles ist weit von exakter

Wissenschaft entfernt, solange wir nicht sehr viel mehr über den Blitz wissen, als das normalerweise der Fall ist.

Trügerischer Mond

Warum ist der Mond im Vergleich zu seinem Umfang hoch am Himmel so viel größer, wenn er auf- oder untergeht?

Praktisch jedermann hat dieses merkwürdige Phänomen schon das eine oder andere Mal beobachtet. Wenn der Mond tief am Himmel steht, knapp über dem Horizont, wirkt er riesig im Vergleich zu der Größe, die er ein paar Stunden später hoch über uns zeigt. Besonders auffällig ist dieser Effekt, wenn er als große, schöne Scheibe zu sehen ist – als Vollmond. Doch grundsätzlich kann man das Phänomen in jeder Phase beobachten.

Die Menschen haben sich schon seit mindestens zweitausend Jahren über diese Kuriosität gewundert, lange bevor sie wußten, was der Mond überhaupt ist oder wie er sich um die Erde bewegt. (*Sie* wissen das natürlich, oder? Irgendwelche Zweifel? Siehe S. 234.) Können Sie sich vorstellen, daß wir heute, im sogenannten Zeitalter der Weltraumfahrt, zwar Himmel-und-Hölle auf dem Mond spielen können, aber immer noch keine Antwort auf das Rätsel seiner scheinbaren Größe haben?

Wie Sie sich denken können, haben die Menschen im Lauf der Jahre Dutzende von »Erklärungen« vorgebracht. Doch abgesehen von ein paar Ausnahmen kann man bei allen leicht beweisen, daß sie falsch sind.

Eine gültige Erklärung der Mondillusion – denn es handelt sich in der Tat um eine optische Illusion – kann die

Wissenschaft nach wie vor nicht liefern. Wenn es sich um eine physikalisch-wissenschaftliche Angelegenheit handeln würde, wüßten wir mittlerweile, was da abläuft. Ich bin mir dessen so sicher, weil die Physik eine sehr weit fortgeschrittene Wissenschaft ist. Doch es geht offenkundig um die menschliche Wahrnehmung, und im Verständnis unserer eigenen Psyche sind wir nicht annähernd so weit vorangekommen wie bei den Erklärungen der uns umgebenden Welt.

Eines wissen wir allerdings mit absoluter Gewißheit: Auf seiner Umlaufbahn um die Erde ändert der Mond seine Gestalt sicherlich nicht wie eine dicke Lady mit einer schicken Diät. Wenn er auf- oder untergeht und in der Nähe des Horizonts steht, ist unser natürlicher Satellit um kein Fitzelchen größer, als wenn er direkt über uns schwebt. Das Phänomen muß also etwas mit der Art zu tun haben, wie er unseren menschlichen Augen und Gehirnen erscheint. Aber was?

Doch ehe wir einige der falschen Theorien abschießen und einige der plausibleren stützen, wollen wir uns selbst beweisen, daß wir es tatsächlich mit einer Illusion zu tun haben – daß es in Wahrheit keinen Unterschied gibt, wenn wir glauben, den Mond größer oder kleiner zu sehen.

Probieren Sie es selbst

Schauen Sie in Ihrer Tageszeitung nach dem Datum des nächsten Vollmonds; in der Regel finden Sie die entsprechenden Angaben in der Rubrik mit der Wettervorhersage. Oder Sie rufen den Kachelmann an. In jener Nacht des Schicksals verlassen Sie, sobald es dunkel ist, das Haus und versenken Ihre Beißerchen im milchweißen Hals einer schönen jungen … Oh, Verzeihung. Falsches Buch.

In jener schicksalsschwangeren Nacht verlassen Sie, sobald es dunkel ist, das Haus und schauen nach dem Mond, wenn er noch tief in der Nähe des Horizonts steht. Falls nötig, steigen Sie auf den nächsten Hügel. Jetzt nehmen Sie das Lineal (ich weiß, ich hätte Ihnen vorher sagen müssen, daß Sie eines mitnehmen sollen), halten es auf Armeslänge vor den Mond und messen seine scheinbare Größe. Das werden ungefähr 12 Millimeter sein. Diese »Größe« notieren Sie sich auf den Millimeter genau.

Nun warten Sie ein paar Stunden, bis der Mond hoch am Himmel steht, und messen seine scheinbare Größe erneut. Was habe ich Ihnen gesagt? Es ist genau der gleiche Wert, nicht wahr?

Oder:
Machen Sie mehrere Fotos des Vollmondes in der Nähe des Horizonts und bei seinem Aufstieg zum Zenit. Verwenden Sie ein Teleobjektiv, damit die Abbildungen auf dem Film schön groß werden. Wenn es sich um ein Zoom-Objektiv handelt, *müssen Sie darauf* achten, daß Sie alle Aufnahmen mit derselben Brennweite schießen. Stellen Sie bei jeder Einstellung verschiedene Verschlußgeschwindigkeiten ein, damit Sie zumindest *ein* gutes Foto von jeder Position erhalten. Sie werden feststellen, daß der Mond auf allen Aufnahmen exakt dieselbe Größe hat!

Lineale und Kameras lassen sich also, im Gegensatz zu uns Menschen, nicht täuschen. Ganz schön beschämend, wie?

Und jetzt werden wir einige der vorgebrachten Theorien abschießen:

»Wenn der Mond niedrig steht, vergleicht man ihn unbewußt mit Bäumen, Gebäuden und Bergen am Boden, und im Vergleich dazu sieht er groß aus. Wenn er dagegen allein am Himmel steht, wo man ihn mit nichts vergleichen kann, kommt er einem nicht mehr so groß vor.«

Nun, das mag ja sein. Doch selbst draußen in der Prärie, wo es nichts als Horizont gibt, sieht er nach wie vor größer aus, wenn er tief steht.

»*Wenn der Mond niedrig steht, sieht man ihn durch sehr viel mehr Luft als direkt über einem. Diese ganze Luft kann wie eine Linse wirken und die Lichtstrahlen wie ein Vergrößerungsglas beugen (brechen).*«

Sorry, Charlie, aber jeder denkbare Brechungseffekt ist klein und kann allenfalls die Form des Mondes ein wenig verzerren, nicht aber seine Größe.

»*Wenn der Mond niedrig steht, schaut man geradeaus, wenn er sich aber hoch am Himmel befindet, muß man den Kopf in den Nacken legen, was die Augäpfel ein wenig zusammendrückt und dafür sorgt ...*«

Unsinn.

Wie lautet nun die richtige Antwort? Psychologen, die sich mit der menschlichen Wahrnehmung befassen, verfügen über ein paar halbwegs überzeugende Theorien.

Theorie Nummer eins: All unsere Erfahrungen seit dem Tag, an dem wir unsere Augen geöffnet haben (manche Psychologen sagen sogar, das sei angeboren), haben uns gelehrt, daß ein Objekt, das näherkommt, größer wird. Denken Sie nur an ein anfliegendes Flugzeug oder auch an einen Ball, kurz bevor er Sie am Kopf trifft. Doch der »Mondball« scheint gegen alle Regeln zu verstoßen: Während er über unseren Köpfen dahinzieht, kommt er weder näher noch wird er größer. Deshalb interpretiert unser Gehirn ihn als unnatürlich klein, und das ist die Schlußfolgerung, die wir daraus ziehen. Nicht der horizontnahe Mond sieht größer aus, sondern der Mond in der Höhe kommt uns kleiner vor.

Ich wäre eher geneigt, diese Theorie zu glauben, wenn der Mond innerhalb von Sekunden in die Höhe stiege.

Denn oben am Himmel vergleiche ich ihn nun wirklich nicht damit, wie er ein paar Stunden zuvor ausgesehen hat.

Theorie Nummer zwei: Schauen Sie zum Himmel auf. Würden Sie nicht, wenn Sie es nicht besser wüßten, glauben, es sei eine gewaltige Kuppel, die sich da über uns wölbt? Die Astronomen der Vergangenheit glaubten tatsächlich, es handle sich um ein Gewölbe, in das die Sterne und Planeten wie Edelsteine eingesetzt seien. Selbst heute im Raumzeitalter scheinen wir eine eingebaute Impression des Himmels als Kuppel zu besitzen. Die Vorstellung der Unendlichkeit ist uns unbegreiflich, deshalb stellen wir uns den Himmel stillschweigend als endlich und begrenzt vor.

Führen Sie sich den Sachverhalt für einen Moment bewußt vor Augen. Was wäre, wenn ich Sie nun fragen würde, wie weit das Himmelsgewölbe entfernt ist? Höchstwahrscheinlich würden Sie glauben, der am Horizont aufliegende Rand der Kuppel sei weiter weg als ein Punkt direkt über Ihnen. Anders ausgedrückt, wir denken uns den Himmel als ein irgendwie *abgeflachtes* Gewölbe; das kommt uns einfach richtiger vor. Warum? Unsere Erfahrung hat uns immer gesagt, daß Horizonte weit entfernt sind, doch unsere Erfahrung enthält keine Anhaltspunkte, und es gibt auch keine sichtbaren Zeichen oder Hinweise, die uns sagen könnten, daß auch der »Gipfel des Himmels« weit weg ist.

Folglich glauben wir unterbewußt, daß der Mond, wenn er nahe am Horizont steht, weiter entfernt ist, als wenn er über uns hängt. *Doch unsere gesamte visuelle Erfahrung sagt uns, daß weiter entfernte Gegenstände kleiner aussehen.* Wenn der Mann im Mond unseren Erwartungen also eine lange Nase dreht, weil er seine normale Größe auch dann beibehält, wenn er »weit weg« am Horizont steht, sagt unser Gehirn: »Wow! Dieser Bursche muß wirklich groß sein.« Und dieser Eindruck bleibt uns dann.

Auf diese letzte Erklärung habe ich mein Geld gewettet.

Erbsenzähler-Ecke

Alles, was ich über den Mond gesagt habe (außer der Tatsache, daß er die Erde umkreist), gilt auch für die Sonne. Sie wirkt in der Nähe des Horizonts ebenfalls größer, und aus denselben Gründen. Sie haben doch sicher auch schon einen dieser spektakulären Sonnenuntergänge mit einer absolut riesigen Sonne gesehen, oder? Nun wissen Sie, warum Ihre Fotos von Sonnenuntergängen immer so enttäuschend geraten (»Ich hätte schwören können, daß sie viel, viel größer war!«).

Funkle, funkle, kleiner … Planet?

Warum funkeln die Sterne?

Nach der Antwort, die Sie überall finden, wird das Funkeln der Sterne von Turbulenzen der Erdatmosphäre verursacht, was das von den Sternen stammende Licht ablenkt. Doch damit ist nicht erklärt, *weshalb* »atmosphärische Turbulenzen«, was immer das sein mag, das Licht überhaupt ablenken sollten oder was für das Blinken verantwortlich ist oder weshalb nur Sterne, nicht aber die Planeten funkeln. (Das ist richtig. Wenn der Lichtfleck am Himmel nicht funkelt, ist es ein Planet oder ein Flugzeug. Der einzige Stern, der nicht funkelt, ist die Sonne. Warum? Lesen Sie weiter.)

Luftturbulenzen an sich, besser bekannt als Wind, haben

keinerlei Einfluß auf Lichtwellen. Das Licht ist mit mehr als einer Milliarde km/h unterwegs (siehe S. 137), und selbst wenn die Luft, die es durchquert, ihrerseits mit der Geschwindigkeit eines Hurrikans (160 km/h) dahinfegt, dürfte ihm das absolut nichts ausmachen. Was die Lichtwellen wirklich ablenkt, sind die unterschiedlichen Temperaturen der Luft, nicht ihre verschiedenen Geschwindigkeiten.

Die Temperatur der Erdatmosphäre ist offensichtlich nicht überall gleich. Da sind nicht nur die unterschiedlichen Klimazonen, sondern die Lufttemperatur ändert sich auch beträchtlich mit der Höhe über dem Meeresspiegel (siehe S. 164). Und dabei ist der verrückte Flickenteppich aus Zonen warmer Luft über aufgeheiztem Land, über Fabriken und aus den Reden der Politiker noch gar nicht berücksichtigt, den das Sternenlicht durchqueren muß, ehe es bei unseren Augen hier unten am Boden ankommt. Das Licht eines Sterns muß einen wahren Hindernislauf durch Luft verschiedener Temperaturen absolvieren. Turbulenzen sind dabei nur insofern beteiligt, als die Verteilungsmuster der unterschiedlichen Lufttemperaturen durch Windbewegungen ständig durcheinandergewirbelt werden.

Also was? Nun, wenn Licht in ein transparentes Medium wie Luft, Wasser oder Glas eintritt, ändert es normalerweise seine Richtung (in der Sprache der Wissenschaft: Es wird gebrochen; siehe S. 98). Das ist auch der Grund, weshalb diese Glas- oder Kunststoffstücke vor Ihren Augen die Art und Weise korrigieren können, in der das Licht auf Ihrer Netzhaut fokussiert wird. Doch der *Betrag*, um den ein Lichtstrahl von einem gegebenen Medium gebrochen wird, hängt von dessen atomarer Zusammensetzung ab. Luft bricht oder beugt das Licht zum Beispiel weniger als

Glas. Doch hier haben wir den springenden Punkt für alle Fans des Funkelns: Warme Luft bricht das Licht weniger als kalte Luft. Obwohl es sich in beiden Fällen um die gleichen Atome handelt, sind sie in der leichteren, dünneren warmen Luft weiter voneinander entfernt. Damit schaffen sie es nicht so gut, das Licht zu brechen. Das geht ziemlich ähnlich vor sich wie bei der Brechung von Schallwellen, wenn sie auf unterschiedlich warme Luftschichten treffen (siehe S. 54).

Nun sind alle Sterne (außer der Sonne) so weit von uns entfernt, daß wir sie nur als perfekte Punkte am Himmel sehen, als geometrische Orte, die keinerlei dimensionale Ausdehnung besitzen, selbst wenn wir sie durch die mächtigsten Teleskope betrachten. Es sieht so aus, als würden sie nur einen einzigen Lichtstrahl zu uns schicken. Auf seinem Weg durch die Atmosphäre wird dieser Strahl nun hierhin und dorthin geworfen, während er Luftschichten unterschiedlichster Temperaturen und Brechungskräfte durchquert. Jedesmal, wenn der Strahl von unserem Auge weggebeugt wird, scheint der Stern für einen Moment zu verschwinden. Das heißt, er wirkt wie abgeschaltet. Wenn der Strahl dann zufällig wieder in unser Auge geworfen wird, schaltet der Stern sich wieder an. Dieses flackernde An- und Abschalten bezeichnen Romantiker gern als Funkeln.

Bei groß erscheinenden Objekten wie Sonne und Mond spielen all diese Streuvorgänge keine Rolle, weil uns von ihnen so viele Lichtstrahlen erreichen, daß die Menge der Strahlen, die von unseren Augen *abgelenkt* werden, von der Menge der Strahlen ausgeglichen wird, die *zu ihnen hin* gestreut werden. Dadurch bleibt das Bild konstant.

Planeten mögen wie bloße sternähnliche Lichtpunkte aussehen, doch das sind sie nicht. Schon mit einem Fernglas zeigen sie sich Ihnen als Scheiben. Deshalb funkeln sie aus demselben Grund wie die Sonne und der Mond nicht: Einige ihrer Lichtstrahlen werden zwar von unseren Augen abgelenkt, doch das wird von vielen anderen ausgeglichen, die das Bild stabil halten.

Es hat mich zwar keiner gefragt, aber…

Warum scheinen ferne Objekte an heißen Tagen zu wabern und sich zu verzerren?

Dabei läuft das gleiche ab wie beim Gefunkel der Sterne, allerdings gibt das Objekt so viele Lichtstrahlen ab, daß immer einige von ihnen bis zu unseren Augen gelangen, unabhängig davon, wie viele gestreut werden. Deshalb sehen wir kein »Blinken« im eigentlichen Sinn.

Wenn Sie an einem heißen Tag eine Landstraße entlang blicken, sehen Sie vielleicht »Hitzelinien« oder »Hitzewellen«, und ein entferntes Auto wirkt wellenförmig verzerrt. Dabei beobachten Sie die Auswirkungen der Lichtbrechung: Lichtstrahlen werden gebeugt, wenn sie aus einem transparenten Medium in ein anderes übergehen.

Im vorliegenden Fall durchqueren die Lichtstrahlen von dem Auto, das Sie sehen, verschiedene Luftschichten, ehe sie an Ihren Augen ankommen – Luft unterschiedlicher Temperaturen und Lichtbrechungseigenschaften, je nachdem, wie warm die einzelnen Abschnitte der Straße zufällig gerade sind. Der Lichtstrahl von einer bestimmten Stelle des Autos läuft vielleicht durch eine andere Kombination von Lufttemperaturen – weshalb er auch unterschiedlich stark gebeugt (nicht gebogen) wird – als das Licht von einem anderen Abschnitt des Wagens. Und für Sie sieht es dann so aus, als wäre das Auto selbst verbogen.

Doch weshalb wabert das gestörte Bild ständig? Weil aufsteigende Warmluft und andere Luftbewegungen fortwährend das Muster der Temperaturverteilung ändern, das die Lichtstrahlen durchlaufen. Falls das daraus abgeleitete Ausmaß der Strahlenbeugung sich ständig ändert, geschieht das auch mit dem Bild des Wagens.

Der Mann im Mond zeigt der Erde seinen Allerwertesten

Wie bringt es der Mond eigentlich fertig, der Erde stets dasselbe Gesicht zu zeigen?

Kommt einem verrückt vor, oder? Entweder handelt es sich um den kolossalsten Zufall, der sich je abgespielt hat, oder da ist etwas höchst Anrüchiges im Gang. Nun, auch die scheinbar verdächtigsten Zufälle können rational erklärbar sein.

Zunächst könnte man vielleicht annehmen, daß der Mond sich nicht wie die Erde um seine Achse dreht, sondern uns umkreist und dabei immer dieselbe Ausrichtung beibehält. Doch er dreht sich. Denn gerade wenn er es nicht täte, würden wir ihn bei seinem Umlauf um die Erde von allen Seiten sehen. Das geht so:

Probieren Sie es selbst

Sagen wir mal, Sie sind der Mond, und Ihr treuer Freund ist die Erde. Bauen Sie sich ein oder zwei Meter von ihm entfernt auf und wenden Sie sich ihm zu. Während Sie ihn nun umkreisen, richten Sie Ihren Blick fest auf einen Punkt an der Wand – das heißt, Sie drehen sich dabei nicht um Ihre eigene Achse. Beachten Sie, daß Sie es während dieser Umkreisung nicht vermeiden können, Ihrem Freund zeitweilig Ihre Rückseite zu zeigen. Wenn Sie das vermeiden wollen, müssen Sie ihn während der gesamten Umkreisung ansehen, und das läuft darauf hinaus, daß Sie eine vollständige Umdrehung um Ihre Längsachse ausführen.

Da der Mond in der Tat rotiert, während er die Erde umkreist, und uns dabei stets dieselbe Seite zeigt, muß seine Rotationsdauer perfekt synchronisiert sein: Bei jedem Umlauf um die Erde dreht er sich genau einmal um seine Rotationsachse. Wie um alles in der Welt ist so etwas möglich?

Nun, Sie wissen ja, daß der Mond und die Erde sich aufgrund der Schwerkraft gegenseitig anziehen. Außerdem wissen Sie, daß die Anziehung des Mondes die Ozeane auf der Erde zu den sogenannten Gezeiten aufwölbt (siehe S. 231). Möglicherweise haben Sie aber noch nie bedacht, daß die Erde ihrerseits Aufwölbungen auf dem Mond hervorruft – keine Gezeiten in den nicht vorhandenen Ozeanen, sondern im Mondboden. Sicherlich sind diese Aufwölbungen sehr klein, aber nichtsdestoweniger gibt es sie. Sie könnten sie Bodengezeiten nennen, wenn Sie wollen.

Wenn Sie sich daran erinnern, daß die Anziehungskraft der Erde auf den Mond weit stärker wirkt als umgekehrt, weil die Erde über soviel mehr Masse verfügt (siehe S. 154), werden Sie verstehen, daß diese Kraft auch den Mond erheblich stärker deformieren kann als umgekehrt.

Diese Deformierung des Mondes durch die Erdanziehung wirkt wie eine Bremse auf die Umdrehung unseres Trabanten. Es ist etwa so, als würde die irdische Schwerkraft versuchen, die Ausbeulungen des Mondes stärker festzuhalten, weil sie ihr ein winziges Stückchen näher sind. Und das verlangsamt die Drehung. Selbst wenn der Mond also vor Milliarden von Jahren wie ein Kreisel rotiert hat, wurde er durch die Erdanziehung auf seinen heutigen Kriechgang abgebremst. Die Erde hat nach dem Mond gegriffen, hat ihn gezähmt und dazu gebracht, nach ihrer Pfeife zu tanzen.

Und ganz nebenbei, der Mond stellt mit unserem Heimatplaneten das gleiche an, wenn auch in geringerem Ausmaß, da seine Anziehungskraft schwächer ist. Mit der Anziehung unserer Ozeane hat er die Erdumdrehung verlangsamt und unsere Tage verlängert. Vor etwa 900 Millionen Jahren dauerte ein irdischer Tag nur achtzehn Stunden. Damals waren die Gewerkschaften guter Dinge, weil alles, was über sechs Stunden hinausging, als Überstunden galt. Die höheren Angestellten waren weniger glücklich, weil ihr Jahreseinkommen für ein Jahr mit 487 Tagen reichen mußte.

Erbsenzähler-Ecke

Nutzen wir die Gelegenheit, ein paar Punkte über den Mond klarzustellen.

Erstens zeigt uns der Mond nicht ständig genau dasselbe Gesicht. Er dreht sich zwar mit gleichbleibender Geschwindigkeit, doch dabei wackelt er ein wenig hin und her und neckt uns, indem er uns regelmäßig einen Blick auf einen Teil seiner Rückseite gewährt. Er gibt uns gewissermaßen zu verstehen, daß wir ihm mal im Mondschein begegnen können.

Zweitens, und diese Tatsache ist vielleicht eine größere Überraschung, falls Sie es mit dem Erbsenzählen wirklich ernst meinen: Der Mond kreist nicht genau um den Mittelpunkt der Erde. Das heißt, der Mittelpunkt der Mondumlaufbahn liegt nicht im Erdmittelpunkt. Das kommt daher, daß die Gravitation nicht nur in einer Richtung verläuft, wobei die Erde den Mond in seiner Umlaufbahn hält. Der Mond hält seinerseits die Erde, wenn auch schwächer, weil seine Masse kleiner ist. Man könnte also sagen (und ich sage es), daß die Erde in geringem Ausmaß versucht, den Mond zu umkreisen. Als Ergebnis umkreisen die beiden einander in einer Art Walzer.

Das sieht dann so aus, als würde ein schwerer Mann eine leichte Partnerin herumwirbeln. Jeder umkreist den anderen, doch der Frau mit ihrem geringeren Gewicht kommt dabei der größere Teil der Umlaufbewegungen zu. Irgendwo zwischen den beiden liegt ein Fixpunkt, der keine Kreisbewegung durchläuft: das unbewegliche gemeinsame Zentrum beider Umlaufbahnen. Dieser Punkt liegt näher bei dem Mann, weil er schwerer ist und deshalb einen besseren Ankerpunkt für die ganze Wirbelei abgibt.

Diesen stationären Punkt nennen wir das *Massenzentrum* (siehe S. 155) des Paares.

Bei dem Tanz von Marilyn Mond mit Ernie Erde verhält es sich (nach einer kleinen Geschlechtsumwandlung) genauso. Das Zentrum beider Umlaufbahnen – das Massenzentrum des Systems Erde–Mond – liegt sehr viel näher bei Herrn Erde als bei Fräulein Mond. Die Erde (so leicht geht das, auch in der anderen Richtung) ist in der Tat so viel schwerer als der Mond, daß das Massenzentrum sogar irgendwo innerhalb der Erde liegt – ein Stück außerhalb ihres geometrischen Mittelpunkts.

Also: Anstatt zu behaupten, der Mond kreise um die Erde, müssen wir in Wahrheit sagen, daß das System Erde–Mond um ein gemeinsames Massenzentrum kreist.

Es ist der Mond, du Dummchen – und noch einiges mehr

Was ruft die Gezeiten der Ozeane hervor? Ich weiß, es ist der Mond. Aber wie macht er das? Und weshalb gibt es täglich zweimal Flut und zweimal Ebbe, obwohl wir doch nur einen Mond haben?

Immer wenn einer pompös verkündet, daß die Gezeiten der Ozeane vom Mond verursacht werden, murmeln alle: »Ja, ja, schon gut«, und gehen genauso ratlos wie zuvor ihrer Wege.

»Es ist der Mond« ist eine Ausflucht; eine richtige Erklärung erfordert einiges mehr. Die Gezeiten sind das Ergebnis des Zusammenspiels mehrerer Kräfte, die von den Bewegungen des Mondes, der Sonne und der Erde selbst ausgehen. Obwohl ihre Wechselwirkungen recht verwickelt sind, werden sie von den Ozeanographen und Geologen sehr gut verstanden.

Folgen Sie mir, und wir werden das alles nacheinander aufarbeiten. Na ja, zumindest den größten Teil.

Stellen Sie sich Erde und Mond als zwei Kugeln vor; die kleinere Mondkugel umkreist die größere Erdkugel mehr oder weniger entlang der Äquatorlinie. Nun wollen wir das Bild für einen Augenblick anhalten, während der Mond sich rechts von der Erde befindet. Haben Sie's? Erde links, Mond rechts.

Die Gravitationskraft des Mondes versucht, den Erdmittelpunkt in Richtung auf sein eigenes Zentrum zu ziehen – in unserem Fall also nach rechts. (Warum sind es die Mittelpunkte? Siehe S. 154.) Diese Kraft nennen wir »Anziehung der Mittelpunkte«. Doch auf die Ozeane der rechten Erdhälfte wirkt eine etwas stärkere Kraft als diese Anziehung der Mittelpunkte, weil sie sich näher am Mond befinden als der Erdmittelpunkt. Und wie wir wissen, wirkt sich die Gravitation in kleineren Entfernungen stärker aus (siehe S. 48). Diese geringfügig stärkere Anziehung hebt die Ozeane etwas weiter an als den übrigen Planeten, so daß sie sich nach außen wölben. Auf der dem Mond zugewandten Seite der Erde haben wir dann einen Flutberg.

Unterdessen sind die Meere auf der mondabgewandten Seite der Erde (der linken Seite) etwas *weiter* vom Mond entfernt als der Erdmittelpunkt. Die auf sie nach rechts wirkende Kraft ist deshalb geringfügig *schwächer* als die Anziehung der Mittelpunkte. Weil nun die Erde von der stärkeren Anziehung zwischen den Mittelpunkten von den Ozeanen der linken Seite ein wenig nach rechts weggezogen wird, bleiben diese zurück und wölben sich in bezug auf den übrigen Planeten nach außen. Damit entsteht auf der mondabgewandten Seite der Erde ein zweiter Flutberg.

Es gibt also immer zwei Aufwölbungen des Meerwassers – eine verläuft auf der dem Mond jeweils gerade zugewandten Seite der Erde, die andere genau gegenüber.

Jetzt wollen wir die Erde wieder rotieren lassen. Während sie sich unter den beiden Kräften, die für die Aufwölbungen sorgen, fröhlich weiterdreht, wandert jeder Ort der Erde während der vierundzwanzigstündigen Umdrehung zweimal durch eine Flutposition, was zwei Flutberge pro Tag bedeutet. Und was liegt zwischen den Flutbergen? Zweimal Ebbe. Schließlich muß das ganze Fluthochwasser irgendwo herkommen.

Ach übrigens, wenn Sie hinsichtlich der Leute, denen Sie zuhören, nicht allzu wählerisch sind, hat Ihnen vielleicht schon mal einer etwas in der folgenden Art gesagt: »Menschen bestehen zu mehr als der Hälfte aus Wasser, und da der Mond mit seiner Wirkung auf Wasser für die Gezeiten sorgt, wirken sich die Mondphasen auch auf das Verhalten der Menschen aus.«

Also, dann schauen wir mal: Die Weltmeere wiegen 1,5 Milliarden Milliarden Tonnen, doch die Schwerkraft des Mondes bewegt sie kaum ein paar Meter. Ein menschlicher Körper enthält allenfalls ein paar Hundertstel einer einzigen Tonne Wasser. Die Gravitationskräfte sind der Masse proportional, den Rest können Sie selbst ausrechnen. Wenn jemand glaubt, die Anziehungskraft des Mondes könne das menschliche Verhalten beeinflussen, dann hat er sicher Wasser im Gehirn.

Erbsenzähler-Ecke

Die zweimal täglich auftretenden Flutberge liegen nicht exakt zwölf Stunden, sondern zwölf Stunden und fünfzig Minuten auseinander.

Warum? Die Flutberge werden durch die Anziehungskraft des Mondes erzeugt und folgen seiner Bewegung um die Erde. Während diese ihre vollständige Umdrehung nach Osten (siehe S. 175) in vierundzwanzig Stunden vollendet, bewegt sich der Mond in seiner Eigenbewegung ebenfalls nach Osten, wodurch er jedem gegebenen Punkt auf der Erde immer ein wenig vorauseilt. Dieser Punkt benötigt jeden Tag jeweils fünfzig Minuten zusätzlicher Erdrotation, bis er wieder mit dem Mond gleichzieht und damit unter dem jeweiligen Flutberg durchläuft.

Und hier ist noch eine bedeutsame Erbse zu zählen: Die Gezeiten werden nicht allein vom Mond erzeugt. Da draußen gibt es noch etwas, was über eine ehrfurchtgebietende Gravitation verfügt: die Sonne. Ihre Masse ist 27millionenmal größer als die des Mondes, doch sie ist auch 397mal weiter entfernt. Nun wird die Gravitationskraft mit zunehmender Entfernung erheblich rascher abgeschwächt, als sie durch Massenzuwachs größer wird. (In der Sprache der Wissenschaft: *Die Gravitationskraft nimmt im selben Verhältnis wie die Masse zu oder ab, ist ihr also direkt proportional, während sie mit dem Quadrat der Entfernung ab- oder zunimmt.*)

Letztlich werden die Gezeiten durch die Gravitation der Sonne mit 46 Prozent der vom Mond ausgeübten Kraft beeinflußt. Um die subtilen Auswirkungen jener 46 Prozent aufspüren zu können, müßte man erheblich mehr Arbeit aufwenden, als Sie oder ich investieren wollen. Aber selbst wenn wir die Wirkungen der Sonne ignorieren, haben wir die Gezeiten schon recht gut verstanden.

Auch Neumond schützt vor Fluten nicht

Warum steigt die Flut bei Vollmond höher?

Es dürfte nicht allzu schwer sein, sich selbst weiszumachen, daß der Vollmond einfach größer ist und deshalb mit größerer Kraft an den Ozeanen zieht, was höhere Flutberge zur Folge hätte. Doch der Mond auf seiner Umlaufbahn ist immer gleich groß und (annähernd) gleich weit von der Erde entfernt. Zu verschiedenen Zeiten seiner Reise wird er von der Sonne lediglich unterschiedlich beleuchtet. Deshalb sieht er für uns einmal aus wie eine Scheibe (als Vollmond), wie der Ausschnitt aus einer Scheibe (als Halbmond oder Sichel) oder wie eine gar nicht vorhandene Scheibe (als Neumond). Anders ausgedrückt: Er durchläuft Phasen.

Wenn Erde, Mond und Sonne zufällig wie auf einer Linie aufgereiht stehen, sehen wir entweder einen Vollmond oder einen Neumond. (Gratuliere! Ihre Sehkraft ist wirklich außergewöhnlich.) Dabei erscheint er voll, wenn die Erde in der Mitte zwischen Sonne und Mond steht. Sie können sich das so vorstellen, daß wir im Theater Erde sitzen, während der Mann im Mond auf der Bühne steht und die Sonne als Scheinwerfer in unserem Rücken leuchtet. Dann sehen wir das ganze Gesicht des Mondmanns. Wenn der Mond dagegen seinen Kreis zieht und hinter uns Erdlinge gelangt, wo er zwischen uns und dem Scheinwerfer Sonne steht (drehen Sie sich in Ihrem Theatersessel um und schauen Sie auf den Mond hinter Ihnen), erkennen wir den Erdbegleiter nur noch als abgedunkelte Scheibe – als Neumond.

In diesen beiden Stellungen – bei Vollmond wie bei Neumond – wirken die Gravitationskräfte von Sonne und Mond in gleicher Richtung und verstärken einander: Das Ergebnis ist eine »Springtide« oder Springflut.

Blue Moon

Wird der Mond, wie es in dem Song aus den fünfziger Jahren heißt, wirklich manchmal blau?

Ja, aber nur sehr, sehr selten. Dazu muß genau die richtige Art von Rauch oder Staub in der Luft sein.

Sehr spektakulär ist dieses Phänomen im Jahre 1883 aufgetreten, als der Vulkan Krakatau in Indonesien seinen Gipfel absprengte und eine Staub- und Aschewolke sich über den gesamten Erdball verbreitete. Der blaueste Mond nach Krakatau wurde dann 1951 durch eine Reihe von Waldbränden im Westen Kanadas verursacht. Bei solchen

Vorfällen ändert natürlich nicht der Mond seine Farbe, sondern er erscheint uns nur verändert, weil wir ihn durch raucherfüllte Luft sehen.

Um das verstehen zu können, müssen wir die Astronomie für eine Weile verlassen, doch die Erklärung schließt einige grundlegende Vorstellungen über die Natur des Lichts ein, die uns auch in anderen Zusammenhängen gute Dienste leisten können. Selbst wenn Sie sich also absolut nichts aus blauen Monden machen, sollten Sie weiter dranbleiben.

Ein blau erscheinender Mond – und eine Menge anderer Phänomene, die wir sehen können – ist darauf zurückzuführen, daß das Licht gestreut wird. Das bedeutet nicht, daß es reflektiert, also wie im Badezimmerspiegel zurückgeworfen wird, um uns daran zu erinnern, daß wir älter werden. Mit »Streuung« beschreiben die Wissenschaftler das Verhalten einzelner Lichtteilchen, die von einem Molekül oder einem anderen winzigen Partikel abprallen wie eine Billardkugel von der anderen.

Sagte ich Licht*teilchen*? Ja, genau. Sie dachten sicher, Licht bestehe aus Wellen? *Wellen* von Energie, nicht *Teilchen* von Energie? Nun, wir haben beide recht. Dieses kleine Problem wollen wir als erstes aus dem Weg räumen.

Licht – und alle anderen sogenannten elektromagnetischen Strahlungen, von Radiowellen bis hin zu Röntgenstrahlen – besteht tatsächlich aus Wellen aus reiner Energie, die sich mit (na was schon?) Lichtgeschwindigkeit durch den Raum bewegen. Wir können die Lichtwellen manipulieren, indem wir sie durch speziell geformte Glaskörper oder andere transparente Materialien leiten: Linsen und Prismen. Für die Praktiker der Wissenschaft der Optik, die uns mit unseren Mikroskopen, Teleskopen und Brillen versorgen, ist es kein Problem, mit Lichtstrahlen so umzugehen, als seien es reine Wellen. Sie reflektieren und brechen sie und bringen so eine Vielzahl nützlicher optischer Tricks zuwege.

Doch manches andere, was das Licht vollbringt – es schlägt zum Beispiel Elektronen aus Atomen heraus –, kann man nur erklären, wenn man es als Strom winziger Teilchen begreift, ähnlich den Geschossen eines Maschinengewehrs. Diese Lichtgeschosse bezeichnen wir, wie auch die Geschosse anderer elektromagnetischer Strahlungen, als *Photonen*.

Muß man einen Lichtstrahl nun als einen Strom von Wellen *oder* von Teilchen ansehen? Es war die vielleicht erstaunlichste und verstörendste Entdeckung der Menschheitsgeschichte, daß sich Licht und andere elektromagnetische Strahlungen so verhalten, als wären sie *zugleich* Wellen und Teilchen. Oder, wenn Ihnen das lieber ist, daß sie sich so verhalten, als wären sie *entweder* Wellen *oder* Teilchen, je nachdem, bei welcher Aktion wir sie gerade erwischen (das heißt beobachten).

Als dann ein Mann namens Albert Einstein (1879–1955) im Jahre 1905 mit seiner Erklärung des sogenannten äußeren Photoeffekts vorschlug, daß Licht auf eine Weise Elektronen aus Atomen herausschlagen kann, als wäre es ein Strom geschoßähnlicher Teilchen, brachte ihm das einen Nobelpreis ein. (Der Preis wurde ihm für diese Arbeit verliehen, nicht für seine Relativitätstheorien, die später kamen.) Für die Physiker war es fast ebenso schwer wie für Sie, diese zweiseitige Theorie zu schlucken. Doch mittlerweile ist durch eine Fülle eindeutiger Beweise belegt, daß sie wahr ist. Und nicht nur das, sondern (sind Sie bereit?) auch die Umkehrung trifft zu: Waschechte Teilchen wie Elektronen können sich wie Wellen verhalten.

Inzwischen haben die Physiker mit dieser verrückten

subatomaren Bewußtseinsspaltung recht gut leben gelernt. Sie sprechen von *Welle-Teilchen-Dualismus* oder einfach nur von *Dualismus*. Gleichgültig, was ich für meinen Teil noch dazu vortragen könnte: Ihnen würde es dadurch um keinen Deut vernünftiger vorkommen. Das ist einfach so, und wenn es Ihnen nicht paßt, müssen Sie sich ein anderes Universum suchen.

Damit wollte ich Sie nicht vor den Kopf stoßen, doch wir müssen weiterkommen und die blauen Monde erklären.

Ich sagte schon, daß wir sie der Streuung von Lichtphotonen zu verdanken haben, wobei anzunehmen ist, daß diese mit irgend etwas zusammenstoßen. Was also könnte ein Lichtteilchen dazu veranlassen, nach einer Kollision eine andere Richtung einzuschlagen? Offensichtlich muß es dazu mit einem anderen Teilchen zusammenstoßen, das zumindest so groß ist wie es selbst. Denn eines ist gewiß: Ein Fußball würde durch die Kollision mit einer Mücke nicht abgelenkt. Wenn er dagegen auf seinem Weg ins Tor mit dem Kopf eines Fußballspielers zusammenstieße, würde er sicher von seiner Flugbahn abgelenkt werden.

Daraus müssen wir also schließen, daß ein Photon des Lichts am besten gestreut wird, wenn es mit etwas kollidiert, was annähernd seine Größe hat. Doch wie groß ist ein Photon? Wie kann man es messen, wo es doch nicht einmal stillsteht, sondern immer wieder wie eine Welle schwingt, wenn ihm danach ist? Nun, wenn Licht schizophren sein kann, so können die Physiker das genauso, denn auch sie suchen Zuflucht in der *Wellen*-Beschreibung des Lichts, wenn *ihnen* so zumute ist. Sie betrachten die Wellenlänge eines Photons als seine »Größe«, wenn es sich wie eine Welle verhält. (Während eine Welle auf und ab schwingt, wie das Wellen eben so tun, ist die Entfernung zwischen zwei aufeinanderfolgenden »Wellenbergen« oder

»Wellentälern« die Wellenlänge.) Unsere Schlußfolgerung lautet dann wie folgt: Licht wird am besten von Objekten gestreut, deren Größe annähernd seiner Wellenlänge entspricht.

Jetzt nur nicht schlappmachen! Allmählich fängt der Mond an, sich blau zu färben.

Das Licht, das von der Sonne zu uns kommt, ist eine Mischung aller Farben – aller Wellenlängen, von Rot mit der größten bis hin zu Violett mit der kürzesten. Wenn alle Farben des Tageslichts gemischt sind, wie das bei ihrer Ankunft hier auf der Erde der Fall ist, deuten unsere Augen und Gehirne dieses Licht als völlig farblos: Es ist weiß (siehe S. 67). Das ist das Licht, das wir sehen. Doch es gibt noch andere »Farben« – zum Beispiel Infrarot und Ultraviolett –, die von unseren Augen nicht empfangen werden können.

In dem für uns sichtbaren Licht hat Blau die kürzeste Wellenlänge: Es besteht aus den »kleinsten« Photonen. Es wird also von den kleinsten Teilchen, die es auf seiner Reise durch die Luft trifft, am besten gestreut werden, und das sind insbesondere die Moleküle des Stickstoffs und des Sauerstoffs, aus denen die Luft vorwiegend zusammengesetzt ist. Einstein (schon wieder) hat exakt berechnet, wie Moleküle das Licht unterschiedlicher Wellenlängen streuen: Je kürzer die Wellenlänge, desto stärker die Ablenkung.

Was aber, wenn die Luft auch noch größere Teilchen als diese Gasmoleküle enthält, zum Beispiel Staub- oder Rauchpartikel? Dann können die anderen Farben des Lichts, die größeren Wellenlängen, stärker als sonst gestreut werden. Für den Fall, daß ein Waldbrand oder ein Vulkanausbruch zufällig Rauch- oder Staubteilchen in genau der richtigen Größe produzieren, durch die bevorzugt das langwelligere rote Licht gestreut wird, verliert das vom Mond kommende Licht einen großen Teil seiner roten Farbanteile, ehe es den Boden erreicht. Und Licht, dem das Rot fehlt, sieht für uns bläulich aus. Daher kommt uns dann auch der Mond so vor.

Es hat mich zwar keiner gefragt, aber …

Warum liegt um manche Berge immer ein blauer Dunstschleier?

Wintergrüne Bäume wie die Nadelhölzer geben Dämpfe von Harz-Verbindungen ab. Diese Dämpfe können mit dem Ozon der Luft reagieren, wobei extrem winzige feste Teilchen einer chemischen Verbindung entstehen, die genau die richtige Größe haben, um blaues Licht streuen zu können. Dadurch werden blaue Licht-Photonen immer und immer wieder gestreut, während die anderen Farben in gerader Linie passieren können. Somit kommt mehr Blau bei unseren Augen an.

Auch das hat mich keiner gefragt, aber …

Ist das der Grund, weshalb der Himmel blau ist?

Weitgehend, ja. Doch der Himmel ist nicht blau, weil das blaue Licht durch Staub gestreut wird, wie man früher geglaubt hat und manche heute noch glauben. Es wird vielmehr von den Molekülen des Stickstoffs, des Sauerstoffs und anderer Gase gestreut, aus denen sich die Luft zusammensetzt. All diese Moleküle streuen am besten das Licht mit den kürzesten Wellen, wobei der blaue Anteil etwa zehnmal stärker gestreut wird als der rote. Wenn wir zum

Himmel aufschauen, sehen wir das ganze zusätzliche blaue Licht, das zunächst nicht unbedingt in unsere Richtung unterwegs war, aber immer wieder aufs neue gestreut wurde, bis es uns erreicht hat.

Erbsenzähler-Ecke

Die Licht-Photonen prallen auch von sehr viel größeren Gegenständen ab – auch solchen, die weit größer sind als ihre Wellenlänge. Jener rasante Ball von weiter oben würde mit Sicherheit vom Torwart abprallen (und der Schütze vom Trainer abgekanzelt), wenn er diesen auf dem Weg zum Siegtor mitten auf der Brust träfe. Wenn das getroffene Objekt größer ist als alle Wellenlängen des sichtbaren Lichts, spielt die Wellenlänge keine Rolle mehr: Sie werden alle zurückgeworfen. Genau das geschieht, wenn alle Farben des Lichts von einer festen Oberfläche wie der eines Spiegels gleichmäßig abprallen. Hier wird das Gleichgewicht der Farben in keiner Weise verändert.

Ist es nun kalt hier oben, oder ist nur mir kalt?

Warum ist es im Weltall so kalt?

Ist es gar nicht. Satelliten und Raumfähren werden da oben zwar tatsächlich kalt, aber nicht, weil es dort kalt wäre.

Zunächst einmal: So etwas wie Kälte gibt es überhaupt nicht, ganz gleich, was Ihnen die Pinguine erzählen mögen. Kälte ist ein Begriff der Sprache und nicht der Wissenschaft. Unsere Urahnen, die Höhlenbewohner, brauchten einfach ein Wort für »nicht warm«, und dabei kam eben

»kalt« (oder der entsprechende Grunzlaut) heraus. Das ist wie bei hell und dunkel oder naß und trocken. Licht und Wasser sind substantiell vorhanden, während dunkel und trocken die *Abwesenheit* von Licht oder Wasser bezeichnen. Es sind sozusagen – wenn es die Grammatikspezialisten erlauben – negative Adjektive.

Schön, das war der semantische Scherz, aber jeder weiß, was wir mit »kalt« meinen. Erklären Sie nun bitte, weshalb der Weltraum *nicht* kalt ist.

Ist ja schon gut. Also: Wärme ist Energie. Es ist diejenige Energie, die den Molekülen einer Substanz deswegen zukommt, weil sie in Bewegung sind (siehe S. 125). Und warum sind sie in Bewegung? Weil der Big Bang – jene verrückte Explosion, die nach Ansicht der Wissenschaftler die Initialzündung des Universums war – vor etwa 12 Milliarden Jahren (dies ist die neueste Zahl) einen unfaßbar großen Energiebetrag aus dem Nichts (oder was es sonst gewesen sein mag) freigesetzt hat. Seitdem zittern all die Atome immer weiter. Einige, die heißesten, zittern stärker als andere, und diese anderen bezeichnen wir als kälter.

Vor ungefähr vierzig Jahren, als wir die kuschelige Atmosphäre unseres Heimatplaneten verließen, um uns in die Weiten außerhalb zu wagen, stießen wir erstmals auf eine Umgebung, in der es keine Wärme gibt, die man zu irgend etwas in Beziehung setzen könnte, weil es da oben keine (oder nur sehr wenige) Moleküle gibt, die zittern könnten. Damit wurde das Wort »kalt« eher noch bedeutungsloser. Der Weltraum kann in keinem denkbaren Wortsinn warm oder kalt sein, weil er keine Materie enthält.

Warum aber werden dann die Satelliten und Raumfahrzeuge so ... frostig? Die Raumfähren der NASA schaffen es zum Beispiel teilweise bis –130°C hinunter.

Nun, da geschieht folgendes: Ein Raumfahrzeug oder jedes beliebige andere Objekt kann Wärme oder Kälte nicht nur durch den Kontakt mit entsprechend kalten oder heißen Gegenständen aufnehmen oder abgeben (das entfällt dort oben ohnehin, weil da nichts ist), sondern auch durch *Strahlung*. Sonne und Sterne senden alle möglichen Arten von Strahlung aus – Wellen reiner Energie, die für den Menschen teils sichtbar (Licht) und teils unsichtbar (Ultraviolett, Infrarot und andere) sind. Diese Strahlung durcheilt das Weltall unvermindert, weil es nichts gibt, was sie absorbieren könnte. Wenn sie dagegen auf einen Gegenstand wie zum Beispiel eine Raumfähre trifft, wird ein Teil davon reflektiert werden und seinen Weg in eine andere Richtung fortsetzen. Ein Teil wird jedoch absorbiert (siehe S. 65), und dessen Energie verteilt sich in Form von Wärme. So erhält das Raumfahrzeug Wärme, die von der Sonne und den Sternen abgestrahlt worden ist. Natürlich ist die Sonne die Hauptstrahlungsquelle, weil sie uns soviel näher ist als die anderen Sterne.

Gleichzeitig jedoch strahlt die Raumfähre, die noch immer ihre Bürde irdischer Wärme mit sich trägt, einen Teil ihrer eigenen Energie ab, weil alles, was Wärme besitzt, Infrarotstrahlung – »Wärmestrahlung« – abgibt (siehe S. 166). So arbeiten auch die Nachtsichtgeräte, mit denen man in der Dunkelheit Menschen (und Tiere) »sehen« kann: mit der Wärmestrahlung, die von ihnen ausgeht. Und auch die altmodischen elektrischen Heizstrahler funktionieren so: Sie strahlen Wärme in den Raum, anstatt warme Luft durch das ganze Haus zu blasen.

Das Raumfahrzeug empfängt also auf seiner Sonnenseite große Mengen Strahlungswärme, während es auf der

Schattenseite, die dabei äußerst kalt wird, schnell Wärme verliert.

Beachten Sie also, daß man das Raumfahrzeug als kalt bezeichnen kann, weil es ein materielles Objekt ist, während die Umgebung, durch die es fliegt, nicht kalt ist, weder semantisch noch physikalisch.

Kneipenwette

Im Weltraum ist es nicht kalt.

KAPITEL 6

Alles naß

Es ist die einzige Substanz, die für alle Lebewesen unerläßlich ist.

Es macht mehr als die Hälfte unseres Körpergewichts aus.

Es ist die am reichlichsten vorhandene chemische Verbindung auf der Erde: Eine Milliarde Milliarden Tonnen der Substanz bedecken 71 Prozent der Planetenoberfläche, und vermutlich eine weitere Milliarde Tonnen ist in diesen kleinen Plastikflaschen abgefüllt, die heutzutage jeder mit sich herumschleppt.

Sobald auf einem anderen Planeten auch nur eine winzige Menge davon entdeckt wird, wird den Astronomen vor lauter Spekulationen über außerirdisches Leben ganz schwindlig.

Es handelt sich um Wasser, H_2O, eine der einfachsten und stabilsten chemischen Verbindungen.

Normalerweise stellen wir uns Wasser als Flüssigkeit vor, weil es diesen Aggregatzustand über den ganzen für unser Leben zuträglichen Temperaturbereich (sagen wir, zwischen 4 und 27°C) beibehält. Doch wie Sie wissen, liegt es bei allen Temperaturen unterhalb von 0°C als Feststoff vor, den wir Eis nennen. Und oberhalb von 100°C existiert es vorzugsweise in der Form von Wasserdampf – einem unsichtbaren Gas wie der Stickstoff und der Sauerstoff der Luft.

(Wasserdampf ist nicht dasselbe wie Dampf. Dampf besteht aus winzigen Tröpfchen *flüssigen* Wassers, die so klein sind, daß sie in der Luft schweben können.)

Wasser muß nicht zwangsläufig seine Siedetemperatur erreichen, um zumindest teilweise in Wasserdampf überzugehen. Wo immer es Wasser gibt, gibt es auch Wasserdampf in der umgebenden Luft. Wir nennen es manchmal Luftfeuchtigkeit, und diese hat weitreichende Auswirkungen auf viele Aspekte unseres Lebens, was sehr viel mehr umfaßt als nur unser Unwohlsein an einem schwülheißen Sommertag.

Im folgenden Kapitel werden wir uns mit einigen der amüsanten Folgen befassen, die Wasser in seiner flüssigen Form nach sich zieht: Kaffeeflecken, salzige und zugleich blaue Ozeane, der nasse Duschvorhang, der Ihnen direkt auf den Bauch klatscht. Mit einem kleinen Umweg über den Panama-Kanal begeben wir uns in die Küche, wo wir mit ein paar Eiswürfeln und Lutschern spielen, ehe wir in einem Waschsalon herauszufinden suchen, was eigentlich in all den Flaschen und Schachteln mit Waschmitteln drin ist. Anschließend untersuchen wir, wie sich Wasserdampf auf Kosmetika, Wäschetrockner und diese teuflische Luftfeuchtigkeit auswirkt.

Und wie üblich werden wir unterwegs ein paar Mißverständnisse aus der Welt schaffen, wobei es dieses Mal um die Farbe des Wassers, das Fließen von Glas und darum geht, ob warme Luft wirklich »Feuchtigkeit aufnehmen« kann.

Wasserblau

Warum sind die Ozeane blau? Spiegelt sich da nur der Himmel?

Nein. Diese verbreitete Ansicht ist sozusagen nicht wasserdicht. Zunächst entspricht die Meeresoberfläche nicht genau dem, was man einen Spiegel nennen würde. Und zweitens, wieso sollte dieses Blau dann viel dunkler sein als das des Himmels?

Nein, die Weltmeere selbst sind wirklich und wahrhaftig blau. Sie zeigen viele verschiedene Schattierungen dieser Farbe (da können Sie jeden Seemann fragen), das hängt von mehreren Faktoren ab, von denen wir im folgenden einige besprechen wollen.

Doch hier kommt eine Überraschung: Selbst kristallklares reines Wasser – ohne Salz, Schlick und Fische – ist blau. Und dies trotz der Tatsache, daß praktisch alle Lexika Wasser als »farblose, geruchlose Flüssigkeit« definieren. Wenn Sie selbst sehen wollen, daß es nicht farblos ist, brauchen Sie nur Ihre Badewanne zu füllen.

Probieren Sie es selbst

Füllen Sie Ihre Badewanne mit Wasser. Sie sehen, daß es blaßblau ist (ich unterstelle, daß Sie eine weiße Badewanne besitzen). Daß Sie bei einem Glas Wasser keine blaue Färbung entdecken, liegt nur daran, daß Sie nicht *genug* Wasser betrachten. Die Farbe baut sich auf (akkumuliert sich) mit zunehmender Dicke der Wasserschichten, auf die Sie schauen. Wenn die Fensterscheiben in Ihrer Wohnung zehnfach dicker wären, würden Sie erkennen, daß das »farblose« Glas in Wahrheit grün ist.

Warum ist das Wasser blau? Nun, wenn Tageslicht, das eine Mischung aller Farben des Lichts (siehe S. 67) enthält, auf Wasser trifft und es durchdringt, werden von den Wassermolekülen bestimmte Farben absorbiert. Aus dem Licht, das von der Innenfläche der Badewanne reflektiert wird und zu Ihren Augen gelangt, sind jene speziellen Farben entfernt worden, und damit ist es anders zusammengesetzt als normales Tageslicht.

Dabei absorbieren die Wassermoleküle bevorzugt (allerdings nicht sehr ausgeprägt) die orangefarbenen und roten Anteile des Sonnenlichts. Licht, dem diese Bestandteile ganz oder teilweise fehlen, kommt uns aber im Vergleich zu dem, was wir »weißes Licht« nennen, so vor, als enthielte es zuviel Blau. Also scheint das Wasser blau zu sein.

Doch ein Ozean ist ein sehr viel komplexeres Gebilde als nur ein Riesenkessel für Fische, der lediglich H_2O enthält. Zusätzlich zu den üblichen Salzen und Mineralien gibt es vor allem auch *Plankton*: winzige Pflanzen (*Phytoplankton*) und Tiere (*Zooplankton*), die so klein sind, daß sie sich nicht absetzen, sondern ständig im Wasser schweben, bis sie irgendwann von Bakterien zersetzt oder von größeren Lebewesen gefressen werden. (Ja, ja, diese Welt ist grausam.)

Außerdem enthält Meerwasser noch eine Menge unterschiedlichster gelöster organischer Substanzen, die sogenannten Gelbstoffe. Wenn Tageslicht in Meerwasser eindringt, absorbiert das Phytoplankton vor allem seine blauen Anteile plus ein wenig Rot, während die Gelbstoffe vorwiegend blaues Licht absorbieren. Mit dieser Absorption verschiebt sich das Gleichgewicht des verbleibenden Lichts von dem blassen Blau reinen Wassers zu einem tieferen, violett getönten Blau. Deshalb sind die Ozeane dunkler als das Wasser in Ihrer Badewanne.

Die vielen Gesichter, die uns die Weltmeere bei unterschiedlichen Wetterverhältnissen und in verschiedenen Teilen der Welt zeigen, sind leider nicht so einfach zu erklären. Zum einen erhält das Meerwasser seine Farbe nicht nur durch die *Absorption* von Licht, sondern auch durch dessen *Streuung* (siehe S. 236). Bestimmte Farbanteile des Lichts werden von winzigen Materieteilchen im Wasser gestreut. Wenn ein Licht-Photon (siehe S. 237) eines dieser Partikel trifft, das aus allem von der Größe eines einzelnen Moleküls aufwärts bestehen mag, kann es in einer anderen Richtung davon abprallen. Damit ändert sich die Farbverteilung, die bei Ihren Augen ankommt.

Das Blau des Himmels kommt genau durch diese Streuung des Lichts an Molekülen der Luft (siehe S. 239) zustande, denn die Luftmoleküle streuen die blauen Lichtanteile stärker als die anderen Farben. Einige Wissenschaftler haben versucht, die blaue Farbe der Ozeane ausschließlich mit dieser Art von Streuung zu erklären, doch das sind Leute, die offenbar noch nie in ihre Badewanne geschaut haben.

Phytoplankton streut die grünen und gelben Lichtanteile besonders wirkungsvoll; je mehr davon vorhanden ist, desto grünlicher wird das Wasser sein. Für das wunderschöne grünliche Türkis der Gewässer um die Inseln der Karibik und im Südpazifik ist in erster Linie dieser Effekt verantwortlich. Das tropische Klima und die Fülle des Sonnenlichts dort bieten dem Plankton üppige Lebensbedingungen.

Soviel Salz und gar kein Popcorn

Warum ist Meerwasser salzig?

Wenn Sie »salzig« sagen, denken Sie zweifellos an Natriumchlorid, das gewöhnliche Tafelsalz. Für einen Chemiker ist »Salz« jedoch der Oberbegriff für eine große Klasse chemischer Verbindungen, und davon gibt es Dutzende in den Ozeanen.

Damit wir die Bandbreite des Wortes »Salz« richtig ermessen können, sollten Sie mir eine Chemielektion in einem Absatz zugestehen.

Ein »Molekül« Salz (eigentlich ist es gar kein Molekül im strengen Sinn, aber ich werde es keinem weitersagen, wenn Sie es auch nicht tun) besteht aus einem positiv und einem negativ geladenen Teil, die einander wegen der entgegengesetzten Ladungen anziehen. Diese geladenen Teile nennt man *Ionen*. Beim Natriumchlorid ist das positive Ion ein geladenes Natriumatom und das negative Ion ein geladenes Chloratom. Doch das positive Ion eines Salzes kann aus einem geladenen Atom eines beliebigen Metalls bestehen, und wir kennen so um die 85 Metalle. Außerdem gibt es neben dem Chlorid-Ion noch viele andere negative Ionen, und daraus können Sie leicht ersehen, daß es eine sehr große Zahl möglicher Salze geben muß. Das war die Chemielektion.

Die wichtigsten Metallionen im Meerwasser sind die von Natrium, Magnesium, Kalzium und Kalium, und die häufigsten negativen Ionen sind Chlorid, Sulfat, Bikarbonat und Bromid. Sicher fragen Sie sich nun, wie all das Zeug überhaupt erst in die Meere gelangt ist. Kurz gesagt: Es wurde durch Regenwasser aus dem Festland gewaschen und dann mit den Flüssen ins Meer gespült.

Meerwasser wird ständig umgewälzt. Jedes Jahr steigt die oberste Wasserschicht (etwa 1 m) als Wasserdampf in die Luft, bewegt sich durch vielfältige Wettersysteme und fällt dann in Form von Regen oder Schnee wieder auf die Ozeane und das Festland zurück. Diese Niederschläge landen zu 76 Prozent direkt in den Ozeanen, 24 Prozent gehen auf den Kontinenten nieder. Das Wasser, das dort herunterkommt, fließt in Flüssen und Strömen abwärts und erreicht am Ende ebenfalls wieder die Ozeane. Beim Abfließen nimmt dieses Wasser alles mit, was löslich ist, vor allem die Salze, die in den Böden, Gesteinen und Mineralien vorhanden sind.

Jeder Chemiker kann Ihnen bestätigen, daß Natriumsalze sich besser in Wasser lösen als die Salze von Kalium, Magnesium, Kalzium oder der meisten anderen Metalle. Deshalb gehen vor allem Natriumsalze in Lösung und werden in die Meere gespült. Natrium und Kalium sind in den Böden, Gesteinen und Mineralien etwa zu gleichen Teilen vorhanden, doch im Meerwasser finden wir 28mal mehr Natrium als Kalium vor.

All diese gelösten Salze entsprechen 3,47 Gewichtsprozent des Meerwassers. Und es sind nur sechs Elemente, die mehr als 99 Prozent dieser Salze stellen: Chlor, Natrium, Schwefel (als Sulfate), Magnesium, Kalzium und Kalium in absteigender Reihenfolge.

Auch Vulkanausbrüche sind eine Quelle für die Salze im Meer, sowohl die Eruptionen an Land als auch die im Meer; sie speien enorme Mengen von Feststoffen und Gasen aus. Vulkanische Gase enthalten vor allem Chlor und Schwefeldioxid, was möglicherweise dazu beiträgt, daß Chlor mit einem Anteil von 55 Prozent am Salzgewicht das häufigste Element im Meerwasser ist, während Sulfate gleich nach den Chloriden den zweitgrößten Anteil der negativen Ionen in den Salzen ausmachen.

Alles in allem stellen Natrium und Chlor 86 Prozent des Salzes in den Meeren. Wenn Sie also weiterhin sagen, die Ozeane seien wegen des Natriumchlorids so salzig, dürfte Ihnen kaum jemand widersprechen.

Es hat mich zwar keiner gefragt, aber…

Warum sind die Ozeane salzig, nicht aber die Flüsse, Ströme und Seen?

Regenwasser fließt vom Land in Bäche, Flüsse und Seen, wobei es in gleicher Weise gelöste Salze mitführt wie auf seinem Weg in die Meere. Der Unterschied liegt einfach darin, daß die Ozeane sehr viel älter sind als die anderen Gewässer – 4 oder 5 Milliarden Jahre statt der wenigen Millionen Jahre bei den übrigen. Im Verlauf dieser Jahrmilliarden haben die Meere ihr Wasser ständig umgewälzt: Es wurde zu Wasserdampf, der über dem Land abregnete und wieder ins Meer zurückfloß, wobei es jedesmal mit einer neuen Ladung Salz ankam. Durch diese Zyklen hat sich der Salzgehalt der Ozeane ständig angereichert.

Wo zum Teufel ist der Meeresspiegel?

So wie ich es verstehe, ist der Panamakanal mit Schleusen ausgestattet, weil der Atlantik und der Pazifik nicht auf gleicher Höhe liegen. Aber was soll es dann bedeuten, wenn wir von Höhen »über dem Meeresspiegel« reden? Welches Meer ist damit gemeint?

Die Schleusen des Panamakanals sind nicht aus diesem Grund gebaut worden. Sie dienen dazu, Schiffe über den Landrücken zu hieven, den wir als Isthmus (Landenge) von Panama kennen. Dazu müssen die Schiffe 26 Meter über den Ausgangsozean gehoben und anschließend die gleiche Höhendifferenz zum Zielozean wieder hinuntergeschafft werden. Das gilt für beide Richtungen.

Aber warum haben sie dann nicht einfach einen durchgehenden Graben von einem Ozean zum anderen ausgehoben, einen Kanal auf Seehöhe? Vorwiegend deshalb, weil man dazu ungeheure Mengen an Erde hätte abgraben müssen, was unglaublich teuer geworden wäre. Doch außerdem wären durch einen Kanal auf Seehöhe ständig gewaltige Wassermassen geströmt. Das liegt aber nicht daran, daß zwischen den Wasserspiegeln der beiden Meere ein andauernder Höhenunterschied bestünde; die durchschnittlichen Meeresspiegel liegen auf gleicher Höhe. Nein, daran sind die Gezeiten schuld.

Am pazifischen Ende des Kanals kann der Unterschied zwischen Ebbe und Flut bis zu 5,5 Meter betragen, während die Gezeiten auf der Atlantikseite nur um etwa 60 Zentimeter differieren. Deshalb würden durch einen solchen Kanal regelmäßig große Wassermengen vom Pazifik zum Atlantik strömen, also von Osten nach Westen.

Sie glauben wohl, ich hätte da etwas durcheinandergebracht? Liegt der Pazifik nicht am *westlichen* Ende des Kanals? Keine Spur. Da sich die Landenge von Panama wie eine Schlange windet, liegt die pazifische Einfahrt zum Kanal um 43 Kilometer weiter östlich als die atlantische. Schauen Sie doch einfach auf einer Landkarte nach.

Kneipenwette

Ein Schiff, das vom Pazifik aus durch den Panamakanal zum Atlantik fährt, schippert von Osten nach Westen. (Eigentlich von Südosten nach Nordwesten, wenn Sie unbedingt pingelig sein wollen.)

Nun aber zurück zu dem, was wir unter »Meereshöhe« verstehen.

Wegen der Gezeiten können wir offenkundig nur von einem durchschnittlichen oder mittleren Meeresspiegel aller Ozeane und aller Orte sprechen. Aber auch wenn zum Beispiel die mittleren Seehöhen des Atlantiks und des Pazifiks in der Gegend des Panamakanals etwa gleich sein dürften, heißt das nicht, daß alle Meere der Welt sich auf einen einheitlichen Spiegel verteilt haben. Das sollte man zwar erwarten, denn wenn man sich einen Globus betrachtet, erkennt man, daß sie alle miteinander verbunden sind. Die Ozeane der Erde bilden einen gewaltigen Swimming-Pool, in dem ein paar Fleckchen Land verteilt sind. Doch selbst wenn man die Gezeiten herausmittelt, gibt es immer noch Gründe, weshalb die Ozeane unterschiedliche Meereshöhen aufweisen.

Da ist einmal die Wirkung der Gravitation, die bei größeren Massen zunimmt (siehe S. 154), weshalb die Anziehungskraft des Mondes die größeren Ozeane zu höheren Flutbergen auftürmt (siehe S. 231). (Nur bei den größten Binnenseen treten Gezeiten auf.) Außerdem werden die Meeresspiegel auch durch Wetterphänomene beeinflußt. Wenn der Luftdruck über einem Ozean niedrig ist, wird das Wasser sich ausdehnen. Überdies können vorwiegend westliche Winde dafür sorgen, daß das Wasser im Osten ein wenig höher aufläuft. Und zuletzt können auch noch unterschiedliche Wassertiefen eine Schwerkraftwirkung auf den Meeresspiegel ausüben: Je tiefer ein Meer ist, desto dichter wird sein Wasser durch die Schwerkraft zusammengepreßt, was einen entsprechend niedrigeren Meeresspiegel ergibt.

All das sind nur kleine Effekte, doch weil sie sich auf so gewaltige Wasserkörper auswirken, können sie an verschiedenen Orten der Welt große Unterschiede im Meeresspiegel hervorrufen. Da sie alle miteinander verbunden sind, versuchen die Gewässer natürlich, einen einheitlichen Spiegel herzustellen, doch ihre Bewegungen sind einfach nicht schnell genug, um mit all diesen veränderlichen Bedingungen Schritt halten zu können.

Was ist nun aber der mittlere Meeresspiegel? Das ist ein sorgfältig zusammengestellter Durchschnittswert, den man über 19 Jahre hinweg bei vielen Gezeitenabschnitten an vielen Orten der Welt gemessen hat. Wann immer Sie hören, etwas befinde sich so und so viele Meter über dem »Meeresspiegel« oder der Luftdruck auf »Meereshöhe« betrage so und so viele Millimeter Quecksilbersäule (oder Hektopascal), so ist darunter zu verstehen, daß jemand vom mittleren Meeresspiegel spricht: einem weltweiten, langfristig ermittelten Durchschnittswert.

Warum über Kaffeeflecken weinen?

Wenn verschütteter Kaffee auf meinem Küchentisch eintrocknet, bildet sich ein Ring, dessen innere Fläche fast rückstandsfrei ist. Warum wandert der ganze Kaffee nach außen, um dort einzutrocknen?

Jahrelang haben Menschen diese Erscheinung beobachtet, ohne einen zweiten Gedanken – oder auch nur einen ersten – daran zu verschwenden. Vermutlich haben Hunderte von nicht übermäßig aufmerksamen kaffeeschlürfenden Wissenschaftlern einen Blick auf den Ring geworfen, etwas von Oberflächenspannung gemurmelt und ihren Laborassistenten angewiesen, ihn aufzuwischen.

Erst 1997 befaßten sich sechs Wissenschaftler der University of Chicago mit dieser weltbewegenden Frage. Ihre Ergebnisse veröffentlichten sie in der angesehenen wissenschaftlichen Zeitschrift *Nature*: zum Wohle der Menschheit oder zumindest für jene Schlamper unter uns, die ihre Sudelflecken nicht aufwischen, ehe sie eintrocknen.

Hier also die Schlüsse, die sie zogen, nachdem sie, zweifellos durch Unmengen Koffein stimuliert, ganze Bände mit mathematischen Berechnungen gefüllt hatten.

Wenn eine Pfütze verschütteten Kaffees auf einer flachen, ebenen Oberfläche zurückbleibt, breitet sie sich normalerweise in alle Richtungen aus. Dabei kommt die Flüssigkeit überall dort zum Stehen, wo sie auf ein Hindernis trifft. Das kann jede kleine Unregelmäßigkeit der Oberfläche sein, die sie nicht überwinden kann, wie zum Beispiel eine mikroskopische Vertiefung. Je nachdem, wo sich diese Hindernisse befinden, nimmt die Pfütze eine bestimmte Form ein – in der einen Richtung länger, in der anderen kürzer, wie eine Amöbe.

Wenn die Flüssigkeit verdunstet, trocknet die Pfütze zuerst dort ein, wo sie am dünnsten ist: an ihren Rändern. Das sollte dazu führen, daß sie schrumpft und ihre Ränder zurückzieht, doch das kann sie nicht, weil sie in den Vertiefungen festsitzt. Während das Wasser an den Rändern verdunstet, muß es also von irgendwoher aufgefüllt werden. Und das ist nur vom Zentrum her möglich.

Somit wandert das Wasser aus dem Inneren der Pfütze zu den Rändern, wo es verdunstet. Dieser Wasserfluß transportiert die mikroskopisch kleinen, braunen Teilchen, die dem Kaffee seine Farbe geben. Der Weg der braunen Partikel endet an den Rändern, wenn der Pfütze schließlich das Wasser ausgeht.

Probieren Sie es selbst

Als erstes sollten Sie Ihren Küchentisch saubermachen – hier ist keinerlei Fettfilm zugelassen. Wenn der Oberflächenbelag hell gefärbt ist, schütten Sie einen viertel Teelöffel (einen Milliliter) Kaffee – schwarz und ohne Zucker – darauf und lassen Sie ihn über Nacht eintrocknen. Bei einer dunklen Oberfläche ist die Wirkung viel besser, wenn Sie Salzwasser verwenden. Lösen Sie einen halben Teelöffel (ein paar Gramm) Salz in einer halben Tasse Wasser (250 Milliliter) und machen Sie ein paar Pfützen mit jeweils einem viertel Teelöffel (Milliliter) auf der Tischplatte. Wenn diese eingetrocknet sind, sehen Sie weiße Salzringe. Weil die Salzkristalle gröber sind als die Kaffeeteilchen, werden die Ringe unregelmäßiger geformt sein.

Schauer-Power oder der zudringliche Duschvorhang

Warum macht sich der Duschvorhang an mich heran und klatscht auf mein Bein – oder sonstwohin –, wenn ich dusche?

Haben Sie ein Glück, daß Sie die Frage gerade heute gestellt haben, denn heute gibt's alles im Sonderangebot. Sie kriegen vier Antworten für den Preis einer einzigen. Nicht daß ich einen Anfall von Großzügigkeit hätte: Ich weiß einfach nicht, für welche ich mich entscheiden soll.

Soweit mir bekannt ist, hat die *National Science Foundation* (Amerikanische Forschungsstiftung) bisher noch kein umfassendes Forschungsprojekt ausgeschrieben, mit dem dieses irritierende Problem gelöst werden soll. Deshalb blieb den Wissenschaftlern nichts anderes übrig, als ihre diesbezüglichen Theorien bei Kaffee und Bier zu diskutieren. Hier stelle ich vier konkurrierende Lösungen des großen Duschvorhang-Mysteriums vor. Ein wenig Cash, und Sie haben freie Auswahl.

1. *Aufsteigende Warmluft.* Hier läuft die Geschichte so, daß die Luft in der Dusche durch das Wasser erwärmt wird. Und wie jedermann weiß, steigt warme Luft auf. (Sollten Sie allerdings nicht wissen, *warum* warme Luft aufsteigt, können Sie auf S. 160 nachsehen.) Diese aufsteigende Warmluft muß durch kalte Luft ersetzt werden, die am Boden nachströmt und dabei den Vorhang nach innen weht. Diese Erklärung ist eindeutig, einfach, ansprechend und falsch. Sie brauchen es nur mit kaltem anstelle von warmem Wasser zu versuchen, und Sie werden sehen, daß sich der Vorhang genauso bewegt. (Nein, Sie müssen *nicht* selbst unter die kalte Dusche; Sie können das Experiment auch durchführen, wenn Sie draußen stehenbleiben.)

2. *Elektrostatische Aufladung.* Wenn Wasser durch eine enge Öffnung wie die im Duschkopf strömt, kann es sich mit statischer Elektrizität aufladen. Das ist nicht viel anders, als wenn Sie mit den Füßen über einen Teppich schlurfen, worauf einige Elektronen von Ihren Schuhen auf den Teppich übertragen und Sie zum Ausgleich positiv aufgeladen werden (siehe S. 145). Auch dem Wasser können

durch den Duschkopf Elektronen übertragen – oder entzogen – werden, je nachdem, aus welchem Material er gefertigt ist.

Falls aber die Wassermoleküle beim Passieren der Düse beispielsweise einige Elektronen und damit eine negative Ladung angenommen haben, würden diese zusätzlichen Elektronen andere Elektronen auf der Oberfläche des Duschvorhangs abstoßen, wie das bei gleichen Ladungen nun einmal ist. Dadurch entstünde an der Oberfläche des Vorhangs ein Mangel an negativer Ladung, und die entsprechende überschüssige positive Ladung würde die Oberhand gewinnen. Als Folge ziehen sich der negativ geladene Wasserstrahl und die positiv geladene Innenfläche des Duschvorhangs an, wie sich das gehört, und der Vorhang bewegt sich auf den Strahl zu.

Das ist nicht ganz so weit hergeholt, wie es sich vielleicht anhört. (Warten Sie erst ab, bis Sie die anderen Erklärungen kennen.) Induzierte elektrostatische Aufladung, wie diese Erscheinung genannt wird, findet wirklich statt und ist allgemein bekannt. Haben Sie je einen Karton mit diesen erdnußförmigen Verpackungsflocken aus Polystyrol geöffnet, besonders, wenn einige davon in kleinere Teile zerbrochen sind? Dann haben Sie sicher auch versucht, diese nervtötenden Krümel daran zu hindern, herumzuhüpfen, oder sie von Ihren Händen abzustreifen, an denen sie hartnäckig haftenbleiben. Das kommt von der induzierten elektrostatischen Aufladung.

Probieren Sie es selbst

Legen Sie an einem trockenen Wintertag ein paar kleine Bruchstücke von Verpackungsflocken aus Polystyrol auf einen Tisch. (Wenn Sie in letzter Zeit kein Päckchen bekommen haben, können Sie auch Schnipsel von Seidenpapier verwenden.) Nun gehen Sie über einen Teppich in Ihrer Nähe, wobei Sie mit den Füßen scharren, um Ihren Körper aufzuladen. Dann eilen Sie zum Tisch und versuchen, die Kunststoffflocken anzufassen. Noch ehe Sie sie berührt haben, werden sie hochspringen und an Ihrer Hand haftenbleiben. Die statische Aufladung Ihres Körpers induziert dem Kunststoff eine entgegengesetzte Ladung, und die dabei entstehende Anziehung dieser gegensätzlichen Ladungen reicht aus, die Flocken in Ihre Richtung hüpfen zu lassen.

Ob eine induzierte elektrostatische Aufladung allerdings ausreicht, einen Duschvorhang zu bewegen, kann jeder selbst entscheiden.

3. *Bernoulli-Prinzip*. Das Wasser reißt ständig ein wenig Luft mit sich, was entlang der Innenfläche des Vorhangs eine Luftströmung hervorruft. Laut Herrn Bernoulli (siehe S. 41) ist der Druck eines Gases gegen eine Oberfläche, an der es sich entlangbewegt, desto niedriger, je schneller es strömt. Da auf der Außenseite des Vorhangs keine Luftströmung anliegt, ist der Luftdruck an der Innenfläche niedriger, was den Vorhang nach innen zieht.

4. *Der Coanda-Effekt*. Fluide Substanzen (Flüssigkeiten wie Gase) neigen dazu, eng an einer gekrümmten Oberfläche zu bleiben, über die sie hinwegströmen. Zu Ehren Henri Coandas (1886–1972), eines rumänischen Luftfahrtingenieurs, der als erster darauf hingewiesen hat, heißt dies Coanda-Effekt.

Probieren Sie es selbst

Halten Sie ein Wasserglas waagrecht so in einen langsam fließenden Wasserstrahl aus dem Wasserhahn, daß der Strahl auf die Oberseite des Glases fällt. Beachten Sie, daß das Wasser auf der Unterseite nicht senkrecht nach unten stürzt. Es haftet am Glas und folgt seiner gekrümmten Oberfläche, ehe es abtropft.

Wenn der Duschvorhang, vielleicht aufgrund eines der genannten anderen Effekte, bereits ein wenig nach innen gekrümmt ist, zieht ihn das über seine Oberfläche fließende Wasser wegen der Coanda-Haftkräfte möglicherweise weiter einwärts.

Erbsenzähler-Ecke

Coanda und andere Aerodynamik-Ingenieure haben mehr als zwanzig Jahre gebraucht, um herauszufinden, warum eine strömende fluide Substanz sich an eine gekrümmte Oberfläche anlegt. Hier folgt die endgültige Erklärung.

Die Moleküle einer Flüssigkeit haften in gewissem Umfang aneinander; das Verhalten einzelner Moleküle beeinflußt ihre Nachbarn, weil sie gewissermaßen aneinandergebunden sind. (In der Sprache der Wissenschaft: Fluide Stoffe besitzen eine gewisse *Viskosität*.) Falls die erste Molekülschicht einer strömenden Flüssigkeit von der überströmten Oberfläche angezogen werden sollte, werden auch ihre übrigen Moleküle in gewissem Ausmaß zu der Oberfläche hingezogen, wodurch die Flüssigkeit insgesamt stärker haften wird, als wir das vielleicht erwarten.

Im Falle des Wassers auf dem Glas wollen die Wassermoleküle der ersten Schicht haften bleiben, weil Wasser Glas benetzt. (Wachs benetzt es zum Beispiel nicht.) Die zweite

Schicht möchte mit der ersten verbunden bleiben, also wird auch sie ein wenig vom Glas angezogen. Die dritte Lage haftet über die Vermittlung der beiden ersten am Glas, und so weiter, wobei die Bindung der aufeinanderfolgenden Schichten immer schwächer wird. Solange diese Haftkräfte stärker sind als die Anziehungskraft der Gravitation, werden viele Schichten mitgezogen, ehe das Wasser schließlich von dem Glas abfällt. Dabei ist es der Krümmung des Glases ein ganzes Stück weiter gefolgt, als zunächst zu erwarten gewesen wäre.

Die gegenseitige Anziehung der Luftmoleküle ist erheblich schwächer als im Falle des Wassers (wissenschaftlich ausgedrückt: Die Viskosität der Luft ist weit geringer als die des Wassers), deshalb haften sie weit weniger an der Oberfläche des Duschvorhangs. Trotzdem bleibt der Effekt bestehen. Wahrscheinlich tragen sowohl das Wasser als auch die von ihm mitgerissene Luft dazu bei, daß der Duschvorhang angezogen wird.

Das heißt, falls Sie daran glauben, daß der Coanda-Effekt die Ursache ihres flatternden, klatschenden Vorhangs ist. Ich persönlich ziehe die elektrostatische Erklärung vor.

Psycho-Socken

Wenn ich nicht diese Weichspüler-Tücher verwende, kommen all meine Kleider statisch aufgeladen aus dem Trockner und haften aneinander. Was haben diese Gewebe-Weichmacher mit statischer Elektrizität zu tun?

Nicht viel, außer daß der Wirkstoff in diesen Tüchern zufällig für beide Aufgaben gut geeignet ist. Die antistatische Funktion ist auch einzeln in Form eines Sprays erhältlich, so daß Sie Ihre Kleidung sogar antistatisch behandeln können, wenn Sie sie tragen, ohne deswegen *(Machen Sie das nicht bei sich zu Hause!)* gleich in den Trockner steigen zu müssen.

Hauptbestandteil beider Produkte ist ein sogenannter *oberflächenaktiver* Wirkstoff – eine chemische Verbindung, deren Moleküle gewissermaßen bisexuell sind: Sie werden sowohl von Wasser als auch von öligen Substanzen angezogen. Die meisten anderen Verbindungen bevorzugen dagegen entweder die eine oder die andere Gruppe.

Gewöhnliches Salz (Natriumchlorid) besteht zum Beispiel aus elektrisch geladenen Atomen (wissenschaftlich ausgedrückt: Ionen), und diese Ionen mischen sich gern mit Wasser – sie lösen sich darin, weil die Wassermoleküle elektrische Ladungen besitzen, von denen sie angezogen werden. Mit Fetten und Ölen will Salz dagegen nichts zu tun haben, weil es in deren Molekülen keine attraktiven geladenen Teile gibt. Versuchen Sie doch einfach mal, etwas Salz in Olivenöl aufzulösen, und schauen Sie, wie weit Sie damit kommen.

Das Besondere an oberflächenaktiven Substanzen ist nun, daß an einem Ende ihrer Moleküle ein fettähnlicher Bestandteil sitzt, der von öligen Substanzen angezogen wird, während das andere Ende eine Ladung trägt und von Wasser angezogen wird. Seifen und Moleküle von Detergentien sind oberflächenaktiv: Ihre fettliebenden Enden haften sich an öligen Schmutz und ziehen ihn mit Hilfe ihrer wasserliebenden Enden ins Wasser. Man kann es jedoch auch andersherum betrachten: Ihre wasserliebenden Enden locken Wasser an ölige Stellen, zu denen es sonst nie vordringen würde, wodurch das Wasser gewissermaßen nasser wird.

Nun wollen wir ein Blatt Papier mit einer sich fettig anfühlenden oberflächenaktiven Verbindung imprägnieren und zusammen mit unserer feuchten Kleidung in den Wäschetrockner geben. Während sie in der Trommel herumwirbeln, kommen die Kleidungsstücke mit dem Papier in Kontakt und nehmen die oberflächenaktive Substanz auf. Die ziemlich strammen, fettigen Enden ihrer Moleküle verleihen den Textilien eine schlüpfrige, wachsähnliche Oberfläche, die sich »weich« anfühlt.

Während die Kleidung allmählich trocknet, werden durch die gegenseitigen Berührungen einige Elektronen abgerieben, wodurch sich langsam statische Elektrizität aufbaut (siehe S. 144). Solange die Textilien feucht sind, ist das nicht möglich, weil Wasser ein ausreichend guter Leiter ist und die abgeriebenen Elektronen wieder dorthin befördert, wo sie hergekommen sind. Wenn dann kein Wasser mehr da ist, übernehmen die geladenen Enden der oberflächenaktiven Stoffe diese Aufgabe. Sie leiten die Ladungen ab und machen jede vielleicht auftretende »statische Haftung« zunichte.

Wenn ihnen dieser statische Zusammenhalt genommen wird, sehen sich Socken nicht mehr in der Lage, mit ihrem jeweiligen Partner zusammenzubleiben, was ihnen möglicherweise eine schwere Trennungsangst einbringt. Eine einzelne Socke kann in der Tat in einen so depressiven und emotional aufgelösten Zustand geraten, daß sie sich durch die Entlüftungsöffnung davonmacht, um die Hilfe eines Psychiaters in Anspruch zu nehmen. Das ist der Grund, weshalb Ihnen beim Einräumen Ihrer sauberen Wäsche manchmal eine Socke fehlt. Ich weiß, daß Sie sich darüber schon gewundert haben.

Erbsenzähler-Ecke

Es gibt drei Arten oberflächenaktiver Stoffe, deren Namen Sie auf den Etiketten von Trockner-Tüchern, Weichspülern, antistatischen Sprays und synthetischen Detergentien (siehe dazu weiter unten) lesen können. Es handelt sich dabei um *kationische, anionische* und *nichtionische* Wirkstoffe. Die ladungstragenden Enden der Moleküle können entweder positiv (kationisch) oder negativ (anionisch) geladen sein. Die Moleküle der nichtionischen oberflächenaktiven Substanzen tragen überhaupt keine Ladung, weshalb sie zum Weichmachen der Kleidung geeignet sein mögen, aber nichts nützen, wenn statische Haftung beseitigt werden soll.

Ein häufig verwendeter kationischer oberflächenaktiver Stoff ist Dimethyl-Diparaffin-Ammoniumchlorid, und Polyäthylenglykol-Monostearat ist ein verbreiteter nichtionischer Wirkstoff. Waschmittel enthalten in der Regel den anionischen Wirkstoff Natriumalkyl-Benzylsulfonat.

Das geht Ihnen doch sonstwo vorbei, oder? Aber jetzt können Sie sich einen Spaß daraus machen, die kleingedruckten Listen der Inhaltsstoffe auf all diesen Warenetiketten zu entziffern. Laufen Sie gleich runter in die Waschküche und schauen Sie nach, was alles drin ist.

Wunder des Waschtags

Bei jedem Waschmittel wird behauptet, es sei »neu«, »verbessert«, »einzigartig« und natürlich besser als alle anderen. Aber bestehen nicht alle aus schlichter Seife?

Nein, diese Waschmittel enthalten keine Seife, obwohl Seife ein Waschmittel ist. Waschmittel oder Detergentien sind nichts als Reinigungssubstanzen, und das zweite Wort ist vom lateinischen *detergere*, abwischen, abgeleitet.

Nachdem sie mehr als zwei Jahrtausende lang Seife verwendet haben, die leicht herzustellen ist, indem man Holzasche mit Tierfetten verkocht (fragen Sie sich nicht, wie *diese* Entdeckung zustande kam?), haben die Menschen schließlich synthetische Waschmittel hergestellt, die in manchen Fällen sogar besser sind als Seife. Heute haben wir den Ausdruck »Waschmittel« ausschließlich für jene künstlichen chemischen Mischungen reserviert, die so viele Hektar Regalfläche in unseren Supermärkten belegen.

Alle Waschmittel oder Detergentien einschließlich der Seife sind *oberflächenaktive* chemische Verbindungen, die den Trick beherrschen, Öl und Wasser zusammenzubringen (siehe S. 263). Der meiste Schmutz an unserer Haut, unserer Kleidung, unserem Geschirr und unseren Autos haftet mit Hilfe eines klebrigen, öligen Films. Bringen Sie den öligen Film irgendwie dazu, sich ins Wasser zu begeben, und Sie haben es geschafft, den »Kleber« zu entfernen, der den Schmutz an den Gegenständen haften ließ.

Doch neben den oberflächenaktiven Stoffen können all diese bunten Flaschen und Kartons in den Supermarktregalen auch das ganze Labor eines verrückten Chemikers in Form anderer chemischer Verbindungen enthalten. Wie sonst könnten die Hersteller immer wieder behaupten, ihre Produkte seien anders oder besser als all die anderen?

Hier folgt eine Liste von all dem, was sich, abgesehen von den oberflächenaktiven Substanzen, möglicherweise noch in Ihren Waschmitteln, Haushaltsreinigern, Seifen, Fensterputzmitteln, Geschirrspülmitteln und dergleichen mehr befindet. Nicht zu vergessen die teuerste Zutat von allen: Werbung. Werbung, Werbung, und wieder Werbung.

Säuren und Laugen: Säuren tragen dazu bei, mineralische Ablagerungen zu entfernen, während Laugen fettigen und öligen Schmutz angreifen. Beispiele: Essigsäure, Zitronensäure, Ammoniak.

Antibakterielle Wirkstoffe: Sie vernichten krankmachende Mikroorganismen. Beispiele: Kiefernöl, Tricloban, Triclosan.

Wirkstoffe gegen erneute Ablagerung: Sobald der Schmutz entfernt ist, muß man dafür sorgen, daß er sich nicht sofort wieder dort ablagert, wo er hergekommen ist. Beispiele: Carboxyl-Methylzellulose, Polyäthylen-Glykol, Natriumsilikat (»Wasserglas«).

Bleichmittel: Sie entfernen Flecken und machen Ihre Kleidung »blütenweiß und strahlend«. Beispiele: Natriumhypochlorit (»Chlorbleiche«), Natriumperborat (»farbneutrales« Bleichmittel).

Wasserenthärter: Sie neutralisieren hartes Wasser, das die Leistung der Waschmittel beeinträchtigen würde. Beispiele: Natriumkarbonat (Waschsoda), Natriumtripolyphosphat. Letzteres ist eines der berüchtigten Phosphate in Waschmitteln. Wenn Phosphate ins Abwasser und anschließend in Flüsse und Seen gelangen, können sie die Umwelt schädigen, weil sie das ökologische Gleichgewicht stören. Phosphate führen zu übermäßigem Algenwachstum; wenn die Algen in den Gewässern sich zu stark vermehren, sterben sie ab und liefern den vorhandenen Bakterien ein Festmahl. Diese wiederum brauchen dabei den Sauerstoff des Wassers auf, was die Fische sterben läßt und den Bakterien noch mehr Futter liefert, und so weiter. Aus diesem Grund wurden Phosphate in Waschmitteln weitgehend eliminiert.

Korrosionshemmende Mittel: Sie schützen die Metallteile Ihrer Waschmaschine oder Küchenutensilien. Beispiel: Natriumsilikat.

Enzyme: Enzyme sind natürliche Verbindungen, die chemische Abläufe in der Natur beschleunigen. In Produkten zur Wäschepflege sorgen sie dafür, daß bestimmte Arten von Flecken wie beispielsweise Grasflecken schneller abgebaut werden. Beispiele: Protease, Zellulase.

Textil-Weichmacher: Sie machen Gewebe weicher und kontrollieren die statische Elektrizität. Beispiel: quartäre Ammoniumverbindungen.

Duftstoffe: Sie überdecken die Gerüche der anderen Bestandteile und geben Ihnen das Gefühl, daß Ihre Wäsche »frisch« ist, was immer das bedeuten mag.

Optische Aufheller: Sie sorgen dafür, daß die Wäsche heller wird, indem sie gelbes oder unsichtbares UV-Licht in bläuliches oder weißliches Licht umwandeln (siehe S. 61). Beispiel: Stilben-Disulfonate.

Faserschutz: Diese Mittel schützen das Produkt vor Oxidation, Entfärbung und Angriffen von Bakterien. Beispiele: butyliertes Hydroxytoluol, EDTA.

Lösungsmittel: Sie halten in Flüssigprodukten alle Bestandteile in Lösung. Beispiele: Äthanol, Propylenglykol.

Wirkstoffe zur Schaumkontrolle: Sie steuern die Menge des Schaums oder sorgen dafür, daß der Schaum stabil bleibt. Beispiele: Alkanolamide und – raten Sie mal, was noch? – Seife.

Das Leben in der Waschküche ist nicht mehr so einfach wie damals, als wir nur einen schönen Kessel mit Ziegenfett und Asche aufkochen lassen mußten.

Glas am Ende?

Der Lehrer meines Sohnes hat den Schülern erzählt, Glas sei in Wahrheit eine sehr zähe Flüssigkeit. Angeblich soll man, wenn man nur lange genug zuschaut, sogar sehen können, wie es unter dem Einfluß der Schwerkraft fließt. Stimmt das?

Diese allgemein als »erstaunliche Tatsache« zitierte Behauptung ist einfach falsch.

Beim Abkühlen werden Flüssigkeiten in der Regel ein wenig dickflüssiger. Weil nun Glas in heißem Zustand zunächst flüssig war, als es geformt wurde, möchten manche gern glauben, daß es immer zäher wird, wenn man es »unterkühlt«, bis es schließlich so dickflüssig ist, daß es sich wie ein Feststoff verhält. Nun, in Wahrheit ist es ja auch ein Feststoff.

Wenn Glas wirklich fließen sollte, dauert es offenbar mehr als viertausend Jahre, bis man diese Bewegung erkennen kann. Denn so lange gibt es diesen Stoff schon, ohne daß jemand einen überzeugenden Beweis für seine Fließbewegung vorgelegt hätte. Das ist die eine Schwachstelle in der Theorie von der »unterkühlten Flüssigkeit«.

Doch ihre wirklich klaffende Lücke liegt darin, daß Glas *keine* unterkühlte Flüssigkeit ist, ungeachtet der Behauptungen einer ganzen Reihe von Lehrbüchern und Lexika.

Das Märchen von der »unterkühlten Flüssigkeit« ist zumindest schon seit meiner eigenen Schulzeit in Umlauf, als ich noch alles, was meine Lehrer erzählten, für die lautere Wahrheit hielt. Doch seit damals sind die Wissenschaft und auch ich ein ganzes Stück weitergekommen, und inzwischen gibt es keine Entschuldigung mehr, diesen Mythos weiter beizubehalten.

Sollten Sie je einem Glasbläser oder beim Gießen von Glas in Gußformen zugesehen haben, dann wissen Sie, daß ausreichend heißes Glas sicherlich wie eine sehr zähe (viskose) Flüssigkeit fließt. Wenn es dann aber abkühlt, beobachten wir keinen plötzlichen Übergang vom flüssigen in den festen Zustand, wie wir das beispielsweise sehen, wenn Wasser abkühlt und zu festem Eis wird. Das hat viele wohlmeinende Wissenschaftler zu dem Schluß verführt, daß das Glas selbst bei Zimmertemperatur immer noch eine Flüssigkeit sein müsse, da es nicht schlagartig fest geworden sei. Außerdem seien Feststoffe, so wird argumentiert, in der Regel *kristallin* aufgebaut; ihre Atome oder Moleküle besetzten in bezug aufeinander genau definierte Raumpositionen, was bei den Glasmolekülen nicht der Fall sei. Beispiele für kristalline Feststoffe sind Eis, Haushaltszucker, Salz oder fast jedes Mineral, das Ihnen einfällt. Wenn die Atome und Moleküle eines typischen Feststoffs nicht an Ort und Stelle festgehalten würden, könnten sie übereinander gleiten und rutschen und einander umkurven; anders gesagt, sie würden fließen wie eine Flüssigkeit.

Doch die Moleküle einer Substanz müssen nicht in einer wohlgeordneten Kristallstruktur vorliegen, um einen Feststoff zu bilden. Es gibt auch *amorphe* Feststoffe (dieses

Wort aus dem Griechischen bedeutet »formlos«), in denen die Moleküle zwar an Ort und Stelle festsitzen, aber mehr oder weniger zufällig angeordnet sind. Das gilt ebenso für Glas. Es ist ein Feststoff, schön, nur eben kein kristalliner. (In der Sprache der Wissenschaft: Seine Struktur weist einen *geringen Ordnungsgrad* auf.) Die Moleküle von Glas, das aus der Schmelze abgekühlt wird, können sich nicht zu einer wiederholten, ordentlichen Struktur zusammenfinden. Bei vielen anderen amorphen Feststoffen wie zum Beispiel Kunststoffen oder Lutschern ist das nicht anders. Durchsichtige Lutscher bestehen aus Zucker (Saccharose) in einer amorphen, glasähnlichen Form, die sich von der kristallinen Form in der Zuckerdose unterscheidet.

Probieren Sie es selbst

Schmelzen Sie etwas Zucker bei sehr schwacher Hitze in einer kleinen Pfanne. Zuckerkristalle, die auf der Oberfläche schwimmen und nicht schmelzen, rühren Sie mit einer Gabel unter. Wenn alles geschmolzen ist, gießen Sie die Masse, ehe sie zu dunkel wird, auf eine kühle, glatte Fläche wie zu Beispiel eine geflieste Arbeitsfläche oder den Boden einer Bratpfanne aus Metall. Die Zuckermoleküle kühlen sich so schnell ab, daß sie keine Zeit haben, sich in Kristallform zu arrangieren, sondern in einem glasähnlichen Zustand erstarren. Nachdem die Masse abgekühlt ist, können Sie Ihr Karamelzucker-Glas aufessen.

Übrigens, das Wort »Kristallglas«, das die Glashersteller ihrer Ware der besseren Qualitätsstufen mit auf den Weg geben, können Sie vergessen. Wissenschaftlich gesehen ist das einfach falsch. Ein »Kristall-Kerzenhalter« oder ein »Kristallbecher« besteht aus Glas, das um nichts weniger amorph ist als jedes andere. Es handelt sich nur um eine besonders klare und brillante Glasqualität, die in der Regel Bleioxid enthält.

Gut, jetzt ist es an der Zeit, den Trivialmythos anzugehen, der einfach nicht sterben will: daß nämlich die Fensterscheiben in Häusern, die mehrere hundert Jahre alt sind, an ihrer Basis dicker seien, weil sie im Lauf der Jahre ein Stück nach unten geflossen sein sollen, wie sich das für jede gute unterkühlte Flüssigkeit gehört. Bei der Untersuchung alter Kathedralenfenster, die sich ihr ursprüngliches Glas erhalten haben, werden Sie sicherlich einige finden, die an ihrer Basis tatsächlich dicker sind. Das Problem ist nur, daß niemals jemand eine ausreichend große Zahl solcher Scheiben nachgemessen hat, um feststellen zu können, ob eine signifikant größere Anzahl von ihnen an der Basis dicker ist als an der Oberkante, in der Mitte oder an den Seiten.

Doch selbst wenn sich herausstellen sollte, daß ein bedeutsamer Anteil alter Fensterscheiben an der Basis dicker ist, wäre das kein Beweis dafür, daß sie in Fluß geblieben sind. In den Anfängen wurde Fensterglas mit Techniken hergestellt, die sich im Vergleich mit unseren heutigen Flachglasverfahren ziemlich grobschlächtig ausnehmen. Dabei nahm man eher ungleichmäßig dicke Scheiben in Kauf als schwerwiegendere Mängel wie Blasen und Kratzer. Wenn Sie nun ein Handwerker wären, der Fensterscheiben einzusetzen hätte, die nicht gleichmäßig dick sind, würden Sie es doch auch vorziehen, sie mit der dickeren Seite nach unten einzupassen, oder?

Es hat mich zwar keiner gefragt, aber...

Bei welcher Temperatur fängt Glas eigentlich an, flüssig zu werden?

Fachleute der Glasherstellung sprechen in der Tat von einer »Übergangstemperatur«, bei der starres Glas allmählich verformbar wird. Bei gewöhnlichem Fensterglas liegt diese Temperatur bei etwa 350°C. Jeder wird zugeben, daß die Fensterscheiben in alten Gebäuden niemals so heiß geworden sein dürften.

Unentschieden

Wasser friert bei genau Null Grad Celsius, und Eis schmilzt bei genau derselben Temperatur. Was würde also in einer Schüssel mit Eis und Wasser bei genau Null Grad Celsius passieren?

Nichts, was Sie feststellen könnten. Eis und Wasser würden in friedlicher Koexistenz beisammenbleiben. Auf der molekularen Ebene würde jedoch ein chaotischer Tanz ablaufen.

Null Grad Celsius bezeichnet tatsächlich sowohl den Gefrierpunkt des Wassers als auch den Schmelzpunkt festen Eises. Sie haben zweifellos ein armes kleines Wassermolekül bei Null Grad Celsius vor Augen, das sich nicht entscheiden kann, ob es fließen oder schwimmen, also flüssig oder fest sein soll. Diese Betrachtungsweise ist gar nicht so schlecht, denn man könnte sagen, die einzelnen Moleküle müssen sich tatsächlich entscheiden.

Schauen wir uns zunächst an, was geschieht, wenn flüssige Moleküle einfrieren. Zwischen Wassermolekülen bestehen recht starke Anziehungskräfte, von denen sie zusammengehalten werden. (In der Sprache der Wissenschaft heißen sie *Wasserstoffbrückenbindungen* und *Dipol-Anziehungskräfte.*) In flüssigem Wasser bewegen sich die Moleküle so stark, daß die Anziehungskräfte nicht voll wirksam werden können. Doch wenn Wasser – und was das angeht, auch alles andere – sich abkühlt, bewegen seine Moleküle sich immer langsamer (siehe S. 125). Null Grad Celsius bezeichnet nun zufällig genau die Temperatur, bei der die Bewegung der Moleküle so langsam wird, daß ihre Anziehungskräfte überwiegen und sie in der einzigartigen, für Eis charakteristischen Lage festhalten. Die Eismoleküle sind fest an ihren Platz gebunden und können nicht mehr länger wie flüssige Moleküle frei herumschwimmen.

Nun wollen wir einen Eiswürfel in flüssiges Wasser geben. Einige der Eismoleküle an seiner Oberfläche lösen die Verbindung zu ihren Kameraden und schließen sich ihren frei umherschwimmenden Brüdern an. Mit anderen Worten: Sie schmelzen. Indessen sind einige der flüssigen Moleküle in der Nähe der Eisoberfläche vielleicht mit einer niedrigeren als der Einfang-Geschwindigkeit unterwegs (nicht alle Moleküle bewegen sich gleich schnell), und diese werden an dem Eis anfrieren. Schmelzen und Einfrieren können also gleichzeitig stattfinden, weil einige Moleküle in der einen, andere in der entgegengesetzten Richtung unterwegs sind.

Solange das Wasser ein wenig wärmer ist als Null Grad Celsius, wird insgesamt mehr schmelzen als erstarren, weil nicht genug langsame Moleküle vorhanden sind, die vom Eis eingefangen werden könnten. Wenn das Wasser dagegen nur ein wenig kälter ist als Null Grad, friert insgesamt mehr ein, weil eine größere Zahl langsamerer Moleküle festgehalten wird. Bei exakt Null Grad Celsius schmelzen genau so viele Eismoleküle, wie flüssige Moleküle einfrieren. In jeder Richtung sind Millionen winziger Moleküle unterwegs, doch aus unserer vergleichsweise gigantischen Menschenperspektive können wir absolut nichts wahrnehmen. Eis und Wasser sind einfach da – natürlich nur, wenn sie nicht wärmer werden und das Schmelzen die Oberhand gewinnt.

Demnach kann man Null Grad Celsius in einem gewissen Sinn weder als »Schmelzpunkt« noch als »Gefrierpunkt« des Wassers bezeichnen. Es ist die Temperatur, bei der Schmelzen und Gefrieren *gleichermaßen* stattfinden. In der Sprache der Wissenschaftler herrscht an solchen Punkten ein (chemisches oder thermodynamisches) *Gleichgewicht,* wie es in diesem Fall zwischen flüssigem Wasser und Eis besteht.

In der Chemie ist der Begriff des Gleichgewichts sehr wichtig, weil es auf der molekularen Ebene häufig vorkommt, daß zwei gegenläufige Prozesse in gleichem Umfang stattfinden, weshalb wir auf der Ebene des Beobachters keine offensichtliche Veränderung wahrnehmen. Wenn Sie zu diesem Thema mehr wissen wollen, können Sie in jedem Chemiebuch unter dem Stichwort »Gleichgewicht« nachschlagen. Aber ich muß Sie warnen: Sie finden dort möglicherweise eine Menge Gleichungen.

Schmelzen und Gefrieren sind so eng miteinander verflochten, daß es ausreicht, einen Eiswürfel zu berühren, um ein paar Wassermoleküle von der flüssigen in die feste Phase zu befördern.

Probieren Sie es selbst

Benetzen Sie Ihre Finger mit Wasser und fassen Sie die Eiswürfel in Ihrem Gefrierfach an. Die Würfel können so stark an Ihren Fingern haftenbleiben, daß Sie sie anheben können. Das Eis hat das Wasser auf Ihrer Haut auf seine eigene Temperatur abgekühlt, die offensichtlich unter dem Gefrierpunkt liegt. Beim Einfrieren hat das Wasser auf Ihren Fingern sich in die Rillen Ihrer Fingerkuppen gekrallt und ist gleichzeitig mit den Eiswürfeln verschmolzen, wodurch diese an Ihrer Haut »kleben« blieben.

Hilfe! Wir sind in einem Eisblock eingeschlossen!

Warum sind meine Eiswürfel in der Mitte trüber als im Randbereich?

Die trübe Zone besteht aus einer Menge winziger Luftblasen – die Luft war im Wasser gelöst und wurde beim Einfrieren daraus verdrängt. Mit einem Vergrößerungsglas lassen sich die einzelnen Blasen unterscheiden.

Es ist immer eine gewisse Menge Luft in Wasser gelöst, das mit – nun, womit schon? – mit Luft in Berührung gekommen ist. Dafür sind die Fische dieser Welt aufrichtig dankbar. Besonders dankbar sind sie allerdings für die Tatsache, daß sich der Sauerstoff, obwohl er nur einen Anteil von 21 Prozent der Luft ausmacht, doppelt so gut in Wasser löst wie die restlichen 79 Prozent, die größtenteils der Stickstoff stellt.

Wenn Wasser gefriert, nehmen die vorher frei beweglichen Wassermoleküle feste Positionen ein. Dabei drücken sie die gelösten Luftmoleküle aus dem Verbund, weil dort einfach kein Platz für sie vorhanden ist. Zunächst frieren nur die Randbereiche des Wassers ein, weil sie am leichtesten ihre Wärme nach außen abgeben. Die herausgedrückte gelöste Luft wiederum wird in der vordringenden Eishülle eingeschlossen. Während der wachsende Wall gefrierenden Wassers um die Luftmoleküle sich schließt, werden diese immer dichter gepackt. Schließlich liegen sie so dicht beisammen, daß sie sich zu Blasen vereinigen. Und in diesen verbleiben sie dann, weil sie nicht mehr entweichen können, wenn das letzte Wasser im Inneren schließlich auch einfriert.

Hilfe! Ich atme!

Meine Freundin befürchtet, daß wir, sobald die Luftfeuchtigkeit 100 Prozent erreicht, nur noch reines Wasser atmen und ertrinken. Das ist natürlich Unsinn, aber ich kann nicht erklären, warum.

Fragen Sie Ihre Freundin: »100 Prozent von was?« Ängstliche kleine Mädchen, die fürchten, in der Luft zu ertrinken, vergessen, daß »Luftfeuchtigkeit« ein durch und durch relativer Begriff ist. Jeder spricht von »der Luftfeuchtigkeit«, als wäre sie etwas Absolutes. In Wahrheit ist aber von der *relativen* Luftfeuchtigkeit die Rede – von einer auf ein bestimmtes Maximum bezogenen, aber nach wie vor kleinen Menge Wasser in der Luft. Allerdings ist es Wasserdampf, kein flüssiges Wasser. Selbst wenn die relative Luftfeuchtigkeit bei Zimmertemperatur 100 Prozent erreicht (wie wir noch sehen werden, hängt Luftfeuchte von der Temperatur ab), kommt auf jeweils vierzig oder fünfzig Luftmoleküle nur ein einziges Molekül Wasserdampf.

»Dampf« ist ein anderes Wort für »Gas« – diejenige Zustandsform der Materie, in der die Moleküle frei und mit großem Abstand zueinander umherfliegen. Wir können jede Substanz in ein Gas verwandeln, wenn wir sie so stark erhitzen, daß ihre Moleküle nicht mehr aneinanderhängen. Dampf nennen wir ein entsprechendes Gas eigentlich nur dann, wenn es sich unmittelbar zuvor aus der Flüssigkeit herausgelöst hat. Den Luftsauerstoff bezeichnen wir als Gas, weil wir (zumindest die meisten von uns) ihn noch nie als Flüssigkeit gesehen haben. Dagegen sehen wir gasförmiges Wasser in der Regel nicht als Gas an, weil wir wissen, daß es aus flüssigem Wasser stammt. Wir nennen es »Wasserdampf«.

Wie kommt das Wasser überhaupt dazu, als Dampf in die Luft zu steigen? Bei allen Temperaturen findet Wasser ein ganz bestimmtes Gleichgewicht zwischen seiner Neigung, als Flüssigkeit zu existieren, und seiner Neigung, in Form von Dampf vorzuliegen (siehe S. 284). Wenn es wärmer ist, verlegt das Gleichgewicht sich mehr zum dampfförmigen Zustand, weil die Moleküle schneller unterwegs sind und leichter entkommen können. Je höher also die Temperatur ist, desto größer die Tendenz des Wassers, eher gasförmig als flüssig vorzuliegen.

Wenn Sie Wasser einer bestimmten Temperatur in einen geschlossenen Behälter geben, wird dessen Volumen sich mit genau der Menge Wasserdampf füllen, die dieser Temperatur entspricht. Dann hört dieser Vorgang auf. Er kommt in dem Augenblick zum Stillstand, in dem ebenso viele Moleküle pro Zeiteinheit aus der Flüssigkeit austreten, wie gleichzeitig Dampfmoleküle auf die Oberfläche des flüssigen Anteils treffen und dort wieder aufgenommen werden. (Die Wissenschaft nennt diesen Zustand, in dem die beiden Raten gleich sind, einen *Gleichgewichtszustand*; siehe S. 275.)

Viele Menschen, darunter auch manche Wissenschaftler, würden gern sagen, daß die Luft in dem Behälter nun mit Wasserdampf *gesättigt* sei, so als wäre Luft ein feuchter Lappen, der so viel Wasser enthält, wie er aufnehmen kann. Doch diese Betrachtungsweise führt in die Irre. Wollen wir es uns doch einmal andersherum ansehen: Die Menge des Wasserdampfs in dem Behälter beträgt 100 Prozent der bei der herrschenden Temperatur maximal möglichen Menge; die relative Luftfeuchtigkeit liegt also bei 100 Prozent. Bei der halben Menge Wasserdampf unter ansonsten gleichen Bedingungen würden wir von einer relativen Luftfeuchtigkeit von 50 Prozent sprechen, und so weiter.

Wenn wir in einem geschlossenen Behälter leben würden, in dem sich auch flüssiges Wasser befindet, läge dieser Wert stets bei 100 Prozent – es wäre der volle Wert der maximal möglichen Wasserdampfmenge bei der gegebenen Wassertemperatur. Doch das ist natürlich nicht der Fall. Wir leben in einem sich ständig verschiebenden Meer von Windbewegungen, die warme und kalte Luft transportieren, Hoch- und Tiefdruckgebiete und alles an denkbaren Wetterphänomenen mit sich bringen, mit denen Wasserdampf von einem Ort zum anderen geblasen werden kann. Deshalb stellt sich nicht immer eine Luftfeuchtigkeit von 100 Prozent ein, selbst bei Regen oder über dem Meer nicht.

Erschrecken Sie Ihre ängstliche Freundin doch mit der folgenden Tatsache: In einem Dampfbad beträgt die relative Feuchtigkeit der Luft 100 Prozent und noch einiges darüber. Zunächst einmal wird schon die Temperatur absichtlich hoch gehalten, damit möglichst viel Wasserdampf in die Luft gelangt. Doch zusätzlich zu dieser höchstmöglichen Wasserdampfmenge schweben auch noch winzige Tröpfchen flüssigen Wassers in der Luft, die wir als »Dampf« oder Nebel bezeichnen. In einem in diesem Sinn dampfgefüllten Raum atmen Sie wirklich flüssiges Wasser ein. Dennoch ist noch nie jemand ertrunken, weil er Dampf oder Nebel vertretbarer Temperatur eingeatmet hat, weil zwischen den schwebenden Tröpfchen sich noch immer ausreichend Luft befindet.

(Achtung: Dampf kann gefährlich heiß sein, je nach seinem Druck und der Art, in der er erzeugt worden ist. Der Dampf in einem Dampfbad ist »kalt«, nämlich nicht heißer als die Luft im Raum.)

Es hat mich zwar keiner gefragt, aber…

Was hat es mit dem »Taupunkt« auf sich, von dem in vielen Wetterberichten die Rede ist?

Meteorologen lieben es, uns die Temperatur des Taupunkts zu nennen, obwohl nur wenige wissen, was das ist, und noch weniger Menschen sich dafür interessieren. Aber nachdem ich nun schon so tief in den Wasserdampf eingestiegen bin, kann ich genausogut auch das noch erklären.

Mit dem Taupunkt bzw. der Temperatur des Taupunkts ist die Temperatur gemeint, unterhalb deren das Gleichgewicht zwischen flüssigem und gasförmigem Zustand des Wassers sich in Richtung auf die flüssige Seite der Waage verschiebt. Das heißt, die Kondensation wird stärker als die Verdunstung.

Falls die Temperatur oberhalb des Taupunkts liegt, wird weiterhin flüssiges Wasser in Dampf übergehen, bis alles verdunstet ist: Nasse Gegenstände trocknen. Wenn sie dagegen darunter liegt, schlägt die Waage zugunsten der flüssigen Phase aus, und der Wasserdampf wird bevorzugt auskondensieren. Oben in der Atmosphäre kondensiert der Wasserdampf dann zu großen Mengen mikroskopisch kleiner Tröpfchen flüssigen Wassers, die noch nicht ausreichend groß sind, um fallen zu können, und deshalb in der Luft schweben. Diese Ansammlungen winziger Wassertröpfchen nennen wir Wolken.

Noch ein etwas erdnäheres Beispiel: Wenn der Boden sich während der Nacht unter den Taupunkt abkühlt, kondensiert der Wasserdampf der Luft auf dem Gras und bleibt in Form flüssiger Tautropfen zurück. Für Bauern ist das von Bedeutung, denn der Tau bewässert die Feldfrüchte ja kostenlos. Außerdem gibt es Lebensräume, wo es fast nie regnet; Kleintiere sind dort auf den Tau als Wasservorrat angewiesen.

Erbsenzähler-Ecke

Der Begriff »Feuchtigkeit« in bezug auf die Luft ist vom wissenschaftlichen Standpunkt aus ein wenig irreführend, da mit »feucht« eigentlich gemeint ist, daß etwas ein wenig naß oder benetzt ist, und zwar mit »flüssigem« Wasser. Bei der Luft-»Feuchtigkeit« handelt es sich jedoch um Wasserdampf, also um gasförmiges Wasser. Luft kann keine Feuchtigkeit halten, soweit damit flüssiges Wasser gemeint ist; eigentlich »enthält« sie nur Wasserdampf, und selbst das ist nicht wirklich korrekt (siehe S. 278).

Kosmetikwerbung, besonders für »Feuchtigkeitscremes« und Lotionen, ist geradezu in das Wort »Feuchtigkeit« vernarrt, wenn »Wasser« gemeint ist. Obwohl dieser Zustand lediglich von Wasser herrührt, hält man dieses Wort wohl für zu ordinär, als daß man es für derart elegante Produkte verwenden dürfte. Wenn Sie das nächste Mal in einem edlen Restaurant sind, sollten Sie also darauf achten, den Kellner um ein Glas Feuchtigkeit zu bitten.

Ganz abgesehen davon, was bewirken diese kosmetischen »Feuchtigkeitsspender« eigentlich? Führen Sie der Haut Wasser oder Feuchtigkeit zu, oder wie immer Sie es nennen wollen? Nein. Denn wenn das zuträfe, warum könnten Sie dann nicht einfach Wasser auf Ihre trockene Haut auftragen? Feuchtigkeitscremes und dergleichen überziehen Ihre Haut mit einer Mischung von Ölen und anderen wasserhemmenden chemischen Substanzen, damit der natürliche Wasservorrat in der Haut an Ort und Stelle bleibt, anstatt zu verdunsten. Es mag paradox klingen, aber das Öl der Kosmetika sorgt für Wasser.

Trocknen mit dem heißen Strahl

Warum muß ein Haartrockner gleichzeitig heizen und blasen?

Das ist eines dieser Phänomene, die uns so selbstverständlich vorkommen, daß wir uns gar nicht mehr fragen, warum es so ist. Doch dafür bin ich da: Ich möchte erreichen, daß Sie sich über Dinge wundern, die Sie bisher als gegeben hingenommen haben. Dann können Sie Ihre Selbstgefälligkeit durch den Stolz auf Ihr überlegenes Wissen ersetzen.

Wasser in den Haaren oder der Kleidung muß zunächst aus der flüssigen Form in Wasserdampf umgewandelt werden, ehe es mit einem Luftstrom fortgezaubert werden kann. Flüssiges Wasser ist nicht leicht wegzublasen, wie Sie an den hurrikangleichen Luftströmen erkennen können, die man einsetzt, um Ihr Auto in der Waschanlage trocken zu bekommen. Wenn Sie das flüssige Wasser in Ihren Haaren erwärmen – und genau das ist die Aufgabe der warmen Luft –, werden seine Moleküle beschleunigt, so daß sie leichter mit der Luft davonfliegen können. (Wissenschaftlich ausgedrückt: Wärmeres Wasser besitzt einen höheren *Dampfdruck*; siehe S. 287.) Die Wärme sorgt also dafür, daß das Wasser schneller verdunstet, und wenn es erst einmal in Form von Dampf vorliegt, kann es von dem Gebläse des Föns fortgeblasen werden.

Doch wieviel Dampf kann das mit der Luft aufgewärmte Wasser abgeben? Wie schnell kann es verdunsten?

Die Moleküle des flüssigen Wassers können nur so lange aus dem Verband herausfliegen und zu Dampfmolekülen werden, bis sich in dem Raum über der Flüssigkeit so viele Dampfmoleküle drängeln, daß die Zahl der *abfliegenden* Moleküle genauso groß ist wie die der Moleküle, die wieder in die Flüssigkeit *eintreten* (in der Sprache der Wissenschaft: bis sich ein *Gleichgewicht* zwischen der flüssigen Form und dem Dampf gebildet hat). Hier kommt nun das Gebläse ins Spiel. Die bewegte Luft aus dem Trockner trägt einen Teil der Wasserdampfmoleküle mit sich fort; diese können also nicht mehr in die Flüssigkeit zurück. Das »schafft Raum« für neue Moleküle, und so kann weiteres Wasser verdunsten.

Das ist also der Grund, weshalb sowohl Wäsche- als auch Haartrockner gleichzeitig heizen und blasen. Für sich allein würde keine der beiden Maßnahmen auch nur annähernd so gut wirken. Was wäre denn, wenn das Gebläse Ihres Föns auf dem letzten Loch bliese, so daß Ihr Haar nur aufgeheizt würde, oder wenn seine Heizspirale durchbrennen würde, so daß nur noch kalte Luft herauskäme?

Wenn sich bereits eine große Menge Wasserdampf in der Luft befindet – zum Beispiel in Ihrem Badezimmer, das nach dem Duschen feucht und voller Dampf ist –, kann das

Wasser in Ihren Haaren nicht so schnell verdampfen. Dann müssen Sie Ihre Locken weit länger mit dem Fön wärmen und anblasen, bis sie trocken sind und diese seidige, sexy Zeitlupenverlockung zeigen, die wir aus der Fernsehwerbung kennen.

Luft und Wasser, immer nasser?

Woher kommt es, daß warme Luft mehr Wasser aufnehmen kann als kalte? Deshalb ist es doch im Sommer auch feuchter, oder?

Nein. Im Sommer ist es in der Regel deshalb feuchter, weil mehr Wasserdampf verfügbar ist.

Damit will ich nicht sagen, daß die Meere, Seen und Flüsse in der Wärme irgendwie größer würden. (Na schön, sie dehnen sich ein wenig aus.) Mehr Niederschläge? Vielleicht. Doch es ist nicht die Wassermenge als solche; mitten über dem Meer kann die Feuchtigkeit ziemlich gering sein. Es kommt allein darauf an, wieviel Wasser in *Wasserdampf* (oder Gas; siehe S. 277) umgewandelt wird. Im Sommer ist es feuchter, weil die Wasservorräte – die Meere, Seen, Flüsse und Regenfälle – wärmer sind, und Wasser geht eben leichter in Dampf über, wenn seine Temperatur höher ist.

Beachten Sie, daß ich absolut nichts über die Luft oder ihre Fähigkeit, »Wasser aufzunehmen«, gesagt habe. Feuchtigkeit ist der Wasserdampf aus dem Wasser, ob nun Luft anwesend ist oder nicht. Wenn wir sagen: »Heute ist es feucht«, unterstellen wir, das »es« in dem Satz stehe für die Luft, denn was wäre da sonst noch? Doch bei der

Feuchtigkeit spielt die Luft keinerlei Rolle; wie der Mount Everest ist sie einfach nur »da«. Sie ist nur ein unbeteiligter Zuschauer.

Sie können sich das so vorstellen: Zufällig sind wir von einem Luftmeer umgeben, so wie die Fische in einem Meer aus Wasser leben. Wenn nun jemand eine Ladung roter Tinte in das Wasser des Ozeans kippt, könnte ein Fisch vielleicht sagen: »Ey, heute ist es aber rot.« Doch »es« ist nicht das Wasser selbst, sondern die Tinte, die sich mit dem Wasser vermischt hat. Und Feuchtigkeit, das ist eben Wasser, das sich zufällig mit Luft vermischt hat.

Dennoch werden Sie immer wieder hören, wie Wissenschaftler und Meteorologen Feuchtigkeit und andere Wetterphänomene erklären, indem sie von der »Wassermenge« reden, die »die Luft aufnehmen kann«. Außerdem sagen sie oft, warme Luft könne »mehr Feuchtigkeit aufnehmen« als kalte. Das ist eine falsche und irreführende Feststellung. Die Luft kann überhaupt keinen Wasserdampf aufnehmen und festhalten, da sie dafür keine Möglichkeiten besitzt.

Und zwar aus folgendem Grund: Sowohl Luft als auch Wasserdampf sind Gase, und in Gasen sind die Räume zwischen den Molekülen so groß, daß man beliebige Gase in allen möglichen Verhältnissen miteinander mischen kann, ohne daß sie viel von der vorhandenen Menge des jeweils anderen »mitbekommen« – oder sie gar kontrollieren könnten. Der Luft bleibt nichts anderes übrig, als den Wasserdampf zu akzeptieren – ganz unabhängig davon, wieviel Wasser sich infolge seiner Temperatur entschließt, in die Gasform überzugehen. *Es liegt allein am Wasser, wie sehr es lieber als Gas anstatt als Flüssigkeit existieren will.*

Nun werden Sie, wie ich annehme, sicher wissen wollen, *warum* warmes Wasser mehr Wasserdampf hervorbringt als kaltes, oder? Das ist Wissenschaft für Sie: Jede Antwort erzeugt noch mehr Fragen.

Beim Wasser gibt es – wie bei allen Flüssigkeiten – eine gewisse Tendenz, daß seine Moleküle aus der Flüssigkeitsoberfläche austreten und davonfliegen. Der Grund: Alle Moleküle bewegen sich, wobei sie mit unterschiedlichen Geschwindigkeiten unterwegs sind. In der Nähe der Oberfläche gibt es nun immer auch einige, deren Energie ausreicht, um sie als Dampf davonfliegen zu lassen. Da Moleküle sich bei höheren Temperaturen im Durchschnitt schneller bewegen als bei niedrigen, kommen in wärmerem Wasser auch mehr potentielle Flüchtlinge vor. Zum Beispiel bringt Wasser von 30 Grad Celsius siebenmal mehr Wasserdampfmoleküle hervor als Wasser von Null Grad Celsius.

Zwischen den Molekülen einer Flüssigkeit spielt sich ständig eine Art Tauziehen ab. Ihre Geschwindigkeit verführt sie dazu, als Dampfmoleküle davonzufliegen, während die Anziehungskräfte zu ihren Nachbarmolekülen sie davon abzuhalten versuchen. Das Wasser muß bei jeder Temperatur einen Ausgleich zwischen diesen beiden Tendenzen herstellen (wissenschaftlich gesprochen: Es muß sich ein *Gleichgewicht* zwischen den beiden Zustandsformen einstellen; siehe S. 275). Bei niedrigeren Temperaturen setzt sich eher die flüssige Form durch, bei höheren Temperaturen überwiegt wegen der höheren Geschwindigkeit der Moleküle der Dampf. (Die letzte Grenze ist erreicht, wenn die Flüssigkeit siedet und vollständig in Dampf übergeht.)

Bei gegebener Temperatur besitzt jede Flüssigkeit ihren spezifischen Gleichgewichtspunkt zwischen dem flüssigen und dem gasförmigen Zustand, da die entsprechenden Moleküle jeweils unterschiedlich stark aneinander gebunden sind. Eine Flüssigkeit, deren Moleküle stark zusammenhängen, wird nicht so leicht in Dampf übergehen, das heißt, das Gleichgewicht zwischen den beiden Zustandsformen wird näher bei der Flüssigkeit liegen. Demgegenüber sind zum Beispiel die Moleküle von Benzin nur sehr schwach aneinander gebunden, weshalb das Gleichgewicht eher zum Gas hin verschoben ist; der Treibstoff verdampft (verdunstet) sehr viel schneller als Wasser.

Die Neigung der Moleküle in Flüssigkeiten, in Dampf überzugehen und davonzufliegen, nennt man den *Dampfdruck* einer Flüssigkeit (siehe S. 283). Ein Wissenschaftler würde also sagen, Benzin weist einen höheren Dampfdruck auf als Wasser, und warmes Wasser zeigt einen höheren Dampfdruck als kaltes.

Nehmen wir einen geschlossenen Behälter, in dem etwas Wasser vorhanden ist. Das Wasser würde schnell ein Gleichgewicht zwischen Flüssigkeit und Dampf erreichen, das der Temperatur entspricht (die beiden Zustände befänden sich *im Gleichgewicht*). Wenn unser Behälter plötzlich kälter würde, müßte das Wasser ein neues Gleichgewicht anstreben, das auf der veränderten Temperatur beruht. Diese neue Balance würde sich zu weniger Dampf und mehr Flüssigkeit hin verschieben; demnach müßte ein Teil des Wasserdampfs kondensieren und flüssig werden. In unserem Behälter würde Tau oder Regen auftreten.

Hier bringen andere vielleicht vor, es hätte geregnet, weil »die Luft mehr Wasserdampf enthielt, als sie aufnehmen konnte«. Doch ich habe mit keinem Wort behauptet, daß Luft in dem Behälter sei, oder? Es hat nur geregnet, weil ganz allein das Wasser sein Dampf-Wasser-Gleichgewicht verschoben hat. Im Inneren des Behälters wäre »es« ebenso feucht oder trocken, wenn er überhaupt keine Luft oder ein beliebiges anderes Gas mit einer unterstellten anderen »Aufnahmekapazität« enthielte.

Ich kann nicht sehen, wo ich hinfahre!

Wie kann ich die vollständig beschlagene Windschutzscheibe meines Autos am schnellsten klar bekommen?

Ihr Auto ist so etwas wie eine Kiste mit hausgemachtem Wetter, das von der aufgenommenen Luft, der Heizung, der Klimaanlage und Ihren Mitfahrern erzeugt wird. Aber manchmal füllt sich Ihr Auto wegen der hartnäckigen Gewohnheit Ihrer Mitfahrer, ständig weiterzuatmen, mit einer Menge Wasserdampf. Einiges davon kondensiert auf der kalten Windschutzscheibe und läßt sie beschlagen. Was können Sie tun?

Probieren Sie es selbst

Wenn es in Ihrem Auto sehr feucht ist und die Windschutzscheibe mit der kondensierten Nässe beschlagen ist, drehen Sie einfach die Klimaanlage auf, gleichgültig, wie kalt es draußen sein mag. (Sie können jederzeit die Heizung einschalten, auch wenn die Klimaanlage läuft.) Leiten Sie die gekühlte Luft auf die Scheibe, und sie wird in kürzester Zeit wieder klar.

Dabei passiert folgendes: Die Klimaanlage saugt den Wasserdampf zusammen mit der Luft an und kühlt sie auf eine Temperatur ab, bei der das Wasser viel lieber in flüssiger Form vorliegt (siehe S. 278). In der Klimaanlage kondensiert es zu Flüssigkeit und wird aus dem Auto geleitet. Nun enthält der Innenraum des Wagens zu wenig Wasserdampf für die gegebene Temperatur, und die Flüssigkeit auf der Scheibe stellt das Gleichgewicht wieder her, indem sie in Dampf übergeht. Voilà! Eine trockene Windschutzscheibe.

Aber was ist mit dem Rückfenster? Wenn es beschlägt, gibt es keine Möglichkeit, gekühlte Luft dorthin zu blasen. Kalte Luft kommt aus dem Wärmetauschersystem hinter dem Armaturenbrett, wo sie der Fahrer braucht, und es gibt kein Gebläse für das Rückfenster. Was haben die schlauen Autobauer also getan? Sie haben in die hintere Scheibe Heizdrähte eingelassen. Statt kalte, ausgetrocknete Luft darüber zu blasen, heizen Sie ganz einfach das Glas. Damit steigt seine Temperatur über den Wert, bei dem das Wasser vorzugsweise flüssig vorliegt, weshalb es verdampft und der Beschlag verschwindet.

Ist das nicht verrückt? Die vordere Scheibe wird gekühlt, die hintere geheizt, und das Ergebnis, freie Sicht auf den Verkehr, ist dasselbe. Warum wird das in den Bedienungsanleitungen der Autos nie erklärt? Wie viele Leute fahren mit beschlagener Scheibe durch die Gegend und haben nicht den Hauch einer Ahnung, was da zu tun ist?

Und jetzt noch zum Badezimmerspiegel bei Ihnen zu Hause. Nach dem Duschen ist er schlimmer beschlagen, als das bei einer Windschutzscheibe selbst im dampfendsten Dschungel möglich wäre. Ausgerechnet dann, wenn Sie sich rasieren oder Ihr Make-up auflegen müssen! Ich wette, Sie haben weder eine Klimaanlage im Bad noch Heizdrähte im Spiegel, also können Sie keinen der Tricks für Autofenster anwenden. Aber möglicherweise haben Sie einen Fön zur Hand. Schwenken Sie ihn einfach über dem Glas hin und her, als würden Sie das Glas mit heißer Luft anstreichen wollen. (Einschalten nicht vergessen!) Die warme Luft aus dem Haartrockner erwärmt das kondensierte Wasser auf dem Glas ausreichend, daß es lieber in Dampf übergeht, genau wie auf dem elektrisch beheizten Rückfenster Ihres Wagens.

Es riecht nach Regen

Ein Bauer in der Nachbarschaft sagt, er könne es riechen, wenn Regen bevorsteht. Will der mich veräppeln?

Wahrscheinlich nicht. Er riecht zwar nicht den Regen selbst, aber so ziemlich alles andere. Fast alles riecht nämlich ein wenig stärker, wenn es bald regnen wird.

Regnerisches Wetter kündigt sich meist dadurch an, daß der Luftdruck fällt. Wetterleute vom Fernsehen sagen dann gern: »Das Barometer fällt.« (Wohin? Auf Ihren Kopf?) Das heißt, ehe es zu regnen beginnt, läßt der Druck nach, den die Luft ausübt, und sie lastet dann weniger schwer auf der Landschaft.

Währenddessen verströmen all die Bäume, das Gras, die Blumen, die Feldfrüchte und, ja, auch das Vieh ihre charakteristischen Duftnoten. Gerüche sind kleinste Mengen von Dämpfen, die von den Substanzen abgegeben werden (siehe S. 204), und wir riechen sie, wenn die Moleküle dieser Dämpfe zufällig mit der Luft in unsere Nase gelangen. Bei niedrigem Luftdruck drückt die Luft nicht so stark nach unten, weshalb mehr von diesen Dämpfen in die Luft entweichen können und alles etwas kräftiger riecht.

Wenn die mit Regen beladene Tiefdruck-Front heranzieht, wird sie außerdem von Luftbewegungen begleitet, die ferne, normalerweise nicht wahrnehmbare Gerüche herantragen.

Natürlich entwickelt ein Bauer ziemlich viel Gespür für alle Arten von Wetterhinweisen, und so hat er vielleicht ein wenig gemogelt, weil er zusätzlich noch den Himmel, den Wind und vielleicht sogar seine Arthritis zu Rate gezogen hat.

Übrigens haben die Mediziner einmal geglaubt, Menschen mit Arthritis würden aufziehenden Regen spüren, weil sich in ihren erkrankten Gelenken winzige Gasbläschen befänden. Diese Bläschen sollten sich bei fallendem Luftdruck ausdehnen und von innen auf das Gelenk drücken. Hübsche Theorie, aber ich kann verstehen, daß sie nicht mehr in Mode ist.

KAPITEL 7

Der Mensch und seine Sachen

Unsere Gesellschaft ist eine materialistische.

Mag ja sein, daß wir von den Vögeln reden, den Bienen, den Bäumen, dem Mond und den Sternen, aber womit wir uns umgeben, ist eine Ansammlung von Waren – von Substanzen und Sachen, die hergestellt, verkauft, gekauft, benutzt und schließlich weggeworfen werden. Selbst wenn wir in der Wildnis unterwegs sind, brauchen wir Schlafsack, Feldflasche, Messer und üblicherweise auch Kleidung. (Moskitos können gnadenlos sein.) Und das alles sind hergestellte Waren.

In allem steckt Wissenschaft. Jeder künstlich hergestellte Gegenstand ist aus sehr guten (oft unerwarteten und erstaunlichen) Gründen genau so beschaffen, wie er ist, und nicht irgendwie anders. Ich rede hier nicht von der Erfindung oder der Herstellungstechnik. Diese Bereiche gehören nicht zur Wissenschaft, sondern sind deren Anwendungen. Ich spreche von den grundlegenden Prinzipien, die allen Substanzen oder Objekten ihre je einzigartigen Eigenschaften als Material oder Gegenstand verleihen.

Im folgenden Kapitel untersuchen wir die Substanzen und Dinge, die wir täglich, oder zumindest fast täglich, verwenden – von der Seife bis zum Sekt, von Radiergummis bis zu Rauchmeldern, von Autoreifen bis zur Aluminiumfolie, von Sprengstoff bis zu Skateboards und von Früchte-Uhren bis zu Flugzeugen.

Am Schluß dieses Buches der Antworten werden wir die *Frage aller Fragen dieser Welt* angehen: Warum geschehen manche Dinge, während andere Dinge nicht geschehen? Ob Sie es glauben oder nicht, darauf *gibt* es eine allgemeingültige Antwort.

Sondermeldung! Hai beißt Flugzeug

Jedesmal, wenn mich die Flugangst packt, erzählt mir jemand, daß die Chancen, Opfer eines Flugzeugabsturzes zu werden, sehr viel kleiner sind als die, von einem Hai gebissen zu werden. Was ich allerdings nicht verstehe: Wieso soll mein Flugzeug durch eine große Anzahl von Haiattacken sicherer werden?

Herzlichen Glückwunsch! Sie haben den Finger auf das flagranteste Beispiel von Zahlenspielereien gelegt, mit denen gelogen wird, abgesehen vielleicht vom Thema Brustimplantate.

Schauen wir uns doch einmal ein paar Statistiken an. Zwischen 1994 und 1997 gab es in den USA pro Jahr durchschnittlich dreiunddreißig Angriffe von Haien. Im gleichen Zeitraum kam es zu durchschnittlich drei Flugzeugabstürzen pro Jahr. Also ist Ihre Chance, einem Absturz zum Opfer zu fallen, elfmal geringer als die, von einem Hai angegriffen zu werden, richtig?

Falsch! Es ist vollkommen unsinnig, zwei so vollkommen unterschiedliche Szenarien miteinander zu vergleichen. Warum im Leben sollte jemand auf die Idee kommen, Haiangriffe und Flugzeugabstürze in einem Atemzug zu nennen, außer er will eine vorgefaßte Ansicht durchsetzen? Wer immer sich mit solchen Scheinargumenten abspeisen läßt, wird eher wegen seiner Leichtgläubigkeit sterben als wegen eines Hais oder eines Flugzeugs.

Doch selbst wenn es etwas brächte, solche völlig unzusammenhängenden Zahlensätze miteinander zu vergleichen, wäre das ohne eine ganze Menge anderer Informationen immer noch sinnlos. Sind die Menschen, die bei Abstürzen ums Leben kamen, sehr viel häufiger oder sehr viel seltener geflogen als Sie? In beiden Fällen wären deren Chancen anders zu beziffern als bei Ihnen. Und wie viele von den 250 Millionen Bürgern der USA sind je ins Meer gestiegen? Haben sie es in Florida getan, wo die meisten Haiangriffe stattfinden, oder in New York, wo die gefährlichen Tiere sich alle in Tierparks oder U-Bahnen befinden?

Den Leuten ist nicht klar, daß die Chance, bei einem Absturz zu sterben, wenn sie im Flugzeug sitzen, unendlich viel größer – und nicht kleiner – ist als die Chance, von einem Hai angegriffen zu werden: In einem Flugzeug gibt es, abgesehen vielleicht von Anwälten, keine Raubtiere. Sorgen Sie sich wegen der Haie, wenn Sie im Wasser sind; wegen der Flugzeuge müssen Sie sich Sorgen machen, wenn Sie in der Luft sind. Die einzig mögliche Verknüpfung ergäbe sich, wenn Ihr Flugzeug in haiverseuchten Gewässern abstürzte. In diesem Fall gehört Ihr statistischer Hintern der Katz' – äh, dem Hai.

Dennoch bleibt eine berechtigte Frage: Wie *sehr* muß man sich wegen Flugzeugen Sorgen machen, wenn man in der Luft ist? Welche Statistik ist hier von Belang?

Wenn ich fliege, fühle ich mich wegen einer einzigen statistischen Aussage sicher. Doch die hat nichts mit der Zahl der Todesfälle aufgrund von Haiattacken, Ertrinken, unbeabsichtigten Stürzen von der Leiter, Selbstmorden, Autounfällen oder Blitzschlägen zu tun – Zahlen, die man häufig anführt, um die Ängste mancher bis zu den Haarwurzeln verkrampfter Passagiere zu dämpfen, die aber völlig irrelevant sind. Die Statistik, die ich mir selbst vorsage, bezieht sich auf meinen speziellen Flug, nämlich den, mit dem ich gerade unterwegs bin. Und die Wahrscheinlichkeit, daß ein Flug mit einem Absturz endet, liegt bei eins zu 2,5 Millionen. Das reicht mir völlig aus.

Außer natürlich, wenn mein Flieger in Turbulenzen gerät.

Hier rollt der Rubbel

Wie arbeitet ein Radiergummi?

Jedenfalls nicht wie ein Tafelschwamm, mit dem eine Ansammlung von Kalk von einer glatten Oberfläche abgewischt wird. Papier ist nicht so glatt, und ein Bleistiftstrich befindet sich nicht nur an der Oberfläche; der größte Teil davon ist zwischen Papierfasern eingebettet.

Wenn Sie sich eine Bleistiftmarkierung unter dem Mikroskop ansehen, werden Sie feststellen, daß sie nicht als durchgehender Strich erscheint: Sie besteht aus einzelnen schwarzen Partikeln mit einer Größe von ein paar Tausendstel Millimetern, die an den Papierfasern haften und regellos zwischen ihnen verteilt sind. Mit dem Radiergummi lassen sich diese winzigen Teilchen wieder herauspflücken. Das ist möglich, weil er (a) so elastisch ist, daß er zwischen die Fasern hineinreicht, und (b) gerade ausreichend klebrig ist, daß er die schwarzen Partikel festhält und herauszieht.

Während der Gummi über das Papier radiert, rubbeln die Papierfasern jedoch auch Teilchen von dem Radiergummi ab, der nun seinerseits, wenn ich so sagen darf, der Gerubbelte ist. Die abradierten Gummischnipsel rollen die eingesammelten schwarzen Teilchen in diese lästigen Krümel ein, die wir dann wegbürsten müssen. Unter dem Mikroskop sehen diese Krümel, um es mit einem etwas unappetitlichen Bild zu vermitteln, wie in Kohlenstaub gewälzte Enchiladas (eine Art gefüllter Pfannkuchenröllchen) aus.

Die schwarzen Teilchen bestehen aus Graphit, einer schwarzglänzenden, mineralischen Form des Kohlenstoffs, die leicht schuppenförmig abschilfert. In elementarer Form ist Graphit viel zu bröselig, als daß man damit scharfe, exakte Linien ziehen könnte. Deshalb mischt man ihn zum Härten mit Ton und mit Wachs als Bindemittel, was die Mine für den »Blei«-Stift ergibt, der – es ist meine Pflicht, darauf hinzuweisen – keine Spur von Blei enthält.

Echtes Blei ist ein weiches, graues Metall, das dunkle Striche hinterläßt, wenn man damit über eine glatte Oberfläche streicht. Man hat es bis zur Mitte des sechzehnten Jahrhunderts zum Schreiben verwendet, bis ein schweizerischer Naturforscher namens Conrad von Gesner (1516–1565) Graphit in einer hölzernen Halterung befestigte und so den ersten *Bleistift* konstruierte. Bis zu dieser Zeit hatte man Graphit für eine Form von Blei gehalten, und mit einer erstaunlichen Demonstration von Beharrungsvermögen nennen wir das schwarze Zeug in den Schreibgeräten vierhundert Jahre später immer noch Blei. Selbst Herr Gesner ist offenkundig nicht in der Lage gewesen, das Wort »Bleistift« für seine Erfindung zu verhindern. Und wo wir schon dabei sind: Das englische Wort für Bleistift, *pencil*, ist vom lateinischen *penicillus* abgeleitet, das »Pinsel« bedeutet. (Und falls Sie es unbedingt wissen wollen, *penicillus* ist die Verkleinerungsform von *penis*, »Schwanz«.)

Kneipenwette

Bleistifte enthalten kein Blei.

Die sogenannten weichen Bleistifte wie die bekannte Nr. 2, die bei Prüfungen nach dem Auswahlverfahren verwendet werden mußten, ergeben nicht deswegen dunklere Striche, weil die Graphit-Teilchen irgendwie schwärzer wären. Es gelangen mehr davon auf das Papier, weil in diesem Bleistift ein größerer Anteil des weichen Graphits mit dem harten Ton vermischt ist. Dadurch können mehr und größere schwarze Partikel auf das Papier gebracht werden. Es ergibt sich ein breiterer, kräftigerer Strich.

Graphit ist ein glänzendes Mineral, und die kräftigen Striche auf dem Prüfungsbogen, die wir mit unserem Bleistift der Härte 2 in den Kästchen machen, reflektieren Licht. Zur Auswertung laufen die Bögen durch eine Maschine, die sie mit Hilfe von Lichtstrahlen abtastet und die Reflexionen registriert. Wenn das Licht von den richtigen, nicht aber von den falschen Stellen reflektiert wird, herzlichen Glückwunsch. Sie bekommen eine gute Note.

Gummischnalzen

Warum läßt sich Gummi dehnen?

Wenn es etwas gibt, was Sie zu einem leidenschaftlichen Anhänger der Moleküle werden läßt, dann ist es folgende Aussage: Gummi läßt sich in die Länge ziehen, weil er aus dehnbaren Molekülen besteht; das heißt, jedes seiner Moleküle ist wie ein Gummiband *en miniature* aufgebaut.

Gummimoleküle gleichen langen, dünnen Würmern, die wie eine Spirale aufgewickelt sind, aber durch entsprechende Zugkräfte am Kopf- und am Schwanzende auseinandergezogen werden können. Ein Stück Gummi läßt sich als eine Büchse voller solcher Würmer beschreiben, die alle miteinander verheddert sind.

Aber Achtung: Es wäre Ihnen nicht möglich, ein Knäuel von Würmern in die Länge zu ziehen, wenn Sie nach dem Zufallsprinzip ein Kopfende und ein Schwanzende herausgriffen und sie auseinanderzögen; sie würden nur aneinander vorbeigleiten (es sei denn, sie gehören zu einem einzigen armen Wurm). Man müßte die Enden erst in geeigneter Weise verbinden, so daß der Zug an einem Wurm auf den nächsten übertragen wird, dann auf den übernächsten, und so weiter.

Wir brauchen also eine Büchse mit Würmern, die an unterschiedlichen Stellen punktweise miteinander verschmolzen sind: siamesische Würmer, die an verschiedenen Stellen ihrer gesamten Körperlänge an den Hüften zusammengewachsen sind. (Schon gut, Würmer haben keine Hüften, aber Sie wissen, was gemeint ist.)

So sehen die Moleküle von Gummi tatsächlich aus. Allerdings nicht am Anfang, wenn die Latexmilch aus dem Gummibaum tröpfelt und gerinnt und zu einem klebrigen Klumpen gepreßt wird. Hier sind die Moleküle noch nicht sehr stark miteinander verschweißt, und besonders in erwärmtem Zustand können sie leicht aneinander entlanggleiten, was das Zeug weich und klebrig werden läßt. Ein Ball aus Rohgummi würde mit einem dumpfen Plopp auf dem Boden landen. Und Reifen aus diesem Material wären völlig undenkbar.

Deshalb müssen die Menschen sich etwas einfallen lassen und die punktförmigen Verschmelzungen selbst erzeugen. Dazu dient ein simpler Vorgang, den man Vulkanisation nennt: Man erhitzt den Rohgummi zusammen mit Schwefel. Die Schwefelatome bilden Brücken oder Querverbindungen zwischen den Molekülen des Gummis. Sie lassen zwar zu, daß diese sich ein Stück weit dehnen können, zwingen sie aber anschließend unermüdlich dazu, wieder ihre ursprüngliche Form anzunehmen. Deshalb ist der so behandelte Gummi elastisch: Die Moleküle lassen sich in die Länge ziehen, aber die Querverbindungen holen sie immer wieder zurück.

Durch die Vulkanisation wird der weiche, klebrige Rohgummi so widerstandsfähig, daß er für Autoreifen verwendet werden kann. Es war Charles Goodyear (1800–1860), der dieses Verfahren 1839 entdeckt hat – ja, genau *der* Goodyear –, nachdem er zehn Jahre nach einer Möglichkeit gesucht hatte, den Gummi zäher zu machen, bis er zufällig eine Mischung von Gummi und Schwefel auf einen heißen Herd tropfen ließ, die daraufhin zäh und elastisch wurde. Seine Erfindung machte ihn zwar berühmt, aber nicht reich, und als er starb, war er hoch verschuldet.

Aber so springt der Ball eben manchmal.

Probieren Sie es selbst

Besorgen Sie sich ein kräftiges, mindestens einen Zentimeter breites Gummiband. Berühren Sie damit kurz Ihre Unterlippe, um seine Temperatur zu fühlen. Jetzt ziehen Sie es rasch in die Länge, und im gestreckten Zustand prüfen Sie erneut seine Temperatur an Ihrer Oberlippe. Das Band ist jetzt wärmer als zuvor.

Wodurch hat es sich erwärmt? Als Sie das Band in die Länge zogen, haben Sie ihm Energie mitgegeben, oder? Diese Energie hat es erwärmt. Sie stammte von Ihrer Muskulatur, und Sie müssen etwa eine Kalorie essen, um sie wieder aufzufüllen.

Wenn ein Gummiband gedehnt wird, sind seine Moleküle ordentlicher arrangiert – sie sind stärker aufgereiht – als im entspannten, wirren Grundzustand. Wie jeder von der Hausarbeit weiß, kann man nur dann Ordnung schaffen, wenn man Energie in die Aufgabe investiert. Deshalb müssen die gestreckten Moleküle mehr Energie enthalten – wärmer sein – als die entspannten Moleküle.

Ich habe Ihnen eben ganz nebenbei eine der Auswirkungen des Zweiten Gesetzes der Thermodynamik untergejubelt. Dieses Naturgesetz drückt das Verhältnis zwischen der Energie und der *Entropie* aus, dem Grad der Unordnung eines gegebenen Systems. *Un*ordnung sagt etwas darüber aus, welches Maß an zufälligem, planlosem Durcheinander herrscht. Das Zweite Gesetz der Thermodynamik erkennt an, daß die Natur die Tendenz hat, (a) ihre Energie zu verringern – alles tendiert dazu, langsamer zu werden und sich abzukühlen – und (b) ihre Entropie oder Unordnung zu vergrößern – alles tendiert dazu, in Zufallsbewegungen aufzugehen und sich planlos zu verteilen. Wenn man die Tendenz zu stärkerer Unordnung (höherer Entropie) umkehren will, muß man die Energie des Systems erhöhen. Das ist eine unumstößliche Naturtatsache: Alles, was geschieht, vollzieht sich als Ausgleich zwischen Energie und Entropie (siehe S. 333).

Leben in der Aufstandsfläche

Wie kommt es, daß mein neuer Satz Reifen soviel lauter ist als der alte, besonders, wenn ich schnell fahre? Manchmal kann ich kaum die Polizeisirene hinter mir hören.

Über die im zweiten Satz enthaltene Aussage will ich lieber hinwegsehen. Offensichtlich aber dürften Ihre alten Reifen ziemlich abgefahren gewesen sein, und glatte Reifen rollen leiser ab.

Reifengeräusche hängen vom Profilmuster, der Beschaffenheit der Straßenoberfläche und dem perfekten Rundlauf ab. Reifen können nämlich unrund sein, und dann schlagen die Erhebungen bei jeder Umdrehung auf die Straße. Da ich aber davon ausgehe, daß Ihre Reifen doch eher rund als rechteckig sind und daß Sie auf einer relativ glatten Autobahn (also nicht auf einem Feldweg) unterwegs sind, läuft die Frage eigentlich darauf hinaus, weshalb rollender Gummi überhaupt irgendwelche Geräusche fabriziert; man sollte doch meinen, daß es nichts Leiseres geben kann. Und die Reifenhersteller unternehmen ja tatsächlich eine Menge Anstrengungen, ihre Produkte möglichst geräuscharm zu machen. Einiges von dem, was sie dabei berücksichtigen müssen, erfahren Sie im folgenden.

Wie Sie sich angesichts der komplexen Struktur der Geräusche – es handelt sich nur selten um einen reinen Ton wie in der Musik – vielleicht vorstellen können, entspringen sie einer Kombination mehrerer Faktoren, die die Reifen in Schwingungen versetzen. Wenn die Reifenwände vibrieren, schwingt die Luft im Inneren wie außerhalb des Reifens mit, und genau diesen Vorgang hat man als Schall definiert: Schwingungen der Luft (siehe S. 54).

Die meisten Geräusche gehen dabei von der »Aufstandsfläche« aus – der ständig wechselnden Fläche, die auf der Straße aufliegt. Da mit der Drehung jeder Reifenabschnitt dort ankommt, schlägt er auf die Straße und wird zur Aufstandsfläche abgeplattet. Dieses konstante Aufschlagen macht Lärm. Neue Reifen sind aber nicht vollkommen glatt (außer bei Rennwagen; siehe S. 30). Die in Längs- und Querrichtung verlaufenden Profilrillen teilen ihre Oberfläche in getrennte Gummiblöcke auf, und diese Blöcke treffen mit einem Geräusch auf der Straße auf, das dem Stakkato von Maschinengewehrfeuer ähnelt. Das macht zusätzlichen Lärm. Außerdem springt jeder Profilblock, wenn er ans Ende der Aufstandsfläche gelangt ist, in seine ursprüngliche Form zurück, was ebenfalls Luftschwingungen erzeugt. Auch das vermehrt den Lärm.

Eine weniger offensichtliche Geräuschquelle findet sich in entweichender komprimierter Luft. Eine Profilrille kann im Verlauf der Reifenumdrehung ein gewisses Luftvolumen in die Aufstandsfläche mitnehmen und dort gegen den Straßenbelag verdichten. Beim Verlassen der Kontaktfläche entweicht die eingeschlossene Luft mit einem plötzlichen – verzeihen Sie den Ausdruck – Furzen nach hinten. Man hat Versuche mit porösen Straßenbelägen gemacht, die diese Lärmquelle erheblich reduzieren können, weil die Luft hier durch den Asphalt entweichen kann.

Alle geschilderten Effekte hängen vom Profilmuster Ihrer Reifen und den Eigenschaften des Straßenbelags ab. Und je schneller Sie fahren, desto häufiger pro Sekunde laufen natürlich all diese lärmerzeugenden Prozesse ab. Wenn Sie langsamer fahren, reduziert das nicht nur den Lärm, den Ihre Reifen machen, sondern es schaltet auch endlich diese lästige Sirene ab.

Schmutzige Filme

Auf der Innenseite der Windschutzscheibe meines Autos scheint sich immer wieder ein Schmutzfilm zu bilden. Ich bin Nichtraucher und gestatte auch keinem anderen, in meinem Wagen zu rauchen. Wie kommt dieser Belag zustande?

Ein guter Film hat es verdient, mit einem anderen beantwortet zu werden. Ich übernehme meine Antwort also aus einer berühmten Zeile des Films *Die Reifeprüfung* von 1967: »Mit einem Wort: ›Plastik‹.« Es sind vor allem die Kunststoffe, die den Belag auf Ihrer Windschutzscheibe hervorbringen.

Erinnern Sie sich noch, wie Ihr Wagen roch, als er brandneu war? Er *roch* brandneu. Der Geruch eines neuen Autos setzt sich aus einem Potpourri vieler flüchtiger Verbindungen zusammen, die bei seiner Herstellung eingesetzt wurden, von der Farbe und den Lösungsmitteln der Kleber bis hin zu den Chemikalien, mit denen man Gummi, Kunststoffe und textile Gewebe behandelt hat und, falls Sie bei Kasse sind, auch die üppigen Lederbezüge der Sitze. Jede Substanz auf der Welt gibt ja ständig eine mehr oder weniger große Menge ihrer Moleküle in die Luft ab (wissenschaftlich ausgedrückt: Jede Substanz besitzt einen bestimmten *Dampfdruck*; siehe S. 287). Wir können eine Substanz riechen, wenn einige ihrer verdampften Moleküle zu den Riechzellen in unserer Nase gelangen (siehe S. 204). Und die, die nicht in unsere Nase hinaufziehen, können überall im Auto landen.

Die meisten dieser flüchtigen Substanzen verdampfen vollständig und verschwinden, lange bevor Sie den Kredit abbezahlt haben. Wenn Sie es dann endlich geschafft haben, riecht Ihr Auto nicht mehr wie neu. Doch andere Substanzen, die nicht erkennbar nach neuen Schulden riechen, werden langsamer und über längere Zeiträume hinweg abgegeben.

Insbesondere die Kunststoffe gehören zu den größten Langzeit-Emittenten von Chemikalien: Es sind vor allem Weichmacher, wachsähnliche Verbindungen, die sie elastisch machen. Wenn Ihr Wagen draußen in der Sonne steht, trifft die intensive Strahlung, die durch die Windschutzscheibe knallt – moderne Autos haben aus Gründen der Aerodynamik fast waagrechte Frontscheiben –, auf die Armaturenbrettabdeckung aus Plastik. Dort treibt sie Weichmacher-Dämpfe aus, die sich dann an dem etwas kühleren Glas niederschlagen. Der klebrige Film der wachsartigen Weichmacher fängt dann Staubteilchen ein, die durch die Lüftungskanäle in der Umgebung der Frontscheibe hereinfliegen, worauf Sie sie entweder reinigen oder ein neues Auto kaufen können.

Knitterfalten von der Stange

Warum knittert meine Kleidung so sehr, und was geschieht beim Bügeln, daß die Knitterfalten verschwinden?

Ihre Kleidung knittert, weil Sie darauf bestehen, sie auf einem warmen, feuchten, sich bewegenden Körper zu tragen. Wären Sie kalt, trocken und stocksteif, hätten Sie keine Probleme. Jedenfalls keine Probleme mit der Kleidung.

Wärme und Feuchtigkeit erzeugen Knitterfalten, und mit Wärme und Feuchtigkeit kriegen Sie sie auch wieder raus. Trockenes, kaltes Pressen oder Bügeln, selbst wenn der Druck einige Tonnen betrüge, würde wenig bewirken; Sie brauchen sowohl die Wärme als auch die Feuchtigkeit, die den ursprünglichen Schaden verursacht haben.

Zum Knittern und Bügeln lassen sich nicht so leicht allgemeine Aussagen machen, weil Kleidung in unserer Zeit aus so vielen verschiedenen Arten von Fasern hergestellt wird. Da sind einmal die synthetischen (künstlich erzeugten) Fasern einschließlich Nylon und einer Vielzahl von Polyestern und Acrylverbindungen mit den verschiedensten Handelsbezeichnungen. Alle synthetischen Fasern bestehen aus sogenannten Polymeren, chemischen Verbindungen, deren Moleküle sehr groß sind und sich aus Tausenden identischer kleinerer Moleküle zusammensetzen, die zu außerordentlich langen Ketten (für ein einziges Molekül) verknüpft sind. Viele dieser synthetischen Fasern sind wärmeempfindlich. Das heißt, wenn man sie erhitzt, verbiegen sie sich, und wenn sie wieder abgekühlt werden, behalten sie diese Verformung bei. Ein Kleidungsstück, das man in der Fabrik so behandelt hat, behält also seine Form.

Zum anderen gibt es die Naturfasern, die wir aus Pflanzen, Tieren und Insekten gewinnen, also Baumwolle von der Baumwollpflanze, Leinen aus Flachs, Wolle von verschiedenen Tieren und Seide von den Seidenraupen. Ich werde mich hier auf eine der ältesten und am leichtesten knitternden aller Fasern beschränken: die Baumwolle. Was das Knittern angeht, gehört sie zu den Schurken im Stück.

Baumwollfasern sind Filamente (lange fadenförmige Strukturen) aus Zellulose, einem in Pflanzenzellen natürlich vorkommenden Polymer. (Um Sie sozusagen mit Haarspaltereien zu konfrontieren: Eine *Faser* ist ein einzelner Bestandteil der Baumwolle, dessen Länge zumindest das Hundertfache seiner Dicke ausmacht, während ein *Fila-*

ment eine extralange Faser bezeichnet; ein *Strang* besteht aus vielen Filamenten, und ein *Faden* setzt sich aus vielen zusammengedrehten Filamenten zusammen. Ich wußte, daß Sie das interessieren würde.)

In gewisser Hinsicht verhält sich eine Baumwollfaser wie eine lange, dünne Metallstange: Wenn man sie ein wenig biegt, springt sie anschließend wieder in ihre ursprüngliche Form zurück, doch wenn man dabei einen bestimmten Punkt überschreitet, behält sie ihre neue Form bei. Wie weit man sie verbiegen kann, ehe die Krümmung zur Dauerwelle wird, hängt von der Temperatur ab. Es gibt eine bestimmte Temperatur, unterhalb deren sie wieder zurückspringt, wogegen sie oberhalb davon verformt bleibt. Für trockene Baumwolle liegt diese sogenannte Übergangstemperatur bei 49 Grad Celsius.

Bis jetzt haben Sie Glück, weil Ihre Körpertemperatur nur bei etwa 37 Grad Celsius und damit erheblich unterhalb der Knittertemperatur bleibt.

Doch da gibt es auch noch die Wirkung der Feuchtigkeit. Wasser, zum Beispiel in der Form von Schweiß, kann die Übergangstemperatur von Baumwolle bis auf 21 Grad Celsius absenken. Und ob Ihnen das bewußt ist oder nicht: Sie schwitzen ständig. Normalerweise merken Sie das nicht, weil der Schweiß so schnell von Ihrer Haut verdunstet, wie er entsteht – außer wenn die Luft sehr feucht ist, denn dann verdunstet er nicht, und Sie sagen, daß Sie »schwitzen«.

Wenn Sie nun auch noch so kühn sind, auf Ihren Hosen oder Ihrem Rock zu sitzen oder Ihre übrigen Gewänder dadurch zu strapazieren, daß Sie Ihre warmen, feuchten Gliedmaßen stark beugen, können die Fasern zu neuen, geknickten Formen verbogen werden. Dann stehen Sie vielleicht auf. Der Schweiß verdunstet, die Fasern kühlen sich wieder unter ihre Übergangstemperatur ab und behalten ihre neuen Formen bei. Ihre Kleidung ist verknittert, und so sehen Sie auch aus.

Wie schaffen Sie es, den Fasern wieder ihre ursprüngliche gestreckte Form zurückzugeben? Dazu brauchen Sie ihnen nur wieder Wärme und Feuchtigkeit zu gönnen, damit sie sich oberhalb der Übergangstemperatur befinden, während Sie das Gewebe mit der Sohle eines Dampfbügeleisens flach in seiner Ausgangsform festhalten. Der Dampf senkt die Übergangstemperatur weit unter die des Bügeleisens, und so können sich die anfänglichen geraden Formen wieder einstellen.

Man kann sich den Vorgang recht zutreffend so vorstellen, daß Wärme und Feuchtigkeit die Struktur der Fasern »schmelzen« lassen, während die neue Form beim Abkühlen »einfriert«, gleichgültig, ob die Fasern nun gerade oder verknittert sind.

Nach der Wäsche sollten Sie versuchen, Ihre Kleidung stets aus dem Trockner zu holen, solange sie noch warm und ein wenig feucht ist. In diesem Zustand können Sie die Teile flach auslegen, und sie kühlen in dieser glatten Form ab. Oder Sie hängen sie auf einen Bügel und überlassen es der Schwerkraft, sie glattzuziehen. Wenn Sie sie dagegen zu lange im Trockner lassen, nachdem dieser zum Stillstand gekommen ist, kühlt alles in seiner verknitterten Form ab, und die Falten bleiben fixiert.

Erbsenzähler-Ecke

Warum beginnt die Baumwolle oberhalb einer bestimmten Temperatur zu knittern?

Baumwolle ist aus Zellulose aufgebaut, einem natürlichen Polymer, dessen Moleküle aus Tausenden, zu langen Ketten vereinten Zucker-(Glukose-)Molekülen bestehen. Baumwollfasern setzen sich aus Bündeln dieser Zellulosemoleküle zusammen, die in der Richtung der Faser eng aneinanderliegen.

An manchen Stellen sind die Zellulosemoleküle über sogenannte Wasserstoffbrücken wie ein loses Bündel aus Stöcken locker miteinander verbunden. Der Trick besteht nun darin, diese Struktur zu erhalten, denn wenn diese schwachen Bindungen gelöst werden und sich wieder neu bilden, solange die Fasern geknickt sind, bleiben sie in dieser Stellung.

Wasserstoffbrücken lassen sich durch eine Kombination aus Wärme, die die Moleküle in Schwingungen versetzt, und Wasser, das zwischen die Fasern gelangt und sie aufquellen läßt, lösen. Wasser senkt die Übergangstemperatur, weil die aufgequollenen Moleküle weiter voneinander entfernt und deswegen leichter zu trennen sind. Deshalb ist ein Dampfbügeleisen soviel wirkungsvoller als ein Trockenbügeleisen.

Und hopp!

Ich habe zugesehen, wie die Kids mit ihren Skateboards Dinge tun, die den Gesetzen der Physik Hohn zu sprechen scheinen. Während sie über ein Hindernis springen, hebt sich das Board mit ihnen in die Luft, obwohl es in keiner Weise mit ihren Füßen verbunden ist. Wie ist das möglich?

Ihrer Beschreibung nach handelt es sich um ein Manöver namens *Ollie*, benannt nach seinem Erfinder, einem Allen Ollie Gelfand. Gelfand gehörte Ende der fünfziger Jahre des letzten Jahrhunderts zu einer Anzahl von kalifornischen Surfern, die es einfach nicht erwarten konnten, bis gute Wellen aufkamen, und die deshalb beschlossen, auf dem Bürgersteig zu surfen. Damit begann das Skateboard-Fieber.

Ein Ollie ist ein Luftsprung, bei dem man sein Skateboard nicht verliert. Das sieht dann in der Tat so aus, als würde das Brett wie beim Schwebetrick eines Zauberers mit den Füßen mitgehen, und ein guter Skateboarder macht das so schnell, daß man nicht sieht, wie es funktioniert. Der Trick beruht darauf, daß das Gerät nicht einfach ein flaches Brett auf Rädern ist – es ist am hinteren Ende aufgebogen, und darin liegt das Geheimnis, wie man es in die Luft befördert.

Probieren Sie es lieber nicht

Um Tricks auf dem Skateboard zu lernen, braucht man eine Menge Übung, ganz zu schweigen von Mitteln zur Wunddesinfektion, Verbandmaterial und Schienen. Die folgende Beschreibung hört sich vielleicht logisch an, ist aber nicht als Anleitung gedacht.

So also macht ein Skateboarder einen Ollie:

Wenn er sich einem Hindernis nähert, das er überspringen will, stellt der Skater den einen Fuß auf die Mitte des Bretts und den anderen auf die Spitze des hinteren Teils. Dann stampft er mit dem hinteren Fuß kräftig auf, so daß die Hinterkante den Boden berührt, während die Vorderkante (die Nase) wie bei einer Wippe in die Luft steigt. Gleichzeitig – und das Timing ist entscheidend – springt er hoch, und zwar hoffentlich so hoch, daß er über das Hindernis hinwegfliegt. Während er abhebt, drückt die Nase des Bretts nach wie vor mit dem Impuls gegen seinen vorderen Fuß, den es beim Tritt auf die Hinterkante mitbekommen hat. Nun rutscht er rasch mit dem Fuß nach vorn und bringt die vordere Kante des Bretts wieder auf die Höhe der hinteren. Er schwebt nun auf einem waagrechten Skateboard frei in der Luft und segelt – immer noch hoffentlich – mit einem ausreichenden Vorwärtsimpuls weiter, um das hintere Ende des Hindernisses zu erreichen (was natürlich erfordert, daß er am Anfang des Sprungs schnell genug unterwegs war). Wenn am Ende die Schwerkraft überwiegt, fallen er und sein Brett gemeinsam zu Boden, wobei seine Füße immer noch mit dem Brett in Kontakt sind.

Für den Skater ist es wichtig zu wissen, daß er niemals höher springen kann, als das auch bei einem Sprung aus dem Stand möglich wäre. Die erreichbare Aufwärtsbewegung hängt in keiner Weise von seiner horizontalen Geschwindigkeit ab, denn für die Schwerkraft sind alle Bewegungen parallel zur Erdoberfläche belanglos; für sie zählt nur, wie weit jemand vom Erdmittelpunkt entfernt ist und ob sie ihn näher dorthin ziehen kann (siehe S. 154).

Sollte ein Skater also über einen Campingtisch springen wollen, muß er zunächst sicher sein, daß er aus dem Stand auf den Tisch springen kann, ehe er es mit einem Skateboard an den Füßen versucht. Und dazu kommt dann noch das Brett, das er bei der zu springenden Höhe mit einkalkulieren muß.

Beachten Sie, daß der Skater und sein Brett ihre Energie für den Steigflug aus zwei verschiedenen Quellen beziehen: er von dem Absprung mit dem einen Bein und das Brett von dem Tritt auf die Hinterkante, der dessen Nase in die Luft steigen ließ. (Eigentlich würde ein Skateboard auch ohne einen »Piloten« in die Luft springen, wenn jemand auf seine aufgebogene Hinterkante tritt.) Es hat also nichts mit Zauberei zu tun, wenn Brett und Skater gemeinsam aufsteigen, obwohl sie nicht miteinander verbunden sind. Ein wahrer Olliemeister gestattet keinen Lichtspalt zwischen seinen Füßen und dem Board, so daß es wirklich aussieht, als würden sie zusammenkleben.

Probieren Sie es selbst

Wenn Sie sich veranschaulichen wollen, wie ein Skateboard nach einem Tritt auf sein hinteres Ende in die Luft steigt, legen Sie einen Löffel mit der Vertiefung nach oben auf den Tisch. Seine aufwärts gebogene Kante entspricht dem aufwärts gebogenen hinteren Ende des Bretts. Nun klopfen Sie kräftig mit dem Finger auf diese Kante, ähnlich dem Skateboarder, der auf die Hinterkante seines Sportgeräts tritt. Der Löffel wird mit dem Stiel voraus in die Luft geschleudert und überschlägt sich dann während des weiteren Fluges. Analog zum Skateboard würde der Pilot die Stielseite mit dem vorderen Fuß nach unten drücken und den Impuls dadurch nach hinten zur Vertiefung verschieben, die so auf die Höhe des Stiels käme.

Sobald jemand den Ollie beherrscht und wieder aus dem Krankenhaus entlassen ist, kann er die Figur als Grundlage für eine beliebige Anzahl weiterer Tricks mit dem Skateboard einsetzen, die anscheinend alle ein Leben im Schwebezustand einschließen. Welche Tricks? Wie wäre es mit einem *Nollie, Grind, Heelflip, Kickflip, Ollieflip, Pop-Shov-it, Shov-it-Kickflip, Casper, Melloncollie, McTwist, Tailslide, Wheelslide, Lipside, Indygrab* oder *Wallride*? Viele dieser Figuren werden nicht auf der Straße vorgeführt, sondern in Skateparks mit einer *Halfpipe* und dafür angelegten Hängen, Mauern und Rampen, wo auch Wettbewerbe abgehalten werden.

Ich für meine Person halte mich lieber an Golf.

Limo … zisch!

Warum spritzt der Champagner in der Gegend herum, wenn ich eine Flasche öffne? Das Zeug ist schweineteuer, und ich hasse es, wenn es verschüttet wird.

Wollen Sie damit sagen, daß Sie ihn wirklich trinken? Wenn man den Fernsehbildern glauben darf, sollte man meinen, daß der Champagner in der amerikanischen (und in der weltweiten Fernseh-)Kultur hauptsächlich dafür gebraucht wird, die Sieger der Super-Bowl in den Umkleideräumen oder die drei Männer auf dem Treppchen eines Formel-1-Rennens damit abzuspritzen (ja, sogar die Etappensieger der Tour de France, wenn Sie unbedingt meinen, Sie Euro-Chauvi!). Die etwas kleineren Kinder veranstalten den gleichen Zirkus mit Limo; sie schütteln die Flasche gründlich, bevor sie den Daumen obendrauf ein wenig verschieben, um besser zielen zu können … Den Rest kennen Sie ja. (*Machen Sie das nicht bei sich zu Hause!*)

Wenn ich sage, daß der Gasdruck im Inneren einer Bier-, Champagner- oder Limoflasche durch Schütteln steigt, würden 99 von 100 Menschen, selbst Chemiker und Physiker, zustimmen. Doch es trifft nicht zu. Wenn Sie eine verschlossene Flasche oder Dose mit einem kohlensäurehaltigen Getränk schütteln, verändert sich der Druck in dem Behälter nicht.

Sicherlich *scheint* es so, als würde der Druck durch Schütteln erhöht, und man kann sich leicht schlaue Theorien ausdenken, warum das so sein sollte. Aber ich werde hier kein Wässerchen trüben und darauf verzichten, diese Theorien anzuführen, denn sie haben sich alle als Schlag ins Wasser erwiesen.

Warum aber sprudelt dann die Flüssigkeit so heftig heraus, wenn man eine Flasche vor dem Öffnen geschüttelt hat? Das liegt nur daran, daß man es dem Gas durch das Schütteln leichter macht, aus der Flüssigkeit zu entweichen, und weil es nach dem Öffnen der Flasche so begierig entkommen will, reißt es einen Teil der Flüssigkeit mit.

Zwei Chemiker, David W. Deamer und Benjamin K. Selinger von der Australian National University in Canberra, klärten die Frage 1988 in der einfachstmöglichen Weise: Sie maßen den Gasdruck in einer Flasche Limo vor und nach dem Schütteln. Dazu bauten sie einen Standard-Druckmesser, der sich nicht allzusehr von einem normalen Reifendruckmeßgerät unterschied, so um, daß er auf die Öffnung einer Limoflasche geschraubt werden konnte.

Hier ihre Ergebnisse (wenn sie sich Champagner geleistet hätten, wäre dasselbe dabei herausgekommen): In einer ungeöffneten Flasche, die etwa einen Tag lang bei Zimmertemperatur ruhen kann und dann geschüttelt wird, ändert sich der Druck des Kohlendioxid-Gases im Bereich oberhalb der Flüssigkeit nicht.

Der Gasdruck wird nämlich nur durch zwei Faktoren beeinflußt: (a) die Temperatur und (b) die Menge des Kohlendioxids, die sich bei der gegebenen Temperatur in der Flüssigkeit lösen kann (in der Sprache der Wissenschaft: die *Löslichkeit* des Gases in der Flüssigkeit). In der Flasche befindet sich eine bestimmte Menge Kohlendioxid; ein Teil davon ist in der Flüssigkeit gelöst, der Rest gasförmig im Hals der Flasche. Wenn nun eine ungeöffnete Flasche mit Sprudel für einige Zeit bei gleichbleibender Temperatur aufbewahrt wird, stellt sich zwischen der Menge des in der Flüssigkeit gelösten Gases und dem Anteil des *nicht* gelösten Gases ein der gegebenen Temperatur entsprechendes Verhältnis ein (in der Sprache der Wissenschaft: Das

System kommt in *Gleichgewicht*; siehe S. 275). Dieses Verhältnis können Sie nur verschieben, wenn Sie die Temperatur ändern oder mehr Kohlendioxid hinzufügen.

(Wenn Sie die Flasche etwa vierundzwanzig Stunden in den Kühlschrank legen, löst sich mehr Gas in der Flüssigkeit, weil Gase sich allgemein leichter in kälteren Flüssigkeiten lösen. Im Flaschenhals befindet sich dann weniger Gas, und der Druck ist niedriger. Deshalb sprudelt beim Öffnen einer kalten Flasche weniger heraus als bei einer warmen.)

Worauf es dabei ankommt: Schütteln allein kann den Druck nicht verändern, weil es weder die Temperatur noch die anderen in der Flasche vorhandenen Kräfte oder Energien beeinflußt. Sie müssen also keine Angst haben, daß die Flaschen explodieren, wenn Sie Ihr Bier, Ihre Limo oder Ihren Champagner auf dem Weg vom Laden zur Wohnung unsanft behandeln. Dagegen sollten Sie dafür sorgen, daß die Flaschen nicht im Kofferraum Ihres Wagens warm werden, denn die höhere Temperatur läßt tatsächlich den Druck des Gases ansteigen.

Nun können wir uns etwas fundierter damit befassen, wie das explosive Sprudeln zustande kommt, wenn wir eine vor kurzem geschüttelte Flasche öffnen. Die Flasche schäumt über, weil die Menge des freigesetzten Gases zunimmt – nicht durch Erwärmen, sondern durch das mechanische »Herauslösen« eines Anteils des gelösten Kohlendioxids aus der Flüssigkeit beim Öffnen der Flasche.

Und das geht so: Zunächst einmal kann eine Ansammlung von Kohlendioxid-Molekülen nicht einfach beschließen, sich an einem Punkt zu versammeln und eine Gasblase zu formen. Sie brauchen etwas, an das sie sich gemeinsam anlagern können – ein mikroskopisch kleines Staubkorn oder auch nur eine winzige Unebenheit der

Behälterwand. Diese Versammlungspunkte nennt man Bläschenkeime; sie bilden den Kern, um den sich die Blasen entwickeln. Sobald eine kleine Gruppe von Kohlendioxid-Molekülen sich an einem solchen Keim zusammengefunden und die ersten Ansätze zu einer Blase gebildet hat, ist es für weitere Moleküle des Gases leichter, sich anzuschließen, und die Blase wächst. Je größer die Blase wird, desto mehr Moleküle kommen hinzu, so daß sie zunehmend schneller wächst.

Wenn Sie nun eine geschlossene Flasche Limo schütteln, erzeugen Sie aus dem Gasvorrat im Hals der Flasche Millionen winziger Gasbläschen, die sich in der Flüssigkeit verteilen und dort festgehalten werden. Hier dienen sie als Millionen zusätzlicher Bläschenkeime, aus denen sich Millionen neuer Blasen entwickeln. Läßt man die Flasche anschließend wieder für längere Zeit in Ruhe, werden die Baby-Blasen wieder absorbiert; der gesamte Inhalt kehrt in den Normalzustand zurück und stellt dann keine Gefahr mehr dar.

Diese neuen Bläschenkeime und ihre frisch gebrüteten Blasen verschwinden nicht besonders schnell; in einer vor kurzem geschüttelten Flasche bleiben sie einige Zeit bestehen und warten nur auf eine arglose Seele, die daherkommt und die Flasche öffnet. Dann fällt der Druck im Flaschenhals plötzlich auf den Atmosphärendruck, die Millionen Nachwuchsblasen können wachsen, und je größer sie werden, desto schneller läuft das ab. Das große Volumen gelösten Gases drängt eruptiv und in einem gewaltigen Schwall nach draußen, wobei auch Flüssigkeit aus der Flasche mitgerissen wird.

Kneipenwette

Der Druck in einer Flasche oder Dose Bier oder Limo erhöht sich nicht, wenn man sie schüttelt.

Ach so, der Champagner? Genau dasselbe. Man läßt ihn am besten so lange ungestört im Kühlschrank, bis er »ins Gleichgewicht gekommen« ist – zumindest vierundzwanzig Stunden. Dann sollten Sie darauf achten, daß Sie ihn weder erwärmen noch heftig bewegen, bevor oder wenn Sie ihn eingießen. Wenn Sie den Drahtverschluß entfernt haben, können Sie den Korken mit den Daumen leicht nach oben drücken. So bleibt der ganze Champagner erst einmal in der Flasche, und der Korken wird nicht zum tödlichen Geschoß.

Diät-Cola verliert Gewicht

Einer meiner Freunde behauptet, er könne eine Dose Diät-Cola von einer normalen Dose Coke unterscheiden, ohne die Etiketten zu lesen oder sie zu öffnen. Kann er das wirklich?

Wahrscheinlich schon. Es ist nicht schwer, und es funktioniert auch mit Pepsi. Das ganze beruht darauf, daß eine Dose mit Diätgetränk ein wenig leichter ist als eine mit dem normalen Inhalt.

Das klassische Coca-Cola wird mit Zucker (Saccharose) oder Maiszucker gesüßt; letzterer besteht aus anderen Zuckern, in der Regel Fructose, Maltose und/oder Glucose. Diät-Cola dagegen wird mit Aspartam gesüßt, einem künstlichen Süßstoff. Aspartam ist 150- bis 200mal süßer als Saccharose, weshalb man nur eine sehr geringe Menge davon benötigt, um denselben Süßegrad zu erreichen wie beim gezuckerten Produkt. Im klassischen Cola sind etwa 2 bis 3 Prozent Zucker enthalten, während dem Diät-Cola lediglich wenige hundertstel Prozent Aspartam beigemengt werden. Deshalb ist eine Dose mit dem zuckerfreien Getränk geringfügig leichter.

Ihr Freund kann den Unterschied nicht erkennen, wenn er die beiden Dosen nur mit den Händen gegeneinander abwiegt. Wenn er jedoch ein Waschbecken mit Wasser füllt und die ungeöffneten Dosen hineinlegt, wird die Diätlimonade höher im Wasser treiben als die normale Dose, die vielleicht sogar sinkt.

Kneipenwette

Ich kann eine Dose Diät-Cola von einer normalen Cola unterscheiden, ohne sie zu öffnen oder die Etiketten zu lesen.

Sauer-Power

In einem Katalog mit technischen Neuheiten habe ich eine »Uhr mit Obststrom« gesehen. Man steckt zwei Drähte in eine Orange oder Zitrone, und damit betreibt man eine kleine Digitaluhr mit »der natürlichen Energie, die in frischen Früchten oder Gemüsen zu finden ist«. Wie funktioniert das genau?

»Natürliche Energie« ist eines dieser Modewörter von Reklamefritzen und Spinnern, die alles von Arthritiskuren bis zur Kommunikation mit den Toten unter die Leute zu bringen versuchen. Es scheint da diese Vorstellung zu geben,

»natürliche Energie« sei überall, und man müsse sie nur mit so magischen Schmuckstücken wie Kupferarmbändern (gegen Arthritis) aus der Luft abgreifen oder auch mit jenen Kristallamuletten, die man um den Hals trägt oder in der Hosentasche liebkost, um abzuwehren, was man in weniger aufgebrezelten Gesellschaften »böse Geister« nennen würde. Falls eines dieser Dinger auch nur ein Tausendstel der Energie liefern würde, die seine Propagandisten aufwenden, um sie feilzubieten, müßten wir nie wieder Kohle oder Erdöl verbrennen.

Was Früchte und Gemüse angeht, so liegt deren einzige »natürliche Energie« in den Kalorien, die Sie aufnehmen, wenn Sie sie essen – es ist die Energie, die Sie bei der »Verbrennung« der Nahrung in Ihrem Stoffwechsel freisetzen können, genau wie Sie auch Energie erzeugen können, wenn Sie ein Stück Kohle verbrennen. Es funktioniert jedoch nicht, wenn Sie Kohle essen, weil unser Organismus nicht dafür eingerichtet ist, sie zu verdauen und im Stoffwechsel zu verarbeiten – das heißt, ihre chemische Energie zu extrahieren.

Orangen und Zitronen enthalten herzlich wenig Nahrungsenergie, wie Sie der Tatsache entnehmen können, daß sie verdammt schlecht brennen (abgesehen von den Ölen in der Schale). Selbst wenn es Ihnen gelänge, deren gesamte Nahrungsenergie in elektrischen Strom statt in Muskelkraft umzuwandeln, würde eine Glühbirne von 7,5 Watt mit den fünfzehn Kalorien einer Zitrone gerade mal zwei Stunden brennen.

Darüber hinaus gibt es nur eine einzige Möglichkeit, aus einer Zitrone Nutzenergie zu gewinnen: Man läßt sie von einem hohen Gebäude fallen.

Funktioniert die Obstuhr überhaupt? Erstaunlicherweise tut sie es. Mit den in Obst oder Gemüse gesteckten

Drähten läuft sie Wochen oder Monate – und das gilt fast für alle Sorten von Früchten oder Gemüsen. Uhren mit »Kartoffelantrieb« sind sehr beliebt, vermutlich weil es kaum etwas Plumperes und Lebloseres gibt als eine Kartoffel, und wenn die Leute daraus Energie gewinnen können, appelliert das an ihren Sinn für das Lächerliche.

Und so funktionieren die Vegetarier-Uhren: Jeder der beiden Drähte, die Sie in die Frucht stoßen, besteht aus einem jeweils anderen Metall, in der Regel sind es Kupfer und Zink. Zusammen mit dem Saft der Frucht zwischen ihnen ergeben die beiden Metalle eine richtige Batterie (genauer gesagt eine galvanische Zelle, aber wir nennen sie so, wie es alle anderen auch tun). Für eine Batterie benötigt man nichts weiter als zwei verschiedene Metalle, zwischen denen sich eine Art elektrisch leitfähiger Flüssigkeit befinden muß.

Sie wissen, daß ein elektrischer Strom aus Elektronen besteht, die von einem Ort zum anderen fließen – durch Drähte, Glühbirnen, Motoren oder in diesem Fall durch eine elektronische Digitaluhr. Die Frage ist nun, wie man Elektronen dazu bringt, von einem Ort zum anderen zu fließen und auf ihrem Weg eine Uhr anzutreiben.

Eine Batterie setzt Elektronen in Bewegung, weil sie zwei verschiedene Arten von Atomen enthält, die ihre Elektronen jeweils unterschiedlich stark an sich binden. Kupferatome ziehen ihre Elektronen beispielsweise fester an sich als Zinkatome. Wenn man also den Elektronen des Zinks die Möglichkeit gibt, werden sie ihre angestammte Heimat verlassen und zum Kupfer wandern, wo sie sich eher willkommen fühlen.

Schlau wie wir Menschen sind, bieten wir den Elektronen nur einen einzigen Weg vom Zink zum Kupfer an: durch unsere Digitaluhr. Wenn sie zum Kupfer wollen, müssen sie sich ganz einfach ihren Weg durch unsere Uhr bahnen und sie dadurch in Gang halten.

Aber wozu sind dann die Frucht oder das Gemüse notwendig? Ihr Saft ist das, was die Chemiker einen Elektrolyten nennen: eine Flüssigkeit, die Elektrizität leitet. Sie schließt den Kreislauf unserer Elektronen, indem sie sie mitsamt ihrer Ladung wieder zum Zink zurückbringt. Andernfalls würden dort die Elektronen sehr schnell knapp werden, und der ganze Prozeß käme zum Erliegen.

Wo kommt die »natürliche Energie« also eigentlich her? Sie erwächst aus den inneren Eigenschaften der Zink- und Kupferatome – aus ihrer jeweils unterschiedlichen Neigung, Elektronen an sich zu binden.

Eine Batterie ist so einfach zu konstruieren, daß zumindest eine schon von den Parthern hergestellt worden sein könnte, einem Volk, das vor zweitausend Jahren im heutigen Irak lebte. 1938 beschrieb ein deutscher Archäologe ein kleines Tongefäß aus jener Zeit, das sich damals im Nationalmuseum in Bagdad befand. Das Gefäß enthielt einen Eisenstab in einem Kupferzylinder; man mußte ihn nur mit Fruchtsaft (oder Wein) füllen, und man bekam ausreichend Strom, um damit eine antike parthische Digitalarmbanduhr zu betreiben.

Also gut – eigentlich weiß keiner, wofür der Gegenstand verwendet worden ist.

Wenn es denn überhaupt eine Batterie war.

Wenn es nicht nur ein Scherzartikel war.

Wenn ...

Es hat mich zwar keiner gefragt, aber ...

Warum benötigt man für die Zwei-Kartoffel-Uhr zwei dieser Knollenfrüchte?

Aus demselben Grund, weshalb Ihr Blitzgerät zwei Batterien braucht.

Eine Kombination von Zink und Kupfer kann Elektronen nur mit einem bestimmten Druck in Gang halten. Das liegt an der gegebenen Differenz der Elektronenbindungsneigung beider Metalle. Wenn man aber mehr Kraft für die Bewegung der Elektronen braucht – zum Beispiel, um eine Glühbirne zu versorgen –, kann man einen zweiten Satz von Kupfer- und Zinkelektroden dahinterschalten, was den Elektronen auch den doppelten Kick mit auf den Weg gibt.

In der Technik bezeichnet man diesen Kick für die Elektronen als *Spannung*: Das ist die Kraft, mit der die Elektronen in Bewegung gesetzt werden. Die Kombination von Zink und Kupfer erzeugt etwa ein Volt dieser Spannung. Wenn eine bestimmte Uhr nun zwei Volt benötigt, muß man eben zwei Kartoffelbatterien hintereinanderschalten.

In der Hölle gibt es keine Rauchmelder

Als ich die Batterie meines Rauchmelders auswechselte, habe ich kurz entschlossen auch das Kleingedruckte auf dem Etikett gelesen. Demnach enthält das Gerät radioaktives Material, nämlich Americium-241. Was hat Radioaktivität mit Raucherkennung zu tun?

Ihr Rauchmelder arbeitet nach dem Ionisationsprinzip. Er spürt den Rauch aufgrund der Tatsache auf, daß Rauch die minimale elektrische Leitfähigkeit der Luft beeinflußt.

Luft leitet Elektrizität unter Normalbedingungen überhaupt nicht; sie ist ein ausgezeichneter Isolator. Die Stickstoff- und Sauerstoffmoleküle der Luft sind selbst nicht elektrisch geladen, und sie besitzen auch keine freien Elektronen, die ihre Ladung von einer Stelle zur anderen befördern könnten, wie das bei Metallen der Fall ist (siehe S. 149). Sonst würde der elektrische Strom aus den Hochspannungsleitungen über die Luft direkt in den Boden überspringen und dabei durch alles – auch durch uns – hindurchfließen, was auf seinem Weg liegt (siehe S. 150).

Die Moleküle der Luft – Stickstoff, Sauerstoff und ein paar andere – besitzen keine äußere Ladung, weil die negativen und positiven Ladungen ihrer Atome einander aufheben. Dabei sitzt die positive Ladung im Atomkern, die negative Ladung in Form von Elektronen umkreist diesen Kern. Radioaktivität kann die Luft jedoch elektrisch leitfähig machen, indem sie Elektronen aus dem Molekülverbund herausschlägt. Dort bleiben dann einige positive Ladungen zurück. Geladene Moleküle, denen Elektronen fehlen, nennen wir *Ionen*, und von der Luft sagen wir, sie sei durch die Radioaktivität *ionisiert* worden. Weil in ionisierter Luft elektrisch geladene Moleküle vorhanden sind, ist sie elektrisch leitfähig.

Wie wird Luft durch Radioaktivität ionisiert? Die Kerne radioaktiver Atome sind instabil, und sie zerfallen spontan, wobei einige der Teilchen, aus denen sie bestehen, mit beinahe Lichtgeschwindigkeit davonschießen. Die Kerne von Americium-241 geben bevorzugt Alpha-Teilchen ab, die sich, verglichen mit anderen durch Radioaktivität emittierten Teilchen, wie ein Baseball im Verhältnis zu einer Luftgewehrkugel ausnehmen. Ein strammes Alpha-Teilchen kann bei einem getroffenen Atom beträchtlichen Schaden anrichten, und deshalb eignet es sich sehr gut zur Ionisierung von Luftmolekülen.

In Ihren Rauchmelder ist eine winzige Portion Americium-241 eingebaut, deren Alpha-Teilchen die Luft in einem kleinen Bereich um ihn herum ständig ionisiert halten. Die Batterie liefert einen sehr schwachen elektrischen Strom, der durch diese Luft fließt. Wenn dagegen Rauchpartikel in diese Luft geraten, können die Ionen mit ihnen kollidieren und so ihre Ladung verlieren. Weniger geladene Moleküle in der Luft bedeuten auch, daß weniger Strom fließt. Ein Schaltkreis erkennt diesen Stromabfall und löst einen durchdringenden Alarm aus.

Die Menge des Americiums-241 in einem Rauchmelder ist äußerst klein: in der Regel ein viertel Mikrogramm, was einer Strahlung von 0,9 Mikrocurie entspricht. Obwohl dieses viertel Mikrogramm immerhin mehr als 30 000 Alpha-Teilchen pro Sekunde abgibt, muß man sich deswegen keine Sorgen machen. Alpha-Teilchen sind ausgesprochene Schwächlinge, wenn es darum geht, Materie zu durchdringen, so daß sie schon von einem Blatt Papier aufgehalten werden können. Deshalb gelangt kein einziges strahlendes Alpha-Teilchen aus dem Gehäuse des Rauchmelders in die Umgebung.

Erbsenzähler-Ecke

Immer, wenn ein Atom von Americium-241 (oder ein anderes radioaktives Material) zerfällt, ist es nicht mehr dieselbe Atomart, und auch seine radioaktiven Eigenschaften ändern sich. Im Lauf der Zeit nimmt also die Zahl der verbleibenden radioaktiven Atome immer mehr ab, und damit läßt auch die von ihnen abgegebene Strahlung nach. Im Fall des Americiums verringert sich die Zahl der Atome in jeweils 433 Jahren um die Hälfte. (In der Sprache der Wissenschaft: Seine *Halbwertszeit* beträgt 433 Jahre.) Das Americium-241 in Ihrem Rauchmelder wird also in 433 Jahren nur noch 15 000 Alpha-Teilchen pro Sekunde emittieren. Sie sollten das Gerät dennoch nicht gleich wegwerfen, denn auch nach weiteren 433 Jahren wird es mit nur noch 7500 Alpha-Teilchen pro Sekunde weiterhin recht gut funktionieren. Ich würde Ihnen jedoch raten, es 433 Jahre nach dem letztgenannten Zeitpunkt auszutauschen, denn im Jahr 3300 dürfte der Stromfluß schon so schwach sein, daß der Rauchmelder auch ohne jeden Rauch ausgelöst werden könnte. Und Sie wissen ja, daß diese Alarmvorrichtungen mit ihrem Krach sogar Tote aufwecken können.

Sollten Sie allerdings zu jener Zeit an jenem Ort sein, wo vermutlich auch ich sein werde, können Sie sicher sein, daß dort keine Rauchmelder gestattet sind, weil sie ununterbrochen losgehen würden.

Dünger machen bumm!

In Zeitungsberichten über terroristische Bombenanschläge hieß es, daß dabei Chemiedünger als Sprengstoff verwendet wurde. Wie kommt es, daß eine chemische Verbindung auf so unterschiedliche Weise benutzt werden kann?

Das ist eines dieser zufälligen Zusammentreffen, die gar nicht so zufällig sind, wenn man ein wenig tiefer schürft. Wie wir sehen werden, leiten sich sowohl die Eigenschaft des Guten wie die des Schurken aus der Tatsache ab, daß Stickstoffgas aus Molekülen besteht, die sich stark dagegen wehren, auseinandergerissen zu werden.

Zuerst die Düngerrolle des Stickstoffs: Jeder Gärtner weiß, daß Stickstoff neben Phosphor und Kalium eines der drei wesentlichen Elemente ist, die von Düngemitteln geliefert werden. Stickstoff ist überaus reichlich vorhanden; er macht etwa 78 Prozent unserer Atemluft aus. Seine Moleküle bestehen aus je einem Paar von Stickstoffatomen, die in dem zweiatomigen Molekül verbunden sind, das die Chemiker mit dem Symbol N_2 bezeichnen.

Diese beiden Stickstoffatome sind so fest miteinander verbunden, daß es den Pflanzen nicht möglich ist, das Molekül für ihren Stickstoffbedarf aufzuspalten. Sie benötigen die Hilfe von Blitzen, deren Energie zweifellos dafür ausreicht, wenn sie durch die Luft krachen. Dazu kommen noch sogenannte stickstoffbindende Bakterien und Algen, die Stickstoffmoleküle zerlegen können, aber die haben uns noch nicht genau mitgeteilt, wie sie das anstellen.

Wenn wir Menschen die Stickstoffmoleküle in pflanzenverfügbarere Formen wie Ammoniumverbindungen oder Nitrate umwandeln wollen, müssen wir auf unsere leistungsfähige Chemietechnik zurückgreifen. Ammoniumnitrat, ein Handelsdünger, enthält Stickstoff gleich in beiden Formen, was ihn zum zweifach wirksamen Düngemittel macht.

Was aber wäre, wenn die beiden getrennten Stickstoffatome in Ammoniumnitrat plötzlich die Möglichkeit hätten, sich wieder zu einem stark gebundenen Molekül des Stickstoffgases N_2 zu vereinen? Sie würden diese Chance freudig wahrnehmen. Schließlich lieben die Stickstoffatome einander so sehr, daß sie sich im vereinten Zustand heftig dagegen sträuben, getrennt zu werden. Warum sollten sie also nicht versuchen, aus dem Ammoniumnitrat auszubrechen, erneut ihre enge Paarbindung aufzunehmen und wieder zu Stickstoffgas zu werden? Sie würden es sogar mit solchem Eifer tun, daß sie sich buchstäblich explosiv aus dem Ammoniumnitrat absetzen würden, um sich wieder zu vereinigen und in paradiesischer Freiheit als Gas in die Luft zu fliegen.

Ich habe soeben eine Explosion beschrieben. Eine solche

findet immer statt, wenn ein Feststoff sich schlagartig in ein Gas verwandelt. Die Druckwelle der freigesetzten Gase, die sich wegen der ebenfalls freiwerdenden Wärme rasch ausdehnen, ist für alle nachfolgenden Schäden verantwortlich.

Im Falle des Ammoniumnitrats, das neben dem Stickstoff auch noch Sauerstoff und Wasserstoff enthält, setzten nicht nur die Stickstoffatome sich plötzlich zu fest gebundenen Gasmolekülen um. Die Moleküle von Sauerstoff und Wasser halten beinahe ebenso fest zusammen wie Stickstoffmoleküle, also schließen Atome des Sauerstoffs sich zu Sauerstoffgas (O_2) zusammen, während Wasserstoffatome mit Sauerstoffatomen Wasserdampf (H_2O) bilden. Der Feststoff Ammoniumnitrat wird also, wenn er die Möglichkeit bekommt, plötzlich in Gase mit einem ungeheuren Gesamtvolumen zerfallen: Stickstoff, Sauerstoff und Wasserdampf.

Um Ammoniumnitrat zu veranlassen, sich in dieser Weise heftig zu zersetzen, ist nichts weiter nötig als Wärme; die dazu erforderliche Temperatur liegt bei 300 Grad Celsius. Doch schon bei niedrigen 170 Grad Celsius kann Ammoniumnitrat explodieren und sich etwas weniger heftig in Stickoxid und Wasserdampf verwandeln.

Es ist sicher gut, wenn Sie Ihr Pulver trocken halten. Aber Sie sollten auch Ihren Dünger kühl halten.

Schon wieder eingewickelt

Warum ist die eine Seite der handelsüblichen Alufolien glänzender als die andere?

Das liegt an einer zeit- und platzsparenden Abkürzung, die in der letzten Stufe des Herstellungsprozesses eingesetzt wird.

Wie alle Metalle ist Aluminium plastisch *verformbar*, das heißt, es gibt nach, wenn man einen entsprechend hohen Druck ausübt. Darin unterscheiden sie sich von den meisten anderen Feststoffen, die unter Druck brechen. Deshalb kann man Metalle zu extrem dünnen Folien auswalzen.

Verformbar sind die Metalle deshalb, weil ihre Atome durch ein bewegliches Meer gemeinsamer Elektronen zusammengehalten werden und nicht durch die starren Bindungskräfte zwischen den Elektronen des einen und denen des nächsten Atoms, die bei den meisten anderen Feststoffen vorliegen. Demzufolge spielt es also keine große Rolle, wo sich die einzelnen Atome eines Metalls in bezug auf die übrigen befinden; innerhalb des Elektronenmeers können sie beliebig herumgeschoben werden.

Bei der Herstellung von Alufolien preßt man Aluminiumbögen durch eine Reihe von jeweils paarweise angeordneten Stahlwalzen mit zunehmend kleineren Abständen, wodurch das Aluminium zu immer dünneren Platten ausgewalzt wird. Alufolien für den Haushalt sind in der Regel nur 0,02 bis 0,04 Millimeter dick.

Um beim letzten Schritt Platz zu sparen, läßt man zwei aufeinandergelegte Bögen gleichzeitig durch die Walzen laufen. Die Ober- und Unterseite dieses »Sandwichs« kommen mit den polierten Stahlwalzen in Kontakt und sind deshalb glatt und glänzend. Die inneren Flächen der doppelten Lage dagegen werden aneinandergepreßt – also Aluminium gegen Aluminium. Weil dieses Metall so viel weicher ist als Stahl, werden die Oberflächen ein wenig ineinandergedrückt, was eine rauhere, stumpfere Fläche ergibt, wenn man sie trennt. Auf die Verwendungsmöglichkeiten der Folien hat das keinen Einfluß.

Wasch dich, du Ferkel... äh, womit eigentlich?

Während einer Segeltour auf dem Boot eines Freundes wollte ich kein Trinkwasser vergeuden, also versuchte ich, mein Hemd in Meerwasser zu waschen. Doch es gelang mir nicht, auch nur die winzigste Menge Schaum zu erzeugen. Warum arbeitet Seife in Salzwasser nicht wirksam?

Das gehört zu diesen kleinen Ironien des Lebens. Seeleute müssen schwere und oft schmutzige Arbeit verrichten, doch trotz dieser unendlichen Wassermassen um sie herum können sie sich oder ihre Kleidung nicht mit Seife waschen. Jedenfalls nicht mit gewöhnlicher Seife. Es gibt eine Spezialseife für Seeleute, die auch in Salzwasser wirksam ist. Doch zunächst wollen wir uns ansehen, warum das normale Zeug nicht wirkt.

Es überrascht Sie sicher nicht zu erfahren, daß Meerwasser viel Salz enthält: vor allem Natriumchlorid, also Kochsalz. Meerwasser enthält (im Durchschnitt aller Ozeane) mehr als einen halben Teelöffel (10 Gramm) Kochsalz pro Liter. Das Natrium läßt die Seife unwirksam werden, denn Seife muß sich erst in Wasser lösen, ehe sie ihre Aufgabe erfüllen kann, und in Wasser mit einem hohen Natriumgehalt kann sie sich nicht gut lösen.

Seifenmoleküle bestehen aus Natriumatomen, die mit langen, unter der Bezeichnung Fettsäuren bekannten Schwänzen verbunden sind. Die Wirkung von Seife beruht darauf, daß ihr fettiges Ende nach dem öligen oder fetthaltigen Teil des Schmutzes greift; das Ende mit dem Natriumatom zieht diesen dann ins Wasser. Wenn das Wasser aber schon zu viele Natriumatome enthält, verhindert das die Aufnahme zusätzlicher Natriumatome von den Seifenmolekülen. (In der Sprache der Wissenschaft wird diese Situation von den Chemikern als *Effekt gemeinsamer Ionen* bezeichnet, da die Natriumatome, die sowohl in Seife als auch in Kochsalz vorhanden sind, eigentlich als Ionen oder elektrisch geladene Atome vorliegen.)

Das heißt, eine Seife, die Natriumionen enthält, kann sich in Salzwasser nicht hinreichend auflösen. Somit kann sie auch das an dem Seemann haftende Öl nicht entfernen und ins Wasser ziehen, wo es abgespült werden könnte.

Aber man muß Seifen nicht unbedingt mit Natrium herstellen. Kalium ist sehr nah mit dem Natrium verwandt und kann sich ebenfalls mit den langen fettliebenden Schwänzen zu Seifenmolekülen verbinden. Meerwasser enthält im Vergleich zu Natrium sehr wenig Kalium, so daß Kaliumseifen problemlos in Lösung gehen können. Die sogenannte »Seemannsseife« ist auf der Basis von Kalium hergestellt.

Staub zu Staub …

Hausputz ist ein niemals endender Kreislauf aus Staubwischen, Staubwischen, Staubwischen. Würde mein Haus, wenn ich mit Staubwischen aufhörte, am Ende vom Boden bis zur Decke mit Staub angefüllt sein?

Glauben Sie wirklich, *Sie* hätten ein Problem? In China gibt es Staubansammlungen mit einem Alter von 2 Millionen Jahren (die Geologen nennen sie Löß), die mehr als 300 Meter mächtig sind. Doch sie sind nicht auf nachlässige Haushaltsführung zurückzuführen. Der Staub ist von Winden aus der Wüste Gobi aufgehäuft worden. An bestimmten Stellen lassen die Luftbewegungen, wenn sie schwächer werden, ihre Fracht von Staubpartikeln fallen. Im Lauf der Jahre werden die dabei entstehenden Staubanhäufungen durch ihr eigenes Gewicht zusammengepreßt, und in einige von ihnen hat man sogar Höhlenwohnungen gegraben.

Aber keine Angst. Bei der Rate, mit der der Staub sich zu den chinesischen Lößbergen aufgetürmt hat, könnten Sie das Staubwischen in Ihrem Haus für hundert Jahre einstellen, ohne daß die Staubschicht mehr als zwei Zentimeter dick würde.

Wenn Sie nicht in der Nähe der Wüste Gobi leben, fragen Sie sich vielleicht, wo all der Staub in Ihrem Haus herkommt.

Nun, der Staub in unserer Atmosphäre stammt aus vielen Quellen. Der Wind weht über trockene Erde, zum Beispiel über gepflügte Felder, Schotterstraßen und Wüsten. Pflanzen setzen Pollen und andere kleine Teilchen frei. Staub- und Rauchpartikel, die von Waldbränden und Vulkanausbrüchen hoch in die obere Atmosphäre gespien werden, können über Jahre umherziehen, ehe sie sich ablagern. Über den Ozeanen ist zwar weniger Staub anzutreffen als über Land, aber dort gibt es immer noch winzige Krümel aus getrockneter Salzgischt und sogar Ascheteilchen von den Meteoriten, die beim Absturz in der Atmosphäre verglühen.

Und alles das, so glauben Sie, lagert sich dann auf Ihren Bücherregalen ab, stimmt's? Nun, wir sind noch nicht fertig. Schauen wir uns doch einmal den Hausstaub genauer an, den Sie selbst produzieren.

Beachten Sie, daß Staub sich nur auf waagrechten Oberflächen wie Simsen, Regalen und den Oberkanten von Bilderrahmen absetzt. (Die haben Sie bestimmt vergessen, oder?) Daraus läßt sich schließen, daß das Zeug unter dem Einfluß der Schwerkraft aus der Luft fallen muß. Das heißt aber, daß die Staubteilchen eine bestimmte Größe überschreiten müssen. Andernfalls würden sie von der dauernden lebhaften Bewegung der Luftmoleküle ständig in der Schwebe gehalten. Das ist zum Beispiel beim Zigarettenrauch der Fall – dessen einzelne Teilchen sind so klein, daß sie von dem Bombardement der Luftmoleküle daran gehindert werden, zu Boden zu fallen. Wenn die Staubteilchen dagegen zu groß wären, würden sie gar nicht erst in die Luft geweht werden, um später auf dieser häßlichen Porzellanfigur zur Ruhe zu kommen, die Tante Sophie Ihnen vor Jahren geschenkt hat.

Doch die Teilchengröße ist nicht das einzige Kriterium. Ein relativ großer Fussel aus Ihrer Kleidung schwebt vielleicht in der Luft, weil er wie eine Feder geformt ist, und auch dieser findet schließlich einen Landeplatz, an dem Sie ihn lieber nicht gehabt hätten. Jene Staubflusen, die im windstillen Klima unter Ihrem Bett Zuflucht suchen, bestehen größtenteils aus Fasern von Kleidung und anderen Geweben, die häufig von ausgefallenen Haaren eines Menschen oder Haustiers und von Hautschuppen zusammengehalten werden. (Ich habe nie behauptet, daß es besonders appetitlich wird.)

Alles, was in Ihrem Haus in Bewegung ist, ist in der Lage, mikroskopisch kleine Stückchen in die Luft abzugeben, die von seiner Oberfläche abgetragen werden. Wohin verschwinden Ihrer Meinung nach all die Fasern, wenn sich eine Stelle Ihres Teppichs wegen hohen Verkehrsaufkommens abnutzt? Sie haben sich Stäubchen für Stäubchen überall im Haus abgelagert, damit man beim Hausputz etwas hat, womit man sich beschäftigen kann.

Das wirft die Frage auf, wie wirksam das Staubwischen eigentlich ist. Es hängt weitgehend davon ab, wie Sie es angehen. Mit einem trockenen Staubtuch wird man den Staub möglicherweise einfach nur umverteilen und vielleicht vom Regal auf den Fußboden befördern, um zu demonstrieren, daß »Staub zu Staub« gehört, und zwar ganz wörtlich, nicht im biblischen Sinn. Das Gefummel mit einem Staubtuch kann sogar gegenteilige Wirkung haben, da sich die Staubteilchen dabei elektrostatisch aufladen können (siehe S. 258). Wenn sie erst einmal geladen sind, können sie sich zäh an jeden Gegenstand in ihrer Nähe klammern, womit man sie lediglich von einem Objekt zum nächsten transportiert hätte.

Ein Staubtuch mit flauschiger Oberfläche, in der die Staubteilchen sich fangen können, ist keine schlechte Idee. Man kann aber auch einen dieser handelsüblichen Anti-Staubsprays benutzen. Sie enthalten ein Öl, das nicht nur dafür sorgt, daß die Staubpartikel am Tuch haftenbleiben, sondern sie auch mit einer dünnen Isolierschicht überzieht, damit sie nicht elektrostatisch an nahen Gegenständen hängenbleiben.

Wenn Sie das nächste Mal ins Kino gehen, sollten Sie einen Blick darauf werfen, welche überraschend große Staubmenge sich tatsächlich in der Luft befindet: Sie erkennen das im Lichtstrahl des Projektors. Sie können ihn nämlich überhaupt nur sehen, weil sein Licht von normalerweise unsichtbaren Staubteilchen, deren Größe etwa der Wellenlänge des Lichts entspricht, seitlich gestreut wird (siehe S. 236, 239).

Geht es, oder geht es nicht? Das ist hier die Frage

Vielleicht ist es ja eine dumme Frage, aber was ist der Grund, weshalb etwas geschieht oder eben nicht geschieht? Ich meine, Wasser fließt zum Beispiel bergab, nicht bergauf. Zucker löst sich im Kaffee auf, aber wenn ich zuviel davon erwischt habe, kann ich seine Auflösung nicht mehr rückgängig machen. Ich kann ein Streichholz verbrennen lassen, aber danach kann ich die Verbrennung nicht mehr ungeschehen machen. Gibt es so etwas wie eine kosmische Regel, die festlegt, was sich ereignen kann und was nicht?*

Es gibt keine dummen Fragen. Sie haben die vielleicht tiefgründigste Frage gestellt, die es in der Wissenschaft überhaupt geben kann. Dennoch kann sie relativ einfach beantwortet werden, seit ein Genie namens Josiah Willard Gibbs (1839–1903) gegen Ende des neunzehnten Jahrhunderts all das herausgefunden hat.

Die Antwort besagt, daß überall in der Natur ein Gleichgewicht zwischen zwei grundlegenden Eigenschaften besteht: der *Energie*, über die Sie wahrscheinlich manches, und der *Entropie*, von der Sie wahrscheinlich nichts wissen (aber das wird sich gleich ändern). Allein dieses Gleichgewicht entscheidet, ob ein bestimmter Vorgang ablaufen kann oder nicht.

* Diese Frage ist von so grundlegender Bedeutung für die Abläufe im Universum, daß ich hier leicht modifiziert die Antwort wiederhole, die ich in *Woher weiß die Seife, was der Schmutz ist: Kluge Antworten auf alltägliche Fragen* (Piper 1998) gegeben habe. Alle anderen Fragen und Antworten im vorliegenden Buch sind neu.

Gewisse physikalische und chemische Ereignisse können von ganz allein stattfinden; sie können jedoch nicht in der entgegengesetzten Richtung verlaufen, solange sie dazu nicht Hilfe von außen bekommen. Wir können beispielsweise Wasser bergauf befördern, wenn wir es hochziehen oder hinaufpumpen. Und wenn wir es wirklich wollten, könnten wir sogar den Zucker wieder aus dem Kaffee holen, indem wir das Wasser verdampfen und den Zucker dann chemisch von den Feststoffen des Kaffees abtrennen. Ein verbranntes Streichholz wiederherzustellen ist erheblich schwieriger, doch eine kleine, mit ausreichend Zeit und Ausrüstung versehene Armee von Chemikern könnte es vielleicht schaffen, das Ding aus Asche, Rauch und Verbrennungsgasen wiederauferstehen zu lassen.

Entscheidend ist, daß in jedem dieser Fälle beträchtlich nachgeholfen werden muß – man muß von außen Energie zuführen. Wenn Mutter Natur sich selbst überlassen ist, kann vieles spontan und aus sich heraus geschehen. Anderes dagegen ereignet sich *niemals* spontan, selbst wenn wir untätig bis zum Tag des Jüngsten Gerichts warten. Die große Generallinie der Natur besagt, daß etwas dann geschieht, wenn das richtige Verhältnis zwischen Energie und Entropie vorliegt; ist das nicht der Fall, geschieht auch nichts.

Sehen wir uns zunächst die Energie an, bevor wir die Entropie erklären. In der Regel versucht alles, seine Energie zu verringern, soweit es das kann. In einem Wasserfall entledigt sich das Wasser seiner aufgestauten Energie, indem es in ein Becken stürzt. (Wir können von dieser auf dem Weg nach unten freigesetzten Energie ein Wasserrad für uns antreiben lassen, wenn wir wollen.) Doch sobald das Wasser im Becken angekommen ist, hat es, zumindest was die beteiligte Schwerkraft angeht, seine Energie »verloren«; es kann nicht mehr zum oberen Ausgangspunkt zurückkehren.

Eine Menge chemischer Reaktionen läuft aus einem ähnlichen Grund ab: Die chemischen Verbindungen entledigen sich ihrer gespeicherten chemischen Energie, indem sie sich spontan in andere Stoffe umwandeln, die weniger chemische Energie besitzen. (Ein Beispiel dafür ist das brennende Streichholz.) Zu ihren energetischen Ausgangsbedingungen können sie jedoch nicht mehr zurückkehren.

Bei ansonsten gleichen Bedingungen ist also alles von Natur aus bestrebt, *seine Energie zu vermindern, wenn das möglich ist*. Das ist Regel Nummer eins.

Doch in der Geschichte, weshalb etwas geschieht, stellt diese *Verringerung der Energie* nur die eine Hälfte dar. Die andere befaßt sich mit der *Zunahme der Entropie*. Entropie ist nur ein gehobener Ausdruck für *Unordnung* oder zufällige Verteilung, also für ein chaotisches, regelloses Arrangement der Dinge. Beim Anstoß stehen Fußballspieler noch in einer bestimmten Ordnung auf dem Platz – sie verteilen sich nicht wahllos über das ganze Spielfeld, und ihre Entropie ist deshalb gering. Dagegen sind sie beim Abpfiff vielleicht völlig regellos, in einem Arrangement hoher Entropie, über den ganzen Platz verteilt. Mit den einzelnen Bestandteilen, aus denen alle Stoffe zusammengesetzt sind, nämlich den Atomen und Molekülen, verhält es sich genauso. Zu jedem gegebenen Zeitpunkt können sie entweder ordentlich versammelt sein oder sich in einem äußerst regellosen Gewühl befinden, und zwischen diesen Extremen sind beliebig viele Mischformen möglich. Das heißt, ihre Entropie kann verschiedene Werte von niedrig bis hoch annehmen.

Bei ansonsten gleichen Voraussetzungen (insbesondere hinsichtlich der Energie) ist also alles von Natur aus bestrebt, immer unordentlicher zu werden – das heißt, *alles wird seine Entropie steigern, wenn das möglich ist.* Das ist Regel Nummer zwei.

Energie kann »unnatürlich« zunehmen, solange es gleichzeitig zu einer Zunahme der Entropie kommt, die das mehr als ausgleicht. Oder die Entropie kann »unnatürlich« zunehmen, solange dieser Effekt durch eine Zunahme der Energie mehr als ausgeglichen wird. Kapiert?

Die Frage, ob in der Natur etwas von sich aus – also ohne jeden äußeren Eingriff – geschehen kann oder nicht, hängt also allein vom Gleichgewicht zwischen den Regeln der Energie und der Entropie ab.

Der Wasserfall? Er stürzt hinab, weil es zu einem großen Abfall der (Gravitations-)Energie kommt; zwischen den Wassermolekülen am oberen und am unteren Ende besteht praktisch keine Entropiedifferenz. Der Vorgang wird von Energie angetrieben.

Der Zucker im Kaffee? Er löst sich vor allem deshalb, weil seine Entropie dabei stark zunimmt. Zuckermoleküle, die im Kaffee herumschwimmen, sind sehr viel regelloser verteilt als in der engen Bindung der Zuckerkristalle. Indessen gibt es praktisch keine Energiedifferenz zwischen dem festen und dem gelösten Zucker. (Der Kaffee wird nicht heißer oder kälter, wenn der Zucker sich auflöst, oder?) Dieser Prozeß wird über die Entropie in Gang gesetzt.

Das brennende Streichholz? Offensichtlich kommt es hier zu einer großen Abnahme der Energie, die auf einen Schlag freigesetzt wird. Die gespeicherte chemische Energie im Streichholzkopf wird in einem Ausbruch von Hitze und Licht abgegeben. Doch auch die Entropie nimmt gewaltig zu: Die Partikel der Flamme und der Rauch- und Gasschwaden sind viel regelloser verteilt als im kompakten

Streichholzkopf. Diese Reaktion wird von den Regeln der Natur also gleich doppelt bevorzugt, da sie sowohl durch Energie als auch durch Entropie angetrieben wird. Deshalb läuft sie auch so freudig ab, sobald Sie die auslösende Reibung geliefert haben.

Was aber, wenn ein Prozeß vorliegt, in dem eine der Größen, entweder die Energie oder die Entropie, in die »falsche Richtung« läuft? Nun, der Vorgang kann immer noch stattfinden, solange die andere Größe so stark in die »richtige Richtung« läuft, daß sie überwiegt. Das heißt, die Energie kann zunehmen, wenn eine gleichzeitige Steigerung der Entropie stattfindet, die diesen Vorgang aufwiegt. Die Entropie wiederum kann abnehmen, solange eine ausreichend große Abnahme der Energie für Ausgleich sorgt.

Willard Gibbs war es, der eine Gleichung für dieses Gleichgewicht von Energie und Entropie aufstellte. Wenn sich aus der Gibbs-Gleichung ergibt, daß nach dem Ausgleich von Entropieänderungen in der »falschen« Richtung noch etwas Energie übrigbleibt, kann diese Energie (in der Sprache der Wissenschaft: die *freie Energie*) dazu verwendet werden, die Dinge geschehen zu lassen; der fragliche Prozeß wird also von sich aus ablaufen. Wenn dagegen der Betrag der verfügbaren (»freien«) Energie nicht ausreicht, eventuelle Entropieänderungen in der »falschen« Richtung auszugleichen, kann und wird der Prozeß nicht ablaufen, solange nicht zusätzliche Energie von außen zugeführt wird.

Wenn wir also genug Energie aufwenden, können wir stets die natürliche Entropieregel außer Kraft setzen, die besagt, daß alles zur Unordnung tendiert.

Ein Beispiel: Es gibt etwa 10 Millionen Tonnen – ein Wert von 60 Billiarden Dollar – gelösten Goldes in den Ozeanen, die nur darauf warten, gewonnen zu werden.

Wenn wir uns entsprechend anstrengen würden, könnten wir es Atom für Atom einsammeln. Doch die Atome sind vollkommen regellos (also mit äußerst großer Entropie) auf 1,4 Milliarden Kubikkilometer Meerwasser verteilt. Die Energie, die wir aufwenden müßten, um diese Entropie zu verringern und sie alle an einem Ort zu versammeln, würde ungeheuer viel mehr kosten, als das Gold wert ist.

In einem Anfall von Begeisterung für die Gesetze der Mechanik soll Archimedes (287–212 v. Chr.) gesagt haben: »Gebt mir einen ausreichend langen Hebel und einen festen Standort, und ich werde die Welt aus den Angeln heben.« Wenn er schon etwas von Entropie und gedecktem Apfelkuchen gewußt hätte, hätte er vielleicht hinzugefügt: »Gebt mir ausreichend Energie, und ich werde dieser chaotischen Welt die Ordnung eines Apfelkuchens verpassen.«

Glossar

Eine Auswahl gängiger Ausdrücke aus der Sprache der Wissenschaft

Begriffe, die gesondert definiert werden, sind *kursiv* abgesetzt.

Angeregter Zustand Von einem *Atom* oder *Molekül* im angeregten Zustand spricht man, wenn ihm zusätzlich zu seinem »Ruhezustand« ein bestimmter Energiebetrag zugeführt worden ist. Normalerweise gibt es diese überschüssige Energie innerhalb einer sehr kurzen Zeitspanne wieder ab.

Atom Der »Baustein« für alle Substanzen. Jedes Atom besteht aus einem äußerst winzigen und schweren *Kern*, den eine Anzahl »umherschwirrender« *Elektronen* einhüllt. Es gibt mehr als hundert verschiedene Atomarten, die sich durch die unterschiedliche Zahl ihrer Elektronen unterscheiden. Atome schließen sich in unterschiedlichen Kombinationen zusammen und bilden so eine sehr große Anzahl verschiedener *Moleküle*, die einer großen Menge verschiedener Substanzen mit unterschiedlichen Eigenschaften entsprechen.

Beschleunigung Jede Geschwindigkeits- oder Richtungsänderung eines bewegten Objekts. Sie kann in einer Zunahme oder Abnahme der Geschwindigkeit oder jeder Abweichung von der geraden Linie bestehen.

Brechung Darunter versteht man die Beugung von Licht-

oder Schallwellen, wenn sie ein Medium (wie Glas oder Luft) verlassen und in ein anderes Medium eintreten, in dem sie sich mit veränderter Geschwindigkeit ausbreiten.

Dampfdruck Die *Moleküle* aller festen oder flüssigen Stoffe, besonders aber die der Flüssigkeiten, neigen in gewissem Umfang dazu, sich von ihresgleichen zu lösen und als Dampf in die Luft überzutreten. Die Stärke dieser Neigung bezeichnet man als den Dampfdruck der Substanz.

Dichte Sie stellt ein Maß dar, das angibt, wie schwer ein gegebenes Volumen einer Substanz ist. Ein Liter Wasser wiegt 1 Kilogramm; die Dichte von Wasser beträgt also 1 Kilogramm pro Liter. Gold besitzt eine Dichte von 19 Kilogramm pro Liter. In der Umgangssprache heißt das, Gold sei »neunzehnmal schwerer als Wasser«.

Dipol Ein *Molekül*, dessen zwei Enden eine schwache Ladung aufweisen; an einem Ende ist sie positiv, am anderen negativ. Das Molekül besitzt deswegen zwei elektrisch geladene Pole, die den beiden magnetischen Polen eines Magnetfelds vergleichbar sind. Wasser ist ein gutes Beispiel dafür: Die entgegengesetzt geladenen Enden der Wassermoleküle ziehen einander an, weshalb Wasser im Vergleich zu ähnlichen Flüssigkeiten nur schwer zum Sieden und Verdampfen zu bringen ist.

Druck Der Betrag einer Kraft, die auf eine bestimmte Oberfläche einwirkt. Alle Gase üben auf alle Oberflächen, mit denen sie in Kontakt sind, einen Druck aus, weil ihre *Moleküle* ständig in Bewegung sind und diese Flächen bombardieren.

Elektrolyt Eine Flüssigkeit, die elektrisch leitfähig ist, weil sie elektrisch geladene Partikel (*Ionen*) enthält. Salzwasser ist der bekannteste Elektrolyt.

Elektromagnetische Strahlung Reine Energie in Wellenform, die sich mit Lichtgeschwindigkeit durch den Raum bewegt. Die Energie der elektromagnetischen Strahlung reicht von den Radiowellen mit ihrer niedrigen Energie über Mikrowellen, (sichtbare wie unsichtbare) Lichtwellen und Röntgenstrahlen bis hin zu den energiereichen Gammastrahlen.

Elektron Ein winziges, negativ geladenes Teilchen. Es hält sich üblicherweise im Umkreis des *Kerns* eines *Atoms* auf, doch Elektronen lassen sich leicht von ihren Atomen trennen und unter dem Einfluß einer Spannung dazu bringen, sich durch ein Gas oder einen Metalldraht von einem Ort zum anderen zu bewegen.

Endgeschwindigkeit Sie bezeichnet die maximale Fallgeschwindigkeit eines Körpers in der Atmosphäre. Wenn ein Objekt von einem erhöhten Ort aus zu fallen beginnt, wird es aufgrund der *Gravitation* immer schneller fallen, bis der Luftwiderstand groß genug ist, um diese Beschleunigung ausgleichen zu können. Von diesem Augenblick an fällt es mit gleichbleibender Geschwindigkeit, eben der Endgeschwindigkeit.

Gleichgewicht Ein Zustand, in dem sich nichts verändert, weil alle Kräfte sich die Waage halten. Bei manchen Gleichgewichtszuständen sind wir möglicherweise nicht imstande, irgendwelche Veränderungen wahrzunehmen, doch auf der molekularen Ebene finden zwei entgegengesetzte Prozesse mit jeweils gleicher Rate statt.

Gravitation oder **Schwerkraft** Eine Anziehungskraft, die zwischen allen Objekten wirkt, die über eine *Masse* verfügen. Die Kraft ist den Massen der aufeinander wirkenden Objekte proportional und nimmt ab, je weiter diese voneinander entfernt sind. Die Masse der Erde ist sehr groß und damit die hauptsächliche Quelle der schwerkraftbedingten Anziehung, die wir normalerweise wahrnehmen.

Halbwertszeit Die Zeit, in der von einer radioaktiven Substanz nur noch die Hälfte übrig ist. Deren Menge nimmt ab, weil die *Atome* radioaktiver Stoffe instabil sind und sich spontan in verschiedene Atomarten umwandeln, die stabiler sind.

Halogene Eine Familie chemischer Elemente mit ähnlichen Eigenschaften. Zu ihr gehören Fluor, Chlor, Brom, Jod und Astat.

Impuls Ein Maß für den Schaden, den ein sich bewegendes Objekt beim Aufprall auf einen anderen Gegenstand anrichten kann. Der Impuls ergibt sich aus der *Masse* des Objekts und seiner Geschwindigkeit. Je größer Masse und Geschwindigkeit eines Gegenstandes sind, desto größer ist auch sein Impuls.

Ion Ein *Atom* oder eine Gruppe von Atomen, die elektrisch geladen sind, weil sie ein oder mehrere *Elektronen* aufgenommen oder abgegeben haben.

Kern Der unfaßbar winzige und unglaublich schwere zentrale Bestandteil eines *Atoms*. Er ist mehrtausendfach schwerer als alle *Elektronen* des Atoms gemeinsam.

Kinetische Energie Die Form der Energie, die ein sich bewegendes Objekt besitzt. Auch: Bewegungsenergie.

Löslichkeit Die Eigenschaft einer Substanz, gelöst werden zu können. Mit dem Wort bezeichnen die Chemiker die maximale Menge eines Stoffes, die sich unter bestimmten Bedingungen in einer Flüssigkeit lösen kann. Die Löslichkeit von Kochsalz (Natriumchlorid) in Wasser von Null Grad Celsius beträgt zum Beispiel 357 Gramm pro Liter.

Masse Die Eigenschaft der »Schwere«, die allen Dingen, allen Gegenständen und allen Substanzen innewohnt, angefangen bei subatomaren Teilchen bis hin zu Galaxien. Jede Masse übt auf alle anderen Massen eine Anziehungskraft aus. Das Gewicht eines Gegenstandes ist die Wirkung der Erdanziehung auf diesen Gegenstand.

Molekül Ein Zusammenschluß von *Atomen*, die alle miteinander verbunden sind. Alle Substanzen bauen sich aus Molekülen auf (mit Ausnahme einiger weniger Stoffe, die aus ungebundenen Atomen bestehen). Verschiedene Substanzen unterscheiden sich in ihren Eigenschaften, weil in ihren Molekülen jeweils andere Atomarten in charakteristischen Anordnungen miteinander verbunden sind.

Photon Ein »Teilchen« des Lichts oder anderer *elektromagnetischer Strahlung*.

Quant Ein »Stück« Energie. Energie und *Impuls* sind nicht kontinuierlich, sondern bestehen aus kleinsten, diskreten Einheiten, die man Quanten nennt.

Temperatur Eine Zahl, die die durchschnittliche *kinetische Energie* der *Moleküle* einer Substanz angibt. Je wärmer ein Stoff ist, desto schneller bewegen sich seine Moleküle.

Viskosität Die »Dicke« oder Zähigkeit einer Flüssigkeit; der Widerstand, den sie dem freien Fließen entgegensetzt. Frei nach dem Sprichwort: »Blut ist dicker als Wasser.«

Wärme Eine Energieform, die sich in der Bewegung von *Atomen* und *Molekülen* äußert.

Wasserstoffbrücken-Bindung Eine schwache Anziehungskraft zwischen bestimmten *Molekülen*, die Wasserstoff*atome* enthalten. Wasserstoffbrücken sind entscheidend an den einzigartigen Eigenschaften von Wasser beteiligt und wichtig für viele biologisch bedeutsame *Moleküle*, darunter auch die DNS.

Personen- und Sachregister

Danksagung

Allen meinen Freunden, die sagten: »Hey Bob, kürzlich hatte ich eine großartige Frage für dein Buch, aber ich habe sie leider wieder vergessen«, möchte ich meinen tief empfundenen Dank aussprechen.

Ernsthaft danken möchte ich zwei netten Männern, mit denen zusammenzuarbeiten ein Vergnügen war: meinem Agenten Ethan Ellenberg und meinem Herausgeber Mike Shohl. Ethan steuerte meinen Entwurf geschickt durch die Klippen der Vertragsverhandlungen, während Mike seinen blauen Stift mit Verständnis und Zurückhaltung ansetzte: Er verstand alle meine Scherze und ließ sie am Leben.

Richard E. Eckels schulde ich Dank, weil er mich zu einer zutreffenden Erklärung führte, weshalb Flugzeuge fliegen.

Die beiden Frauen in meinem Leben, meine Tochter Leslie und meine Frau Marlene, bestärkten mich unermüdlich und mit nie nachlassender Rücksicht in meiner Arbeit, obwohl mein Computer viel von der Zeit in Anspruch nahm, die ich sonst ihnen gewidmet hätte. Dafür und für ihre Liebe und Bewunderung bin ich jeden Tag meines Lebens dankbar.